compendio Bildungsmedien

Naturwissenschaften

Physik 3

Lerntext, Aufgaben mit kommentierten Lösungen und Kurztheorie

Hansruedi Schild und Thomas Dumm

Physik 3
Lerntext, Aufgaben mit kommentierten Lösungen und Kurztheorie
Hansruedi Schild und Thomas Dumm

Grafisches Konzept: dezember und juli, Wernetshausen
Satz und Layout: Mediengestaltung, Compendio Bildungsmedien AG
Illustrationen: Oliver Lüde, Zürich
Druck: Edubook AG, Merenschwand

Redaktion und didaktische Bearbeitung: Thomas Dumm

Artikelnummer: 4240
ISBN: 3-7155-9172-2
Auflage: 1. Auflage 2004
Ausgabe: N0064
Sprache: DE
Code: XPH 003

Inhaltsübersicht

Inhaltsverzeichnis

Einleitung

Liebe Leserin, lieber Leser

Dieser Kurs soll Ihnen Grundkenntnisse auf dem Gebiet der Physik vermitteln. Der Inhalt des Kurses ist auf drei Bände verteilt:

- *Physik 1* behandelt die Themen «Methoden der Physik», «Kinematik, «Dynamik», «Gravitation» und «Hydrostatik».
- *Physik 2* behandelt die Themen «Energie», «Energieumwandlungen», «Begriffe und Modelle der Wärmelehre», «Wärmeprozesse» sowie «Strahlenoptik und ihre Grenzen».
- *Physik 3* behandelt die Themen «Atom- und Kernphysik», «Anwendungen der Kernphysik», «Elektrische Energie», «Elektrische Stromkreise» sowie «Elektrostatik und Magnetismus».

An wen richtet sich dieser Physik-Kurs?

Die Auswahl der Themen und die Tiefe, mit der die Themen in diesem dreibändigen Physik-Kurs behandelt werden, orientieren sich am neuen Maturitätsanerkennungsreglement (MAR). Deshalb richtet sich das Lehrmittel in erster Linie an Absolventinnen und Absolventen einer Maturitätsschule. Das Lehrmittel kann aber auch in der technisch oder naturwissenschaftlich ausgerichteten, höheren Berufs- und Erwachsenenbildung eingesetzt werden.

Der Kurs zeichnet sich durch einen gut verständlichen, klar strukturierten Text aus. Er enthält viele einprägsame Grafiken, illustrative Beispiele, zahlreiche Aufgaben mit ausführlichen Lösungen sowie am Schluss jedes Buchs Zusammenfassungen zu den behandelten Themen. Durch diese Elemente eignet sich das Lehrmittel auch für das Selbststudium, etwa bei der Vorbereitung auf ein Studium an einer Universität oder an einer Fachhochschule.

Inhaltliche Gliederung der *Physik 3*

Der dritte Band dieses Physik-Kurses, *Physik 3*, bespricht die Themen «Kernphysik», «Stromkreise» und «Elektrizität und Magnetismus». Den Themen «Kernphysik» und «Stromkreise» sind je zwei Teile gewidmet, dem Thema «Elektrizität und Magnetismus» einer:

- Teil A: Atom- und Kernphysik
- Teil B: Anwendungen der Kernphysik
- Teil C: Elektrische Energie
- Teil D: Elektrische Stromkreise
- Teil E: Elektrostatik und Magnetismus

Im Anhang (Teil F) finden Sie die Zusammenfassungen zu den Teilen A–E, die Formelsammlung der *Physik 3*, die Lösungen zu den Aufgaben des Buchs sowie das Stichwortverzeichnis.

Am Ende der Teile A–E finden Sie jeweils einen «Exkurs». Die Exkurse vertiefen Aspekte des jeweiligen Teils, geben Denkanstösse zum Thema oder schneiden das Thema «Geschichte der Physik» an.

Arbeiten mit dem Lehrmittel

In der folgenden Aufstellung sind die einzelnen Arbeitsschritte bei der Arbeit mit der *Physik 3* aufgeführt:

1. Das *Inhaltsverzeichnis* gibt einen ersten Einblick in das zu bearbeitende Thema und zeigt seinen Aufbau. Lesen Sie das Inhaltsverzeichnis eines Teils durch, bevor Sie mit der Bearbeitung eines neuen Teils anfangen.
2. Der *Einstieg* zu Beginn jedes Teils stellt das Thema kurz in einen grösseren Zusammenhang und zeigt in groben Zügen den Inhalt auf. Im Einstieg zu jedem Teil finden Sie auch eine Liste mit den wichtigsten *Lernzielen.* Diese Liste hat vor der Lektüre des Teils die Funktion, den Inhalt noch etwas detaillierter zu beschreiben.
3. Beim eigentlichen Lerntext erscheint zur besseren Unterscheidung neue *Theorie* in Schwarz, illustrierende *Beispiele* in Farbe.
4. Die *Randspaltenbegriffe* entsprechen wichtigen Begriffen. Später finden Sie die Begriffe leicht anhand des *Stichwortverzeichnisses* im Anhang wieder.
5. Diejenigen physikalischen *Gleichungen,* die für die weitere Arbeit wichtig sind, wurden durch Nummerierung in der Randspalte gekennzeichnet. Sie machen sich die Arbeit leichter, wenn Sie sich diese Gleichungen möglichst früh schon merken.
6. Die farbig unterlegten *Abschnittszusammenfassungen* enthalten die wichtigsten Erkenntnisse des Abschnitts.
7. Mit den *Aufgaben* am Ende der Abschnitte können Sie das Gelernte überprüfen und festigen. Bearbeiten Sie die Aufgaben selbstständig und überprüfen Sie Ihre Ergebnisse anhand der *Lösungen* im Anhang. Schlagen Sie die Lösung erst nach, wenn Sie die Aufgaben vollständig gelöst haben. Benützen Sie dabei nötigenfalls die *Formelsammlung* im Anhang. Haben Sie die Aufgaben richtig gelöst, lesen und lernen Sie weiter im Text bis zu den nächsten Aufgaben. Wenn Sie eine Aufgabe nicht richtig beantworten können, studieren Sie den ganzen vorangegangenen Abschnitt nochmals aufmerksam.
8. Gehen Sie nach der Lektüre eines ganzen Teils nochmals durch die Liste der *Lernziele* am Anfang des Teils. Wenn Sie vermuten, dass Sie nicht alle Lernziele erreicht haben, haken Sie bei den entsprechenden Abschnitten nochmals nach.
9. In den *Zusammenfassungen* der Teile A–E finden Sie die Kurztheorie des Stoffs. Die Kurztheorie wird vor allem beim späteren Repetieren hilfreich sein, um Lücken in Ihrem Wissen aufzudecken.

Wir wünschen Ihnen viel Freude und Erfolg beim Studium der Physik.

Zürich, im Juni 2004

Thomas Dumm, Redaktor und Autor
Hansruedi Schild, Autor
Andreas Ebner, Unternehmensleiter Compendio Bildungsmedien

Teil A Atom- und Kernphysik

Einstieg und Lernziele

Einstieg

Das menschliche Auge ist hervorragend dazu geeignet, die Formen und Farben der uns umgebenden Materie wiederzugeben. Das Auge kann uns hingegen nicht zeigen, wie diese Materie aufgebaut ist und welche innere Struktur sie hat. Der Grund dafür ist, dass die Bausteine der Materie winzig klein sind, nämlich von der Grössenordnung eines Millionstelmillimeters. Erst im Laufe der letzten 200 Jahre konnte man mithilfe ausgeklügelter Experimente diesen Bausteinen, den so genannten Atomen, immer mehr auf die Spur kommen. Heute wissen wir, dass die Eigenschaften und die Vielfalt aller uns umgebenden Gegenstände, von der Blume bis zum Flugzeug, bestimmt werden durch die Art, wie Atome aufgebaut sind. In diesem Teil mit dem Titel «Atom- und Kernphysik» lernen Sie mehr über diesen Aufbau. Atom- und Kernphysik sind dabei nicht das Gleiche und werden oft miteinander verwechselt. Die Atomphysik befasst sich mit dem Aufbau der Atomhülle und die Kernphysik mit dem Aufbau des Atomkerns. Oft spricht man fälschlicherweise von Atomkraftwerken oder Atomwaffen, doch in beiden Fällen nutzt man die Energie, die in den Kernen der Atome und nicht in ihren Hüllen gespeichert ist; deshalb heisst es korrekt Kernkraftwerke und Kernwaffen.

Schlüsselfragen im Zusammenhang mit Atomen sind:

- Wie sieht das Innenleben von Atomen aus?
- Was ist Radioaktivität?

Lernziele

Nach der Bearbeitung des Abschnitts «Wie sieht das Innenleben von Atomen aus?» können Sie

- beschreiben, wie ein Atom aus Atomkern und Atomhülle zusammengesetzt ist.
- angeben, durch welche Kraft die Atomhülle an den Atomkern gebunden ist.
- die Dimensionen von Atomkern und Atomhülle beschreiben.
- die Energie der Elektronen der Atomhülle beschreiben.
- Energieänderungen der Elektronen der Atomhülle beschreiben.
- erklären, wie die chemische Zusammensetzung eines Gases bestimmt werden kann.
- beschreiben, wie Atomkerne aufgebaut sind.
- angeben, durch was sich Atomkerne verschiedener Elemente unterscheiden.
- beschreiben, wie der Atomkern zusammengehalten wird.
- Energie und Energieänderungen des Atomkerns beschreiben.

Nach der Bearbeitung des Abschnitts «Was ist Radioaktivität?» können Sie

- die Instabilität von Atomkernen erklären.
- den α- und β-Zerfall instabiler Atomkerne beschreiben.
- die Begriffe radioaktive Strahlung und Zerfallskette erläutern.
- erklären, wie man radioaktive Strahlung nachweisen und messen kann.
- die Aktivität und Energiedosis definieren.
- die zeitliche Abnahme der Aktivität beschreiben und berechnen.
- den Begriff Bindungsenergie erklären.
- die Bindungsenergie eines Atomkerns aus seinem Massendefekt berechnen.
- die Bindungsenergie pro Nukleon für die chemischen Elemente qualitativ darstellen.

1 Wie sieht das Innenleben von Atomen aus?

Die Schlüsselfragen dieses Abschnitts lauten:

- Wie sind die Atome aufgebaut?
- Wie ist die Atomhülle aufgebaut?
- Wie sind die Atomkerne aufgebaut?

John Dalton

In Abschnitt 1 beschäftigen wir uns mit der Frage, wie die Materie aufgebaut ist. Bereits im Altertum vertraten einige griechische Philosophen die These, dass alle Körper aus kleinsten, nicht mehr weiter teilbaren Bausteinen aufgebaut sind. Diese Bausteine nannten sie Atome. Sie waren zudem der Meinung, dass die uns umgebenden Gegenstände aus wenigen Atomarten aufgebaut seien. Diese Thesen waren das Produkt reinen Nachdenkens. Naturwissenschaftliche Erkenntnisse hingegen gründen nicht nur auf Nachdenken, sondern auch auf Experimenten. Der Engländer *John Dalton* (1766–1844) experimentierte mit chemischen Verbindungen und konnte seine Messergebnisse zwanglos mit seinem Atom-Modell erklären. Damit hielten die Atome Einzug in Chemie und Physik.

Dalton'sches Atom-Modell

Atome sind die fundamentalen Bausteine der Materie. Um Atome zu beschreiben, benutzen wir ein Atom-Modell. Sie haben das *Dalton'sche Atom-Modell* bereits in der Wärmelehre kennen gelernt: Alle Atome eines chemischen Elements sind gleich und können als winzige Kügelchen angesehen werden. Mit diesem Atom-Modell können einige Eigenschaften der Materie verstanden werden:

- Atome können sich zu Molekülen verbinden. Dies erklärt die Vielfalt der Materialien.
- In festen Körpern berühren sich die Atome gegenseitig. Dies erklärt, dass feste Körper nicht komprimierbar sind.

Dieses Atom-Modell war bis zum Ende des 18. Jahrhunderts sehr erfolgreich und erlaubt eine gute Beschreibung von Wärmephänomenen. Im 19. Jahrhundert wurde jedoch eine zunehmende Zahl von Experimenten durchgeführt, die darauf hindeuteten, dass dieses Atom-Modell verbessert werden musste.

[Abb. 1.1] Leuchtendes Gas

Die Eigenschaften des Nordlichts können nicht mit Daltons Atom-Modell erklärt werden. Bild: David Nunuk / Science Photo Library

Joseph J. Thomson

Im Jahre 1897 entdeckte *Joseph J. Thomson* (1856–1940), dass Atome winzige und sehr leichte Teilchen enthalten, die viel kleiner sind als das Atom. Diese Teilchen werden seitdem als Elektronen bezeichnet. Die auf die alten Griechen zurückgehende Vorstellung der Unteilbarkeit der Atome war nicht länger haltbar, denn Atome können Elektronen abgeben.

Das Rutherford'sche Atom-Modell, das im Abschnitt 1.1 besprochen wird, ist unter anderem in der Lage, Thomsons Entdeckung zu erklären. Die Verfeinerungen des Rutherford'schen Atom-Modells, die Sie im Abschnitt 1.2 kennen lernen, führen zum Bohr'schen Atom-Modell, mit dem auch die Eigenschaften des Nordlichts in Abb. 1.1 erklärt werden können. Mit den Verfeinerungen des Bohr'schen Atom-Modells, die Sie im Abschnitt 1.3 kennen lernen, können zudem Radioaktivität und Kernenergie erklärt werden.

1.1 Wie sind die Atome aufgebaut?

Nach diesem Abschnitt können Sie

- beschreiben, wie ein Atom aus Atomkern und Atomhülle zusammengesetzt ist.
- angeben, durch welche Kraft die Atomhülle an den Atomkern gebunden ist.
- die Dimensionen von Atomkern und Atomhülle beschreiben.

Ernest Rutherford

Wie sieht die innere Struktur der Atome aus? Der Neuseeländer *Ernest Rutherford* (1871–1937) und seine Mitarbeiter fanden die Antwort durch Experimente, die sie in den Jahren 1909–1913 durchführten.

α-Teilchen

Rutherford und seine Mitarbeiter schossen so genannte *α-Teilchen* auf eine dünne Goldfolie. Was α-Teilchen sind, werden Sie später erfahren. Im Moment ist wichtig zu wissen, dass α-Teilchen winzig sind. Rutherford untersuchte, wie die winzigen α-Teilchen von der Goldfolie abgelenkt werden. Statt von Ablenkung spricht man auch von Streuung.

Rutherford'scher Streuversuch

Versuche, in denen Teilchen auf ein Stück Materie geschossen werden, nennt man Streuversuche. Noch heute werden Streuversuche zur Untersuchung der Struktur der Materie eingesetzt. Hier die wichtigsten Resultate der *Rutherford'schen Streuversuche:*

- Die meisten α-Teilchen durchfliegen die Metallfolie geradlinig.
- Einzelne α-Teilchen werden von der Metallfolie stark abgelenkt.
- Gelegentlich wird ein α-Teilchen sogar zurückgeworfen.

[Abb. 1.2] Streuversuch von Rutherford

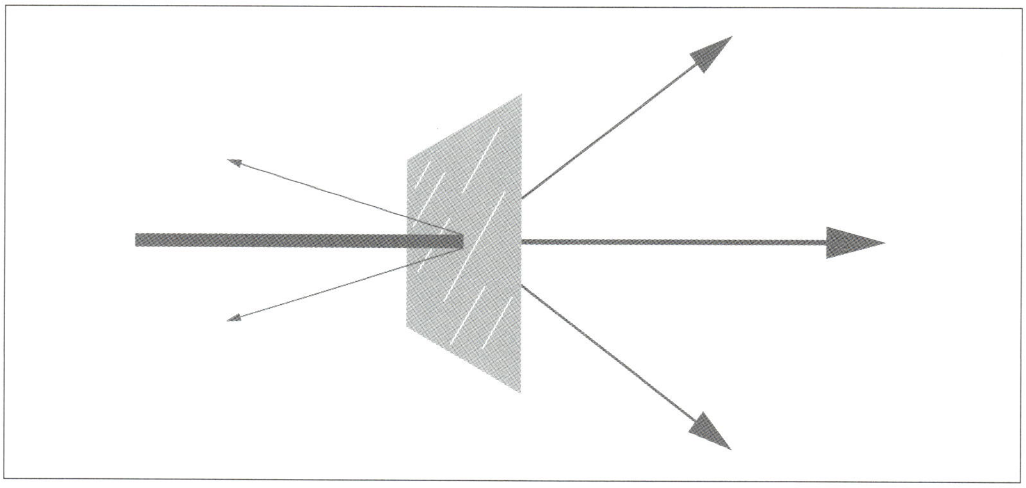

α-Teilchen werden auf eine Goldfolie geschossen und von ihr gestreut.

TEIL A ATOM- UND KERNPHYSIK

Atome sind keine massiven Kügelchen

Dass die meisten α-Teilchen geradlinig durch die Metallfolie fliegen, steht im Widerspruch zum Atom-Modell aus der Wärmelehre. Wenn die Atome der Goldfolie einfach Kügelchen wären, würden wir erwarten, dass die α-Teilchen an den massiven Kügelchen reflektiert werden oder sie zerstören. Der Versuch von Rutherford zeigt aber, dass Atome weitgehend aus leerem Raum bestehen müssen, denn sonst würden nicht die meisten α-Teilchen geradlinig durch die Metallfolie hindurchfliegen.

Gelegentlich wird ein α-Teilchen zurückgeworfen. Solche α-Teilchen müssen auf etwas sehr Massives getroffen sein, das sehr klein ist im Vergleich zum umgebenden leeren Raum, denn sonst würden viel mehr α-Teilchen zurückgeworfen.

Rutherford (1911): Atome bestehen aus Atomkern und Atomhülle

Rutherford'sches Atom-Modell

Die Ergebnisse der Rutherford'schen Streuversuche und die Existenz der durch Thomson entdeckten Elektronen wurden von Rutherford 1911 mit dem *Rutherford'schen Atom-Modell* erklärt: Das Atom besteht aus einem Atomkern und einer aus Elektronen zusammengesetzten Atomhülle (Abb. 1.3):

Atomkern, Atomhülle, Elektron

- Im Zentrum des Atoms sitzt ein *Atomkern*. Dieser enthält den grössten Teil der Masse des Atoms. Rutherford nannte den Kern des Atoms den Nukleus. An diesem massiven Kern können die α-Teilchen abprallen und zurückgeworfen werden.
- Die *Elektronen* umkreisen den Atomkern. Sie bilden sozusagen eine Hülle um den Atomkern. Man spricht deshalb von der *Atomhülle*. Die Grösse der Atomhülle bestimmt, wie gross das Atom ist. An den leichten Elektronen prallen die α-Teilchen nicht ab und kommen so durch die Atomhülle ungehindert hindurch.

[Abb. 1.3] Rutherford'sches Atom-Modell

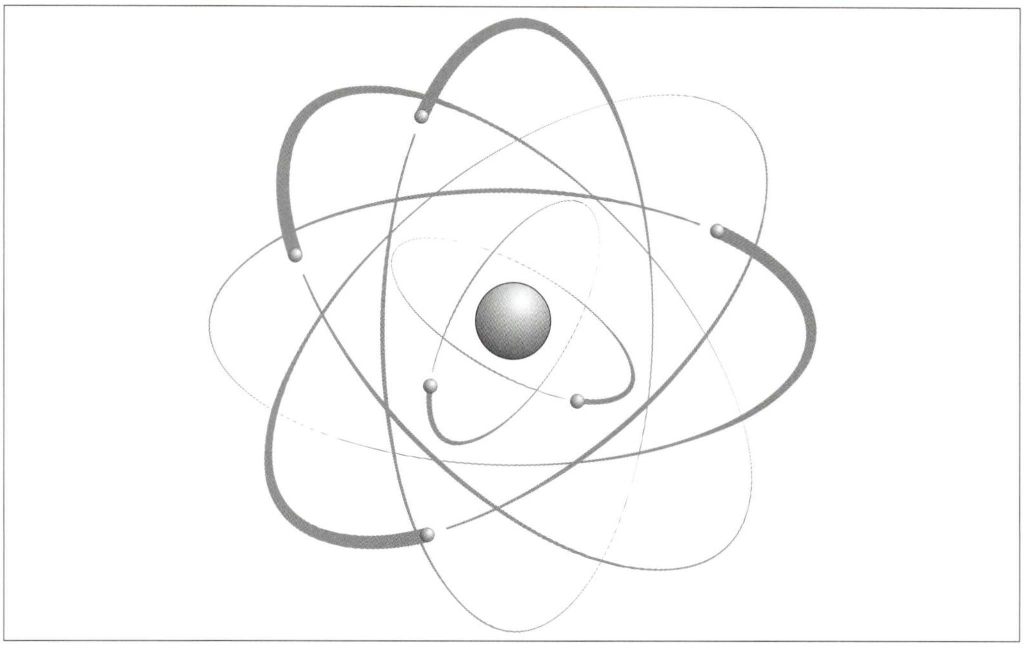

Die leichten Elektronen der Hülle umkreisen den massiven Kern des Atoms.

Die elektrische Kraft bindet die Elektronen der Atomhülle an den Atomkern

Elektrische Kraft

Ähnlich wie die Planeten durch die anziehende Gravitationskraft auf einer Kreisbahn um die Sonne gehalten werden, werden die Elektronen durch eine anziehende Kraft auf eine Kreisbahn um den Atomkern gezwungen. Es handelt sich hierbei um die *elektrische Kraft,* die im Abschnitt 12 ausführlich besprochen wird. An dieser Stelle sprechen wir nur die wichtigsten Eigenschaften der elektrischen Kraft an:

Elektrische Ladung

- Die elektrische Kraft zwischen zwei Körpern wird durch ihre *elektrische Ladung* verursacht.
- Es gibt positiv und negativ geladene Körper.
- Zwischen zwei gleichartig geladenen Körpern wirkt eine elektrische Abstossungskraft.
- Zwischen zwei verschiedenartig geladenen Körpern wirkt eine elektrische Anziehungskraft.
- Je kleiner der Abstand zwischen den geladenen Körpern, umso grösser ist die elektrische Kraft.

Kreisbahn des Elektrons der Atomhülle

Die Elektronen der Atomhülle sind negativ, der Atomkern ist positiv geladen. Deshalb übt der Atomkern eine anziehende elektrische Kraft auf die Elektronen der Hülle aus. Diese anziehende Kraft zwingt die Elektronen auf *Kreisbahnen* um den Atomkern (Abb. 1.4).

[Abb. 1.4] Elektrische Kräfte im Atom

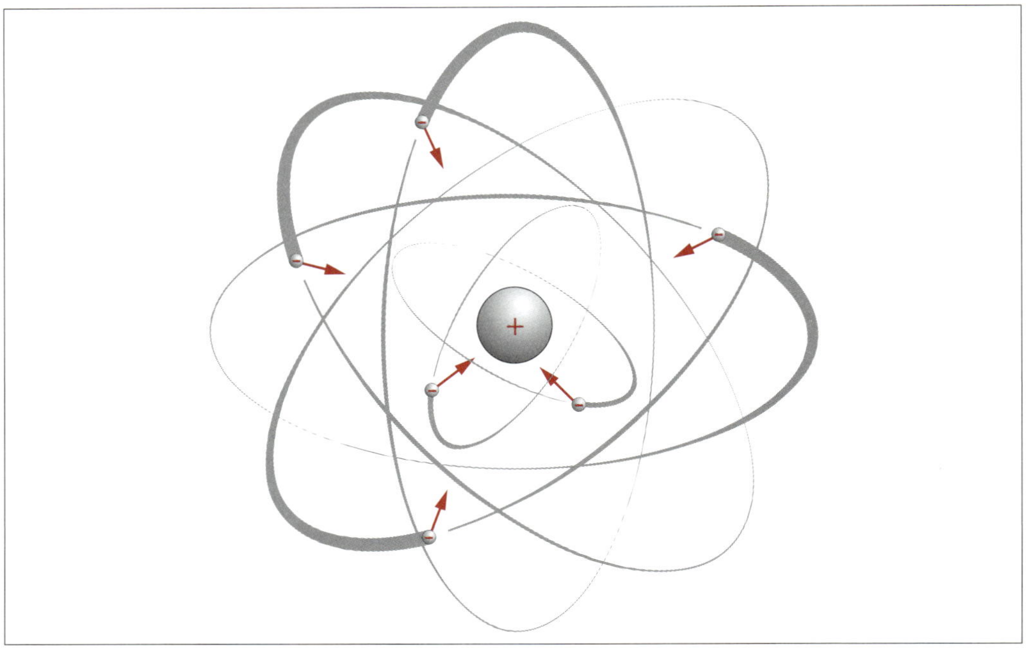

Die negativ geladenen Elektronen des Atoms werden vom positiv geladenen Atomkern durch die anziehende elektrische Kraft auf eine Kreisbahn um den Atomkern gezwungen.

α-Teilchen sind elektrische, positiv geladene Körper. Kommt während eines Rutherford'schen Streuversuchs ein positives α-Teilchen einem positiven Atomkern der Goldfolie nahe, so wird es durch die elektrische Kraft abgestossen und dadurch abgelenkt. Je näher ein α-Teilchen am Atomkern vorbeifliegt, umso grösser ist die elektrische Abstossungskraft und umso grösser ist die Ablenkung des α-Teilchens. Bei den Streuversuchen kommt es somit nicht zu harten Zusammenstössen zwischen α-Teilchen und Atomkern, sondern die α-Teilchen werden von der abstossenden elektrischen Kraft sozusagen abgefedert (Abb. 1.5).

[Abb. 1.5] Elektrische Kräfte zwischen α-Teilchen und Atomkern

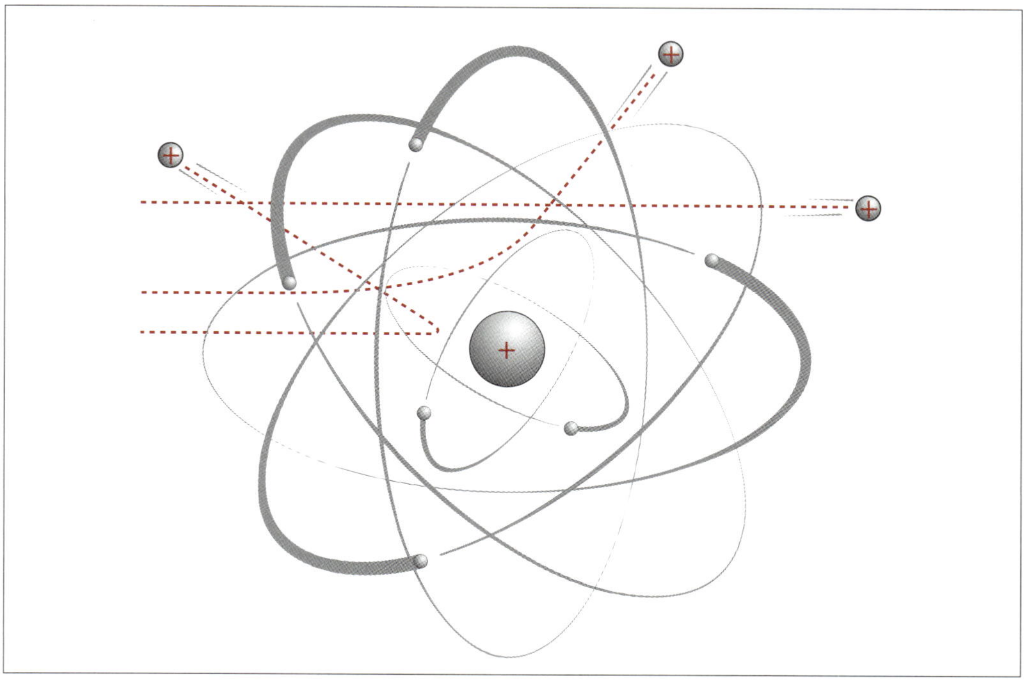

Die positiv geladenen α-Teilchen werden vom positiv geladenen Atomkern durch die abstossende elektrische Kraft abgelenkt.

Der Durchmesser der Atomhülle ist etwa 10 000-mal grösser als derjenige des Atomkerns

Atomkerndurchmesser, Atomdurchmesser

Rutherford berechnete aus den Ergebnissen seiner Streuversuche, dass der *Durchmesser des Kerns eines Atoms* nur etwa 10^{-14} m misst. Das ist etwa 10 000-mal kleiner als der *Durchmesser des Atoms,* der etwa 10^{-10} m beträgt.

Man kann sich die Grössenverhältnisse im Atom besser vorstellen, wenn man die Bausteine eines Atoms mit alltäglichen Gegenständen vergleicht. Stellt man den Atomkern eines Atoms durch einen 7 cm grossen Tennisball dar, hat das Atom (Atomhülle) einen Durchmesser von 700 m. Bei einem Festkörper trifft man in diesem Massstab alle 700 m auf einen massereichen Atomkern von der Grösse eines Tennisballs. Dazwischen trifft man auf die praktisch masselosen Elektronen, die die Atomkerne umkreisen. Das Übrige ist leerer Raum. Selbst bei festen Körpern ist nur ein sehr kleiner Teil des Volumens mit Materie gefüllt. Aufgrund der gegenseitigen elektrischen Abstossung der Elektronen sind feste Körper trotz des leeren Raums (fast) nicht komprimierbar.

Rutherford'sches Atom-Modell zur Erklärung der Rutherford'schen Streuversuche: Der grösste Teil eines Atoms ist leer. Atome bestehen aus Atomkern und Atomhülle. Der Atomkern im Zentrum eines Atoms enthält den grössten Teil der Masse des Atoms. Die Atomhülle besteht aus den sehr leichten Elektronen, die den Atomkern wegen der elektrischen Anziehungskraft des Atomkerns umkreisen. Der typische Durchmesser der Atomhülle ist 10^{-10} m. Der Durchmesser des Atomkerns ist etwa 10 000-mal kleiner.

Aufgabe 1 Die Rutherford'schen Streuversuche zeigen, dass Atome keine massiven Kügelchen sind. Erklären Sie, wie dies aus den Streuversuchen geschlossen wird.

Aufgabe 7 Beschreiben Sie das Rutherford'sche Atom-Modell.

Aufgabe 13

A] Was ist die Ursache der elektrischen Kraft zwischen Atomkern und Atomhülle?

B] Wann ist die elektrische Kraft zwischen zwei Körpern anziehend und wann abstossend?

C] Welchen Einfluss hat der Abstand zwischen zwei elektrisch geladenen Körpern auf die elektrische Kraft?

Aufgabe 19

A] Wie gross sind Kern und Hülle eines Atoms?

B] Wie gross ist das Grössenverhältnis von Kern und Hülle eines Atoms?

1.2 Wie ist die Atomhülle aufgebaut?

Nach diesem Abschnitt können Sie

- die Energie der Elektronen der Atomhülle beschreiben.
- Energieänderungen der Elektronen der Atomhülle beschreiben.
- erklären, wie die chemische Zusammensetzung eines Gases bestimmt werden kann.

Wir beschäftigen uns nun mit den Elektronen der Atomhülle und erst im Abschnitt 1.3 mit dem Kern des Atoms. Das Wasserstoff-Atom hat die einfachste Atomhülle, denn der Wasserstoff-Kern wird nur von einem Elektron umkreist. Wir betrachten deshalb die Hülle des Wasserstoff-Atoms, um ein Bild vom Aufbau von Atomhüllen zu bekommen.

Bohr (1913): Elektronen umkreisen den Atomkern in bestimmten Abständen

Bohr'sches Atom-Modell

Das negativ geladene Elektron des Wasserstoff-Atoms bewegt sich auf einer Kreisbahn um den positiv geladenen Atomkern. Gemäss Rutherford'schem Atom-Modell kann sich das Elektron auf einer Bahn mit beliebigem Bahnradius bewegen. Weitere Experimente haben jedoch ein sehr erstaunliches Resultat geliefert: Die Elektronen der Atomhülle können sich nur auf Kreisbahnen mit ganz bestimmten Bahnradien um den Atomkern bewegen. Dieses Bild der Elektronenbewegung ist das *Bohr'sche Atom-Modell,* das 1913 von Niels Bohr (1885–1962) entworfen wurde (Abb. 1.6).

[Abb. 1.6] Atom-Modell des Wasserstoff-Atoms

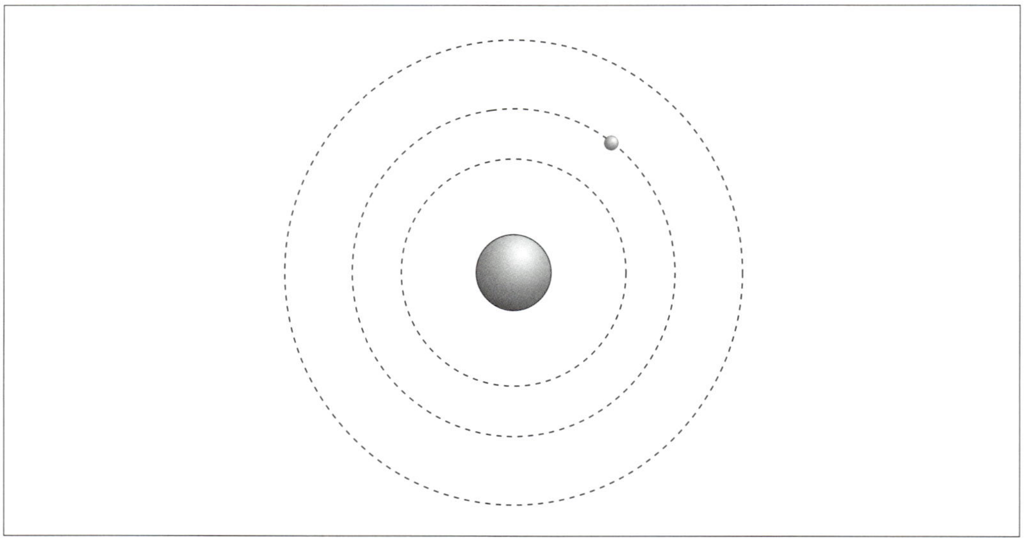

Das Elektron der Atomhülle kann den Atomkern nur in ganz bestimmten Abständen umkreisen.

Quantenmechanik

Die überraschende Beobachtung, dass sich die Elektronen nur auf Bahnen mit ganz bestimmten Bahnradien befinden können, hat Anfang des 20. Jahrhunderts zur Entwicklung der Quantenmechanik geführt. Die *Quantenmechanik* ist eine Verallgemeinerung der Newton'schen Mechanik. Mithilfe der Quantenmechanik lassen sich die möglichen Bahnradien der Elektronen berechnen. Für die innersten sechs Bahnradien des Elektrons in einem Wasserstoff-Atom erhält man 0.053 nm, 0.21 nm, 0.48 nm, 0.84 nm, 1.32 nm und 1.91 nm.

Elektronen der Atomhülle haben kinetische und potenzielle Energie

Energie eines Elektrons der Atomhülle

Durch die Bewegung um den Atomkern hat das Elektron eines Wasserstoff-Atoms kinetische Energie. Da auf das Elektron auch die elektrische Anziehungskraft des Atomkerns wirkt, hat es auch elektrische potenzielle Energie. Die *Energie eines Elektrons der Atomhülle* setzt sich folglich aus kinetischer und potenzieller Energie zusammen.

Grundzustand, angeregter Zustand

Da sich ein Elektron der Atomhülle nur auf Kreisbahnen mit ganz bestimmten Bahnradien befinden kann (Abb 1.6), kann die Energie des Elektrons auch nur ganz bestimmte Werte annehmen. Ist das Elektron auf der Bahn mit dem kleinstmöglichen Bahnradius, hat es die kleinstmögliche Energie E_1. Man nennt diese kleinstmögliche Bahn des Elektrons auch den *Grundzustand* des Elektrons. Ist das Elektron auf der Bahn mit dem nächstgrösseren Bahnradius, hat es die nächstgrössere Energie E_2. Diese Bahn und alle grösseren Bahnen werden auch als *angeregte Zustände* des Elektrons bezeichnet. Sie können sich die möglichen Zustände und Energien eines Elektrons in der Atomhülle veranschaulichen, indem Sie sich vorstellen, dass sich das Elektron nur auf den Stufen einer Treppe befinden kann (Abb. 1.7).

[Abb. 1.7] Energien des Elektrons des Wasserstoff-Atoms

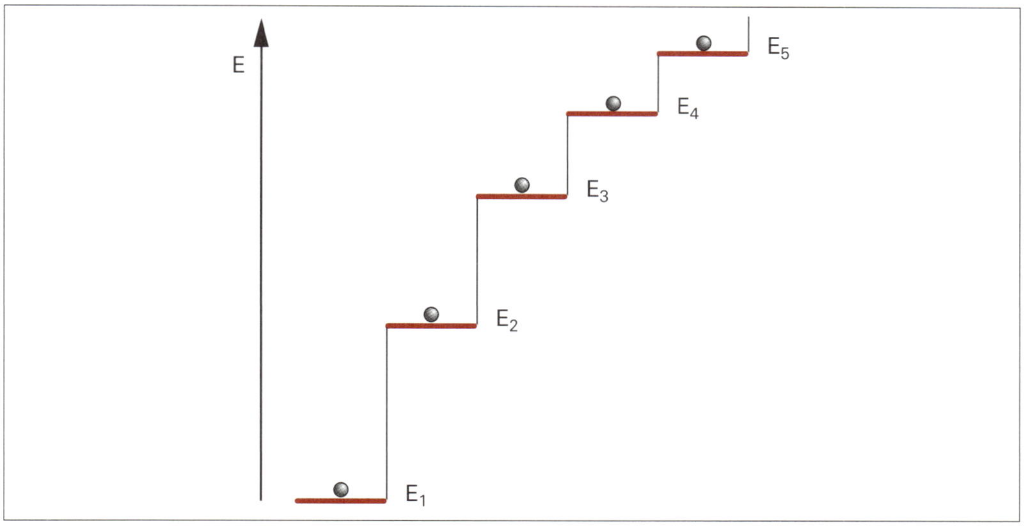

Die Energie des Elektrons des Wasserstoff-Atoms kann nur ganz bestimmte Werte annehmen.

Ein Elektron im Atom befindet sich normalerweise in seinem Grundzustand, d.h. im Zustand mit der kleinstmöglichen Energie E_1. Es kann nur dann in einen angeregten Zustand gelangen, wenn auf das Elektron eine ganz bestimmte Energie, z.B. E_2–E_1 oder E_3–E_1 oder E_4–E_1 usw., übertragen wird.

Die Energie der Elektronen der Atomhülle kann bei Kollisionen zunehmen

Anregungsmechanismus, Stossanregung

Auf ein Elektron eines Atoms kann durch unterschiedliche Prozesse Energie übertragen werden. Bei allen Prozessen, bei denen dem Elektron der Atomhülle Energie zugeführt wird, spricht man von *Anregungsmechanismen*. Wir erwähnen hier nur einen Anregungsmechanismus, die *Stossanregung:* Wenn das Elektron eines Atoms mit einem anderen Atom zusammenstösst, kann ein Teil der kinetischen Energie der Atome auf ein Elektron eines Atoms übertragen werden (Abb. 1.8).

[Abb. 1.8] Stossanregung

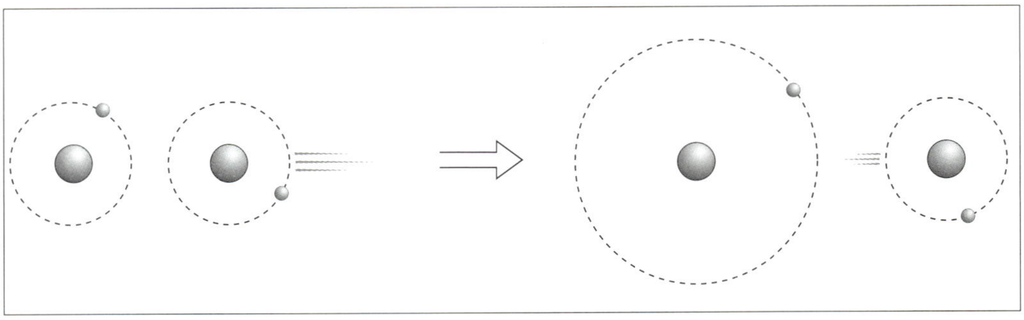

Bei der Kollision zweier Atome kann ein Teil der kinetischen Energie der Atome auf ein Elektron eines Atoms übertragen werden.

Beispiel 1.1

Um den Elektronen der Atome durch Stösse Energie zuzuführen, heizen wir ein Gas auf. Während wir die Temperatur des Gases erhöhen, nimmt die kinetische Energie der Atome zu. Sie stossen deshalb immer heftiger zusammen. Sobald die Stösse heftig genug sind, werden die Elektronen der Atomhüllen durch Stösse vom Grundzustand in angeregte Zustände befördert.

Die Energie der Elektronen der Atomhülle kann durch Aussenden von Licht abnehmen

Abregungsmechanismen, Strahlungsabregung

Nach einer Anregung geht das Elektron meistens rasch wieder in den Grundzustand über, wobei es die überschüssige Energie an die Umgebung abgibt. Bei Prozessen, bei denen das Elektron in der Atomhülle Energie abgibt, spricht man von *Abregungsmechanismen*. Die Energieabgabe kann auf verschiedene Arten geschehen. Wir besprechen hier nur einen Mechanismus, die *Strahlungsabregung:* Überschüssige Energie wird durch Aussenden von Licht an die Umgebung abgegeben. Befindet sich das Elektron in einem angeregten Zustand mit der Energie E_2 und wechselt in den energetisch tiefer gelegenen Grundzustand mit der Energie E_1, so kann es die überschüssige Energie durch Aussenden eines Photons mit der Energie $E_{Photon} = E_2 - E_1$ an die Umgebung abgeben (Abb. 1.9).

[Abb. 1.9] Strahlungsabregung

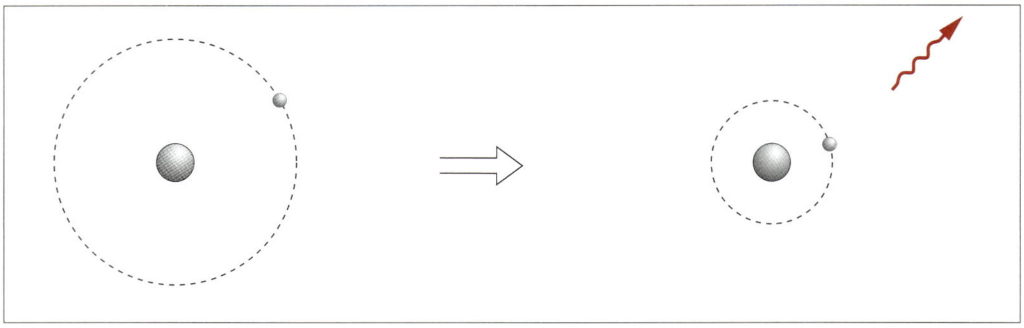

Bei Strahlungsabregung wird überschüssige Energie durch Aussenden eines Photons abgegeben.

Wellenlänge, Strahlungsenergie

Wir können ausrechnen, welche Wellenlänge das ausgesandte Licht hat. Zwischen der *Strahlungsenergie* E_{Photon} und der *Wellenlänge* λ des Lichts gilt die Beziehung:

$$E_{Photon} = \frac{h \cdot c}{\lambda}$$

Planck'sches Wirkungsquantum, Lichtgeschwindigkeit

Das *Planck'sche Wirkungsquantum* hat den Wert $h = 6.63 \cdot 10^{-34}$ J · s, die *Lichtgeschwindigkeit* den Wert $c = 3.0 \cdot 10^{8}$ m/s. Die Wellenlänge λ des Photons, das z. B. beim Übergang vom angeregten Zustand mit der Energie E_2 in den Grundzustand mit der Energie Energie E_1 ausgesandt wird, beträgt:

Gleichung 1.1

$$\lambda = \frac{h \cdot c}{E_{Photon}} = \frac{h \cdot c}{E_2 - E_1}$$

Beispiel 1.2

Wechselt das Elektron eines Wasserstoff-Atoms von der drittkleinsten auf die zweitkleinste Kreisbahn, so beträgt die Energieänderung $E_3 - E_2 = 3.03 \cdot 10^{-19}$ J. Die Wellenlänge λ des dabei ausgesandten Lichts beträgt:

$$\lambda = \frac{h \cdot c}{E_3 - E_2} = \frac{6.63 \cdot 10^{-34}\,\text{J} \cdot \text{s} \cdot 3.0 \cdot 10^{8}\,\frac{\text{m}}{\text{s}}}{3.03 \cdot 10^{-19}\,\text{J}} = 6.56 \cdot 10^{-7}\,\text{m}$$

Bei diesem Abregungsprozess sendet das Elektron Licht mit einer Wellenlänge von $\lambda = 656$ nm aus. Licht mit dieser Wellenlänge ist rot (*Physik 2:* Zusammenhang zwischen Farbe und Wellenlänge des Lichts).

Beispiel 1.3

Das Nordlicht in Abb. 1.1 wird von Elektronen der Moleküle der Erdatmosphäre hervorgerufen, die von Bahnen mit grösserem Radius in solche mit kleinerem Radius übergehen und dabei Licht aussenden. Das Nordlicht entsteht durch Strahlungsabregung der vorher angeregten Elektronen. Von der Sonne kommen laufend schnelle Teilchen, die auf Moleküle der Erdatmosphäre treffen und so zu Stossanregungen führen.

Bei den in den Beispielen beschriebenen Strahlungsabregungen wird sichtbares Licht ausgesandt. Es kann aber auch vorkommen, dass bei einer Strahlungsabregung unsichtbare Infrarot-, Ultraviolett- oder Röntgen-Strahlung ausgesandt wird.

Stossanregung und Strahlungsabregung sind zwei Prozesse, die wir häufig antreffen. Sie lassen sich mit Situationen aus dem alltäglichen Leben veranschaulichen (Abb. 1.10).

[Abb. 1.10] Stossanregung und Strahlungsabregung

Ein Vergleich der beiden atomaren Prozesse Stossanregung und Strahlungsanregung mit einer Situation aus dem Leben.

Das Spektrum des vom Atom ausgesandten Lichts ist wie ein Fingerabdruck

Spektrum

Wenn man das Licht eines leuchtenden Wasserstoff-Gases mit Hilfe eines Prismas in seine Farben auffächert und fotografiert, so entsteht das *Spektrum* in Abb. 1.11.

[Abb. 1.11] Spektrum von Wasserstoff-Gas

Linienspektrum von leuchtendem Wasserstoff-Gas. Bild: Dept. of Physics, Imperial College London / Science Photo Library

Linienspektrum, kontinuierliches Spektrum

Im Spektrum des vom Wasserstoff-Gas ausgesandten Lichts kommen nur ganz bestimmte Farben vor. Jeder farbigen Linie entspricht die Strahlungsabregung von einem energiereicheren in einen energieärmeren Zustand. Die rote Linie rechts kommt zum Beispiel von der Strahlungsabregung, wie sie im Beispiel 1.2 besprochen wurde. Man nennt ein Spektrum wie in Abb. 1.11 ein *Linienspektrum*. Im Spektrum des Sonnenlichts (Regenbogen) kommen alle Farben vor. Ein solches Spektrum nennt man ein *kontinuierliches Spektrum*.

Wenn man das Licht eines leuchtenden Helium-Gases mit Hilfe eines Prismas in seine Farben auffächert und fotografiert, so entsteht das Spektrum in Abb. 1.12.

[Abb. 1.12] Spektrum von Helium-Gas

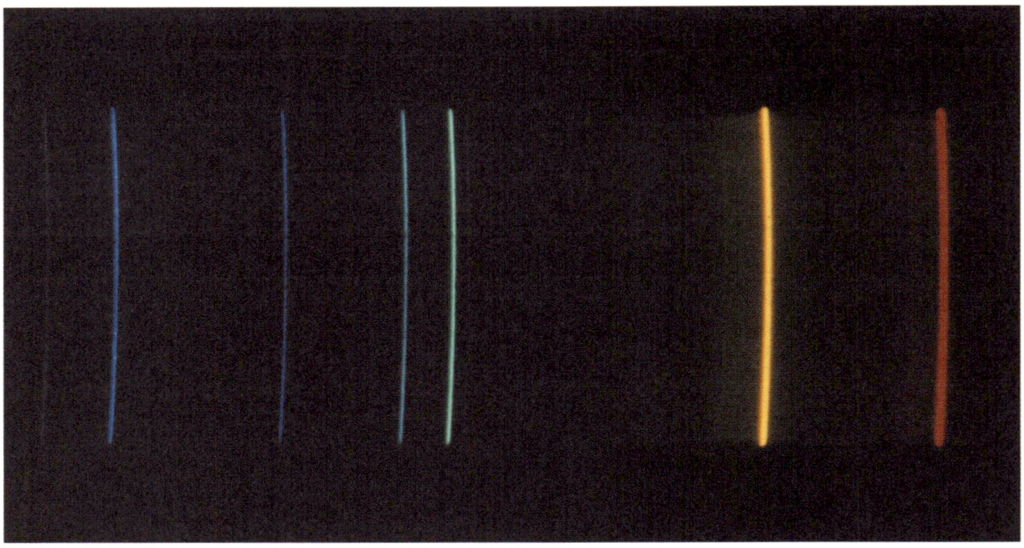

Linienspektrum von leuchtendem Helium-Gas. Bild: Dept. of Physics, Imperial College London / Science Photo Library

Spektralanalyse

Das Spektrum von Helium unterscheidet sich stark vom Spektrum von Wasserstoff. Weitere Vergleiche zeigen, dass jedes Atom ein ihm eigenes Spektrum erzeugt. Dies kommt daher, dass die möglichen Bahnradien der Elektronen bei jedem chemischen Element etwas anders sind. Das Linienspektrum ist deshalb wie ein Fingerabdruck, mit dem die Identität von Atomen leicht nachgewiesen werden kann. Man nennt diese Art, die chemische Zusammensetzung eines Gases anhand seines Spektrums zu bestimmen, *Spektralanalyse*.

Beispiel 1.4

Die Spektralanalyse ist in der Astrophysik besonders nützlich. Sie haben sich vielleicht auch schon gefragt, woher wir wissen, aus welchen chemischen Elementen die Sonne und andere Sterne bestehen. Wir können ja nicht zu den Sternen hinfliegen, um ein Stück Stern zu holen und zu untersuchen. Alles, was wir über Sterne wissen, wurde aus dem Licht der Sterne herausgelesen. Wenn wir das Licht eines astronomischen Objekts mit einem Prisma in die verschiedenen Farben auffächern und mit den Spektren der Elemente vergleichen, so können wir die chemische Zusammensetzung des Objekts feststellen.

Aufbau der Atomhülle (Bohr'sches Atom-Modell): Die Elektronen der Atomhülle können den Kern nur in ganz bestimmten Abständen umkreisen. Die kleinstmögliche Bahn des Elektrons nennt man den Grundzustand des Elektrons, grössere Bahnen nennt man angeregte Zustände.

Energie der Elektronen der Atomhülle: Die Energie der Elektronen der Hülle setzt sich aus kinetischer und potenzieller Energie zusammen. Da die Elektronen den Kern nur in ganz bestimmten Abständen umkreisen können, können sie auch nur ganz bestimmte Energien haben. Im Grundzustand hat das Elektron die kleinstmögliche Energie. Ist das Elektron in einem angeregten Zustand, so hat es mehr Energie.

Energiezunahme der Elektronen der Atomhülle durch Stossanregung: Damit ein Elektron der Hülle in einen Zustand mit mehr Energie gelangt, muss auf das Elektron Energie übertragen werden. Dies kann z. B. durch Stossanregung geschehen: Kollidieren zwei Atome, kann ein Teil der kinetischen Energie auf ein Elektron der Atomhülle übertragen werden.

Energieabnahme der Elektronen der Atomhülle durch Strahlungsabregung: Ein Elektron in einem angeregten Zustand geht meist sehr schnell wieder in seinen Grundzustand über, z. B. indem es Energie durch Aussenden von Licht an die Umgebung abgibt. Man spricht von Strahlungsabregung. Die Wellenlänge λ des ausgesandten Lichts ist durch die Energieänderung ΔE des Elektrons bestimmt:

$$\lambda = \frac{h \cdot c}{\Delta E}$$

Spektralanalyse: Wenn man das von einem Atom bei der Strahlungsabregung ausgesandte Licht mit einem Prisma in die verschiedenen Farben auffächert, so entsteht ein Linienspektrum. Jeder Linie im Spektrum entspricht ein Übergang von einem Zustand mit mehr Energie (grössere Bahn) in einen Zustand mit weniger Energie (kleinere Bahn). Jedes chemische Element hat ein charakteristisches Linienspektrum. Das Linienspektrum eines Elements ist wie der Fingerabdruck des Elements. Anhand des Linienspektrums eines leuchtenden Gases lässt sich seine chemische Zusammensetzung bestimmen.

Aufgabe 25 Beschreiben Sie das Bohr'sche Modell für die Bewegung der Elektronen der Atomhülle.

Aufgabe 31 Die Elektronen der Atomhülle besitzen Energie.

A] Wie setzt sich die Energie der Elektronen zusammen?

B] Was lässt sich über die Energie sagen, die die Elektronen haben können?

Aufgabe 37 A] Was lässt sich über den Bahnradius eines Elektrons sagen, wenn seine Energie zunimmt?

B] Wie kann einem Elektron der Hülle Energie zugeführt werden?

C] Wie kann ein Elektron der Hülle Energie abgeben?

D] Ein leuchtendes Wasserstoff-Gas sendet Licht mit einer Wellenlänge von 121.5 nm aus. Um wie viel ändert die Energie des Elektrons der Wasserstoff-Atomhülle, das dieses Licht aussendet?

Aufgabe 43 A] Wie geht man bei der Spektralanalyse eines leuchtenden Gases vor?

B] Wieso ist die Methode der Spektralanalyse in der Astrophysik nützlich?

1.3 Wie sind die Atomkerne aufgebaut?

Nach diesem Abschnitt können Sie

- beschreiben, wie Atomkerne aufgebaut sind.
- angeben, durch was sich Atomkerne verschiedener Elemente unterscheiden.
- beschreiben, wie der Atomkern zusammengehalten wird.
- Energie und Energieänderungen des Atomkerns beschreiben.

Rutherfords Streuversuche an dünnen Goldfolien zeigten, dass die Atome nicht einfach massive Kügelchen sind, sondern einen kleinen, massereichen, positiv geladenen Kern haben, der von den massearmen, negativ geladenen Elektronen umkreist wird. Diese Elektronen bilden die Atomhülle. Im letzten Abschnitt haben wir uns mit der Atomhülle beschäftigt, in diesem Abschnitt betrachten wir nun den Atomkern.

Heisenberg (1932): Atomkerne bestehen aus Protonen und Neutronen

Proton, Neutron, Nukleon

Weitere Streuversuche haben gezeigt, dass auch der Atomkern zusammengesetzt ist, nämlich aus *Protonen* und *Neutronen*. Protonen und Neutronen werden durch den Überbegriff *Nukleonen* zusammengefasst (lat. nukleus = Kern). Der Atomkern besteht aus Nukleonen. Sie können sich einen Atomkern wie eine Brombeere vorstellen: Die dunklen und hellen Kügelchen der Brombeere in Abb. 1.13 stellen die Protonen und Neutronen des Atomkerns dar.

[Abb. 1.13] Nukleonen, die Bausteine des Atomkerns

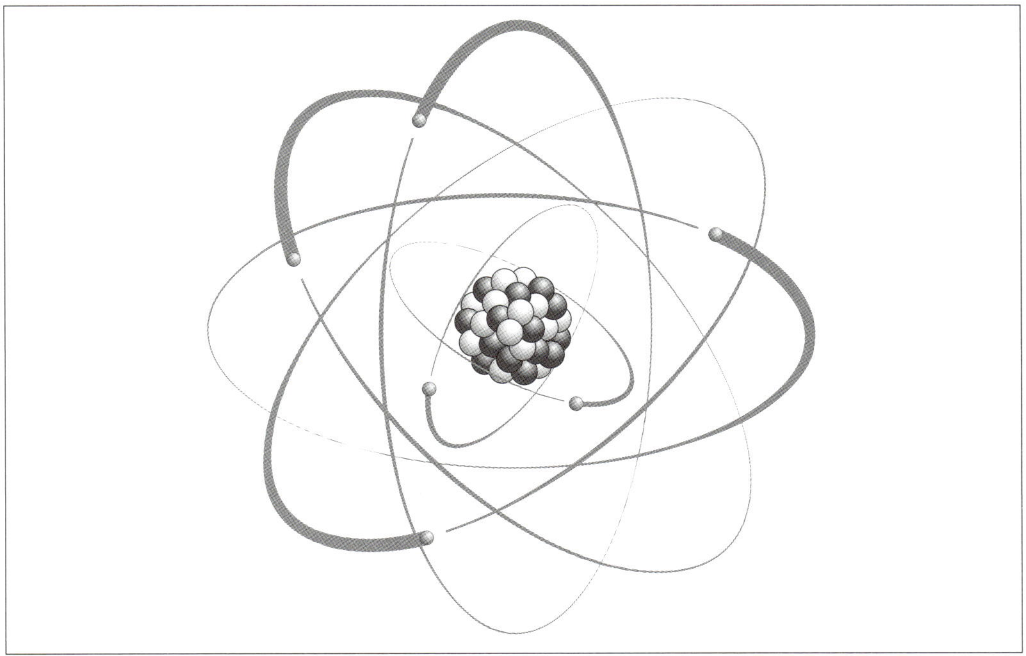

Atomkerne bestehen aus Protonen (dunkle Kügelchen) und Neutronen (helle Kügelchen) und werden von Elektronen umkreist.

Die Protonen und Neutronen bilden den Atomkern, die Elektronen bilden die Atomhülle. Die Masse des Protons und des Neutrons sind ungefähr gleich gross. Die Masse des Elektrons ist etwa 2 000-mal kleiner. Das Proton ist positiv, das Elektron negativ geladen, das Neutron hat keine elektrische Ladung.

Die wichtigsten Eigenschaften der Bausteine der Atome sind in Tab. 1.1 zusammengestellt.

[Tab. 1.1] Aufenthaltsort, Masse und elektrische Ladung der drei Bausteine des Atoms.

Teilchen	Aufenthaltsort	Masse in Kilogramm	Elektrische Ladung
Proton	Atomkern	$1.6726 \cdot 10^{-27}$	positiv
Neutron	Atomkern	$1.6749 \cdot 10^{-27}$	ungeladen
Elektron	Atomhülle	$9.2158 \cdot 10^{-31}$	negativ

Atommasse

Die Masse wird in der Kernphysik oft in Einheiten der *Atommasse u* angegeben:

Gleichung 1.2

$$u = 1.6605 \cdot 10^{-27}\ \text{kg}$$

Die Masse von Proton, Neutron und Elektron in Einheiten der Atommasse *u* beträgt:

$$m_p = 1.0073 \cdot u$$

$$m_n = 1.0087 \cdot u$$

$$m_e = 0.00056 \cdot u$$

Die Anzahl Protonen im Atomkern bestimmt das chemische Element

Streuversuche mit Folien aus verschiedenen Elementen wie Silber, Blei oder Kupfer zeigen, dass sich verschiedene Materialien durch die elektrische Ladung ihres Atomkerns unterscheiden. Alle Protonen sind identisch und haben dieselbe Ladung. Die verschiedenen chemischen Elemente müssen sich folglich durch die Anzahl Protonen unterscheiden, die sie in ihrem Kern haben. Wasserstoff hat den Kern mit der kleinsten elektrischen Ladung, gefolgt von Helium, Lithium, Beryllium, Bor usw. Wasserstoff hat 1 Proton im Kern, Helium hat 2 Protonen im Kern, Lithium deren 3, Beryllium deren 4 usw.

Chemische Elemente

Es gibt über 100 *chemische Elemente* (siehe Periodensystem der Chemie). Jedes chemische Element ist charakterisiert durch die Anzahl Protonen im Atomkern. Mit der Proto-Nenze Z gibt man an, wie viele Protonen sich im Atom-Kern befinden.

Beispiel 1.5

Der Kern eines Sauerstoffatoms hat immer 8 Protonen. Die Protonenzahl von Sauerstoff beträgt $Z = 8$.

Ordnungszahl, Kernladungszahl

Da die Zahl der Protonen auch den Platz bestimmt, an dem das chemische Element im Periodensystem auftritt, nennt man Z auch die *Ordnungszahl*. Da die Zahl der Protonen auch die elektrische Ladung des Kerns bestimmt, nennt man Z auch die *Kernladungszahl*.

Das chemische Verhalten eines Elements wird im Grunde von den Elektronen in der Atomhülle bestimmt. Da Atome elektrisch neutral sind, ist die Zahl der Elektronen in der Hülle immer gleich der Zahl der Protonen im Kern. Deshalb bestimmt die Anzahl Protonen im Kern indirekt das chemische Verhalten eines Elements.

Die Anzahl Neutronen im Atomkern hat keinen Einfluss auf die Chemie

Wenn man die Masse verschiedener Helium-Atome misst, so stellt man fest, dass nicht alle dieselbe Masse haben. Man findet für die Atommasse von Helium-Atomen zwei Werte: etwa $3 \cdot u$ und auch $4 \cdot u$. Wir wissen aber, dass alle Helium-Atome 2 Protonen im Kern haben. Die Masse von zwei Protonen beträgt etwa $2 \cdot u$. Woher kommt die unterschiedliche Atommasse, wenn alle Helium-Atome im Kern 2 Protonen haben, und wieso ist die Atommasse der Helium-Atome nicht etwa $2 \cdot u$? Die Masse der Elektronen in der Atomhülle ist vernachlässigbar klein und kann die Abweichung vom Wert $2 \cdot u$ nicht erklären.

Helium-Atome haben auch Neutronen im Kern. Offenbar haben nicht alle Helium-Atomkerne dieselbe Anzahl Neutronen. Helium-Atome haben offenbar entweder 1 oder 2 Neutronen im Atomkern. Seine Masse setzt sich dann entweder aus 2 Protonen und 1 Neutron oder aus 2 Protonen und 2 Neutronen zusammen (Abb. 1.14):

- $2 \cdot u + 1 \cdot u = 3 \cdot u$
- $2 \cdot u + 2 \cdot u = 4 \cdot u$

[Abb. 1.14] Helium-Kerne

Helium-Kerne bestehen immer aus 2 Protonen (dunkel), haben aber entweder 1 oder 2 Neutronen (hell).

Wenn ein chemisches Element unterschiedliche Neutronenzahlen haben kann, braucht es eine weitere Zahl zur Beschreibung des Atomkerns: Die Nukleonenzahl A. Die Nukleonenzahl A gibt an, wie viele Nukleonen (Protonen plus Neutronen) sich insgesamt im Kern befinden. Die Differenz aus Nukleonenzahl A und Protonenzahl Z ist die Neutronenzahl N.

Beispiel 1.6

Der Kern eines Helium-Atoms enthält immer $Z = 2$ Protonen, kann aber entweder 1 oder 2 Neutronen enthalten. Die Nukleonenzahl von Helium-Kernen ist entweder $A = 3$ oder $A = 4$.

Nuklid-Schreibweise

Um einen Atomkern vollständig zu charakterisieren, braucht es die Nukleonenzahl A und die Protonenzahl Z. Um die Zusammensetzung eines Atomkerns zu beschreiben, verwendet man die Nuklid-Schreibweise:

Gleichung 1.3

$$^{A}_{Z}\mathrm{X}$$

Oft lässt man die Protonenzahl Z weg, da sie durch das Elementsymbol X schon bestimmt ist.

Beispiel 1.7

$^{1}_{1}\mathrm{H}$ beschreibt einen Wasserstoff-Kern. Er enthält 1 Nukleon, nämlich 1 Proton und keine Neutronen. $^{13}_{6}\mathrm{C}$ beschreibt einen Kohlenstoff-Kern aus 13 Nukleonen. Davon sind 6 Protonen und 7 Neutronen.

Isotopes Nuklid, Isotop

Jedes Element ist in seinen chemischen Eigenschaften eindeutig durch die Protonenzahl Z festgelegt. Seine Neutronenzahl N und somit seine Nukleonenzahl A kann jedoch variieren. Bei Nukliden mit derselben Protonenzahl Z (gleiches chemisches Element), aber unterschiedlicher Nukleonenzahl A spricht man von *isotopen Nukliden* oder kurz von *Isotopen*. Dieser Name zeigt an, dass sich isotope Nuklide am gleichen (griechisch iso) Ort (griechisch topos) im Periodensystem befinden.

Beispiel 1.8

Jedes Sauerstoff-Atom hat 8 Protonen. Die meisten Sauerstoff-Atome haben 8 Neutronen, also 16 Nukleonen: $^{16}_{8}\mathrm{O}$.

Einige Sauerstoff-Atome enthalten jedoch 9 Neutronen, also 17 Nukleonen: $^{17}_{8}\mathrm{O}$. $^{16}_{8}\mathrm{O}$ und $^{17}_{8}\mathrm{O}$ sind isotope Sauerstoff-Nuklide.

Von jedem in der Natur vorkommenden Element gibt es mehrere isotope Nuklide.

Beispiel 1.9

Die Kerne von Wasserstoff-Atomen enthalten alle 1 Proton. Es gibt aber drei isotope Wasserstoff-Nuklide: den häufig vorkommenden gewöhnlichen Wasserstoff $^{1}_{1}\mathrm{H}$, den sehr selten vorkommenden schweren Wasserstoff $^{2}_{1}\mathrm{H}$ und den extrem selten vorkommenden überschweren Wasserstoff $^{3}_{1}\mathrm{H}$ (Abb. 1.15). Man spricht von Wasserstoff ($N = 0$), Deuterium ($N = 1$) und Tritium ($N = 2$).

[Abb. 1.15] Die drei isotopen Nuklide des Wassersoffs

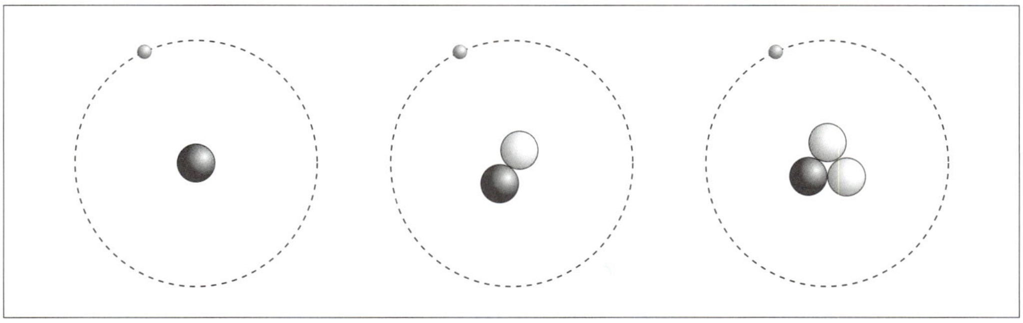

Der Kern eines gewöhnlichen Wasserstoff-Atoms besteht aus einem Proton, derjenige eines schweren Wasserstoff-Atoms enthält ein Proton und ein Neutron, derjenige von überschwerem Wasserstoff ein Proton und zwei Neutronen.

Die verschiedenen isotopen Nuklide unterscheiden sich chemisch nicht. Isotope Nuklide machen genau dieselben chemischen Reaktionen und Verbindungen.

Beispiel 1.10 Wasser-Moleküle bestehen aus zwei Wasserstoff-Atomen und einem Sauerstoff-Atom. Wasser-Moleküle können dabei aus den verschiedenen isotopen Nukliden des Wasserstoffs bestehen. Auf der Erde enthalten die meisten Wasser-Moleküle gewöhnlichen Wasserstoff, weil dies das häufigste Nuklid des Wasserstoffs ist.

Die Kernkraft ist nur zwischen sich berührenden Nukleonen gross

Ein Kern besteht aus Protonen und Neutronen. Die Neutronen haben keine elektrische Ladung, sie sind elektrisch neutral, doch die Protonen sind elektrisch positiv geladen. Sie haben sich vielleicht schon gefragt, warum ein Atomkern überhaupt zusammenhält, denn die positiv geladenen Protonen stossen sich ja gegenseitig elektrisch ab. Falls zwischen den Protonen nur die abstossende elektrische Kraft wirken würde, würde der Kern augenblicklich auseinander fliegen. Auch die Neutronen würden schnell abfallen.

Die Tatsache, dass es stabile Atomkerne gibt, deutet darauf hin, dass zwischen den Protonen und Neutronen eine weitere Kraft wirkt, mit der sie sich gegenseitig anziehen. Diese Kraft muss stärker sein als die abstossende elektrische Kraft zwischen den Protonen und muss auch auf die neutralen Neutronen wirken, die sonst längerfristig nicht im Atomkern bleiben würden.

Kernkraft

Die anziehende Gravitationskraft zwischen den Nukleonen mit einer Masse von ungefähr $1.67 \cdot 10^{-27}$ kg ist viel zu schwach, um die Nukleonen gegen die elektrische Abstossung im Kern zusammenzuhalten. Zwischen den Nukleonen muss eine Kraft wirken, der wir bis jetzt noch nicht begegnet sind. Man bezeichnet diese Kraft als Kernkraft oder auch als starke Wechselwirkung. Die *Kernkraft* hat einige herausragende Merkmale:

- Die Kernkraft ist die stärkste Kraft, die man heute in der Physik kennt.
- Die Kernkraft macht keinen Unterschied zwischen Neutronen und Protonen.
- Die Kernkraft ist immer anziehend.
- Die Kernkraft hat eine winzige Reichweite von $2 \cdot 10^{-15}$ m.

Sind zwei Protonen mehr als $2 \cdot 10^{-15}$ m voneinander entfernt, so ist die anziehende Kernkraft zwischen ihnen vernachlässigbar klein. Dadurch ist die Kernkraft nur zwischen sich berührenden Nukleonen gross. Nukleonen sind durch die Kernkraft mit den direkt benachbarten Nukleonen verklebt. In stabilen Atomkernen überwiegt die anziehende Kernkraft zwischen benachbarten Nukleonen die abstossende elektrische Kraft zwischen den Protonen.

Weil die Reichweite der Kernkraft nur winzige $2 \cdot 10^{-15}$ m beträgt, spüren wir im täglichen Leben nichts von ihr. Zum Vergleich: Der Durchmesser eines Neutrons beträgt $2 \cdot 10^{-15}$ m.

[Abb. 1.16] Kernkraft ist im Alltag selten wahrnehmbar

Wenn die Kernkraft eine grössere Reichweite hätte!

Nukleonen des Atomkerns haben kinetische und potenzielle Energie

Energie des Atomkerns, Kernenergie

Ein Atomkern ist trotz der starken Kernkraft kein starres Gebilde. Die Nukleonen sind im Kern in schneller Zitterbewegung. Sie haben folglich neben der potenziellen auch kinetische Energie. Die Summe dieser Energien ist die *Energie des Atomkerns*. Man nennt diese Energie auch die *Kernenergie*.

Die Nukleonen des Atomkerns können wie die Elektronen der Atomhülle Energie aufnehmen und wieder abgeben. So, wie die Energie der Elektronen der Atomhülle nur ganz bestimmte Werte annehmen kann, kann auch die Energie der Nukleonen eines Kerns nur ganz bestimmte Energiewerte annehmen. Die verschiedenen möglichen Energien der Nukleonen entsprechen den unterschiedlichen Geschwindigkeiten und Abständen der Nukleonen.

Grundzustand, angeregter Zustand

Befinden sich die Nukleonen im Zustand mit der kleinstmöglichen Energie, so befindet sich der Atomkern im *Grundzustand*. Alle anderen Zustände haben mehr Energie und werden als *angeregte Zustände* bezeichnet.

Die Energie der Nukleonen des Atomkerns kann bei Kollisionen zunehmen

Stossanregung

Wenn ein Kern angeregt wird, so nehmen die Geschwindigkeiten (kinetische Energie) und Abstände (potenzielle Energie) der Nukleonen des Kerns zu. Auf die Nukleonen im Atomkern muss dazu Energie übertragen werden. Wie bei den Elektronen in der Atomhülle kann diese Energie von anderen stossenden Teilchen, z. B. schnellen Neutronen, stammen *(Stossanregung)*.

Beispiel 1.11

Wenn der $^{4}_{2}$He-Kern vom Grundzustand in einen angeregten Zustand übergehen soll, so kann die dazu notwendige Energie durch den Stoss mit einem schnellen Neutron übertragen werden (Abb 1.17).

[Abb. 1.17] Stossanregung eines Atomkerns

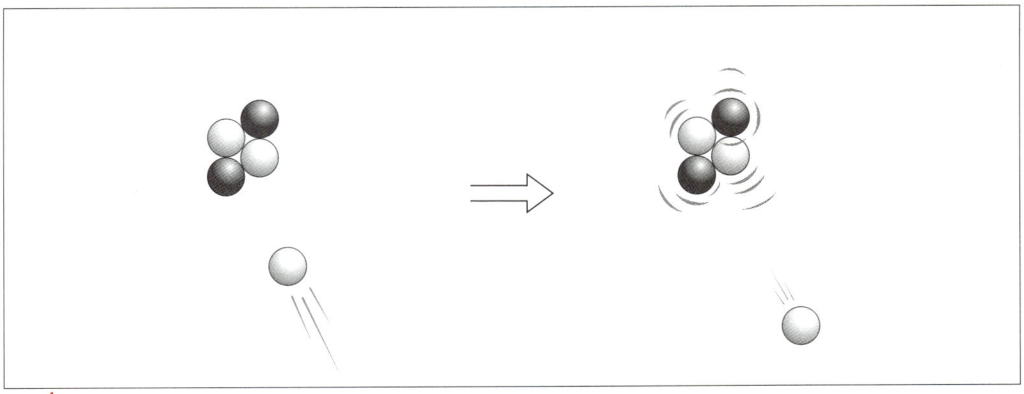

Ein $^4_2$He-Atomkern im Grundzustand ist nach der Kollision mit einem schnellen Neutron in einem angeregten Zustand.

Die Energie der Nukleonen des Kerns nimmt bei Aussenden von Strahlung ab

Strahlungsabregung

Ein angeregter Atomkern geht sehr schnell wieder in seinen Grundzustand zurück. Wenn ein Kern Energie abgibt, so nehmen die Geschwindigkeiten (kinetische Energie) und Abstände (potenzielle Energie) der Nukleonen des Kerns ab. Die Nukleonen müssen dazu Energie an die Umgebung abgeben. Wie bei den Elektronen in der Atomhülle kann diese Energie durch Aussenden von Licht abgegeben werden *(Strahlungsabregung).*

Energiereiche Strahlung, γ-Strahlung, γ-Photon

Angeregte Atomkerne haben enorm viel mehr Energie als Atomkerne im Grundzustand. Die Strahlung, die bei der Abregung eines Atomkerns ausgesandt wird, hat somit enorm viel Energie. Die Energie der ausgesandten Strahlung ist etwa eine Million mal grösser als diejenige von sichtbarem Licht. Solch energiereiche Strahlung kann unser Auge nicht wahrnehmen, es ist unsichtbar. Man spricht bei dieser *energiereichen Strahlung* von *γ-Strahlung* oder von *γ-Photonen*.

Beispiel 1.12

Wenn der $^4_2$He-Kern von einem angeregten Zustand in den Grundzustand übergeht, so sendet er energiereiche γ-Strahlung aus (Abb. 1.18).

[Abb. 1.18] Strahlungsabregung eines Atomkerns

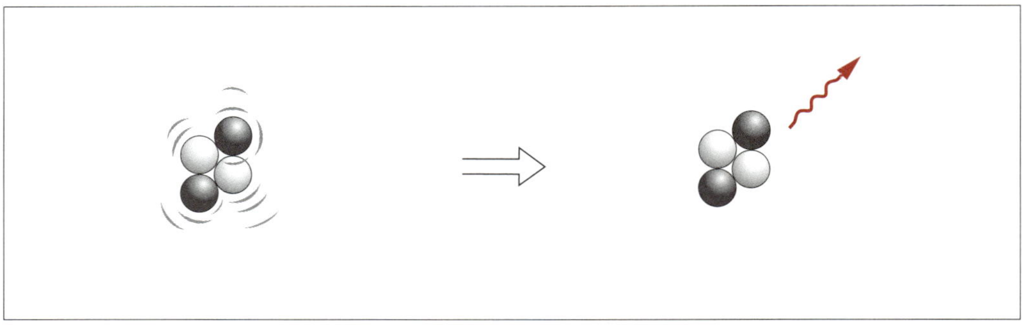

Der Helium-Atomkern ist nach Aussenden von γ-Strahlung im Grundzustand.

Aufbau des Atomkerns: Der Atomkern ist aus Protonen und Neutronen zusammengesetzt.

Eigenschaften von Proton und Neutron: Die Massen von Neutron und Proton sind fast gleich gross. Protonen sind elektrisch positiv geladen, Neutronen sind ungeladen. Protonen und Neutronen werden unter dem Begriff Nukleonen zusammengefasst.

Die Anzahl Protonen im Atomkern (Protonenzahl Z) bestimmt, um welches chemische Element es sich handelt. Die Anzahl Neutronen (Neutronenzahl N) hat darauf keinen Einfluss. Die Summe aus Protonenzahl Z und Neutronenzahl N bezeichnet man als Nukleonenzahl A.

Atomkerne sind mit der Nuklid-Schreibweise ${}^{A}_{Z}\mathrm{X}$ vollständig beschrieben.

Isotope Nuklide: Jedes Element hat mehrere isotope Nuklide. Diese haben dieselbe Protonenzahl, aber eine unterschiedliche Neutronenzahl und weisen das gleiche chemische Verhalten auf.

Kräfte im Atomkern: Zwischen den Nukleonen des Atomkerns wirkt die Kernkraft und die elektrische Kraft. Die anziehende Kernkraft wirkt zwischen allen Nukleonen. Da die Kernkraft zwischen zwei Nukleonen nur dann gross ist, wenn der Abstand zwischen ihnen kleiner als $2 \cdot 10^{-15}$ m ist, ist die Kernkraft nur zwischen sich fast berührenden Nukleonen gross. Die abstossende elektrische Kraft wirkt nur zwischen den Protonen des Kerns. Jedes Proton des Kerns stösst alle anderen Protonen des Kerns elektrisch ab.

Stabile Atomkerne: In stabilen Atomkernen überwiegt die anziehende Kernkraft zwischen benachbarten Nukleonen, die abstossende elektrische Kraft zwischen den Protonen.

Energie der Nukleonen eines Atomkerns: Die Nukleonen eines Atomkerns werden von der Kernkraft zusammengehalten und sind in ständiger Zitterbewegung. Sie haben folglich potenzielle und kinetische Energie. Die Summe aus potenzieller und kinetischer Energie der Nukleonen nennt man Kernenergie. Die Nukleonen des Kerns können nur ganz bestimmte Geschwindigkeiten (kinetische Energie) und Abstände (potenzielle Energie) haben. Die Energie des Kerns kann somit nur ganz bestimmte Werte annehmen.

Energiezunahme des Kerns durch Stossanregung: Die Energie eines Atomkerns kann z. B. bei Zusammenstössen mit anderen Teilchen zunehmen. Man spricht von Stossanregung. Nach der Stossanregung befindet sich der Kern in einem angeregten Zustand.

Energieabnahme durch Strahlungsabregung des Kerns: Ein Kern in einem angeregten Zustand geht meist sehr schnell wieder in den Grundzustand zurück, z. B. indem er γ-Strahlung aussendet.

Aufgabe 49

Protonen, Neutronen und Elektronen sind die Bausteine der Atome.

A] Wo im Atom kommen diese Bausteine vor?

B] Was lässt sich über die Masse dieser Bausteine sagen?

C] Was lässt sich über die elektrische Ladung dieser Bausteine sagen?

Aufgabe 55

A] Wie verhalten sich Atome mit gleicher Protonen-, aber unterschiedlicher Neutronenzahl in chemischen Reaktionen?

B] Beschreiben Sie ein Kohlenstoff-Atom mit 13 Nukleonen mit der Nuklid-Schreibweise.

C] Worin unterscheiden sich isotope Nuklide?

D] Wie unterscheiden sich Masse, Neutronen- und Protonenzahl bei isotopen Nukliden?

E] Wie viele Protonen, Neutronen und Nukleonen enthält der Quecksilber-Kern $^{202}_{80}\text{Hg}$?

Aufgabe 61

A] Was lässt sich über die Eigenschaften der Kernkraft sagen?

B] Warum braucht es die Wirkung der Kernkraft, damit ein Atomkern zusammenhält?

C] Ein Proton fliegt sehr nahe an einem anderen Proton vorbei. Was lässt sich über die Kräfte sagen, die zwischen den beiden Protonen wirken?

Aufgabe 67

A] Aus welchen Energieformen setzt sich die Energie eines Atomkerns zusammen?

B] Die Energie eines Neutrons nimmt beim Stoss mit einem Atomkern ab. Was bedeutet das für die Energie des Atomkerns? Wie nennt man diesen Prozess?

C] Ein Atomkern sendet γ-Strahlung aus. Was bedeutet das für seine Energie? Wie nennt man diesen Prozess?

D] Was lässt sich über das Spektrum sagen, das die γ-Strahlung von Atomkernen erzeugt?

2 Was ist Radioaktivität?

Die Schlüsselfragen dieses Abschnitts lauten:

- Wie zerfallen Atomkerne?
- Wie schnell zerfallen instabile Atomkerne?
- Wie viel Energie steckt in Atomkernen?

Elementumwandlung

Im täglichen Leben zählen wir darauf, dass die chemischen Elemente beständig sind. Blei verwandelt sich über Nacht nicht in Kupfer. In einer Welt zu leben, in der sich Atome in grossem Masse in andere Atome umwandeln, wäre sehr unangenehm. In kleinem Masse finden aber auch auf der Erde ständig *Elementumwandlungen* statt. Von alleine wandeln sich nur Atome um, deren Atomkerne instabil sind. Glücklicherweise ist die Materie, die uns umgibt, grösstenteils stabil. Auf der Erde haben sich die meisten instabilen Atome durch Kernzerfälle schon längst in stabile Atome umgewandelt. Es gibt aber auch heute noch etwa 50 natürlich vorkommende Nuklide, die instabil sind und deshalb langsam zerfallen und radioaktive Strahlung aussenden.

[Abb. 2.1] Achtung, radioaktiv!

Tafeln warnen vor radioaktiver Strahlung, da sie für Menschen eine unsichtbare Gefahr darstellt.
Bild: Garry Watson / Science Photo Library

2.1 Wie zerfallen instabile Atomkerne?

Nach diesem Abschnitt können Sie

- die Instabilität von Atomkernen erklären.
- den α- und β-Zerfall instabiler Atomkerne beschreiben.
- die Begriffe radioaktive Strahlung und Zerfallskette erklären.

Stabilität des Atomkerns

Das Verhältnis der beiden im Kern wirkenden Kräfte bestimmt die *Stabilität eines Atomkerns:*

- Zwischen allen Protonen wirkt die abstossende elektrische Kraft.
- Zwischen benachbarten Protonen und Neutronen wirkt die anziehende Kernkraft.

Neutronen-zu-Protonen-Verhältnis

Das *Verhältnis von Neutronen zu Protonen* bestimmt das Verhältnis von Abstossung und Anziehung im Kern und somit die Stabilität eines Atomkerns. Gibt es z. B. viel weniger Neutronen als Protonen, so überwiegt die abstossende elektrische Kraft und der Kern ist instabil.

Instabile Nuklide eines Elements haben zu viele oder zu wenig Neutronen

Stabilität, Instabilität

Nicht in jedem Atomkern ist die Kernkraft stark genug, um die Nukleonen des Kerns zusammenzuhalten. Kerne können deshalb instabil sein. *Stabilität* oder *Instabilität* ist eine unbeeinflussbare Eigenschaft eines Nuklids. In Abb. 2.2 sehen Sie die Lage der stabilen Nuklide in einem Diagramm, in dem die Neutronenzahl N in Abhängigkeit der Protonenzahl Z der Nuklide aufgetragen ist.

[Abb. 2.2] Stabilität der Atomkerne

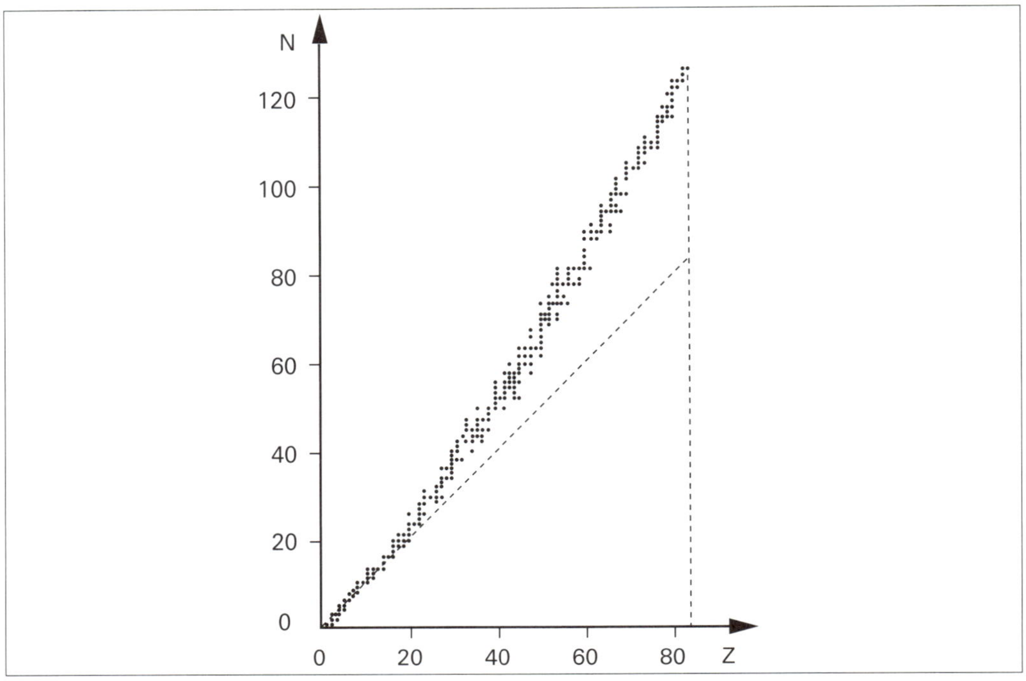

Die Punkte geben die Neutronen- und Protonenzahl aller existierenden stabilen Atomkerne an. Auf der gestrichelten Linie ist $N = Z$.

Abbildung 2.2 zeigt: Stabile Kerne aus weniger als 20 Nukleonen bestehen etwa aus gleich vielen Neutronen wie Protonen. Stabile Kerne mit grösserer Nukleonenzahl haben mehr Neutronen als Protonen. Kerne mit mehr als 83 Protonen sind instabil. Wismut (Z = 83) ist das letzte stabile Element im Periodensystem.

Dass die stabilen Kerne in Abb. 2.2 alle in einem schmalen Streifen liegen, bedeutet: Für eine bestimmte Protonenzahl gibt es nicht viele stabile Nuklide. Für ein stabiles chemisches Element muss die Neutronenzahl recht genau stimmen. Von jedem chemischen Element gibt es nur eine kleine Anzahl stabiler isotoper Nuklide.

Beispiel 2.1

Das Blei-Nuklid $^{206}_{82}Pb$ ist stabil. Dieser Kern enthält 82 Protonen und 125 Neutronen. Das Blei-Nuklid $^{204}_{82}Pb$ hat nur zwei Neutronen weniger und ist schon nicht mehr stabil.

Abbildung 2.2 zeigt auch: Stabile Atomkerne haben gleich viele oder mehr Neutronen wie Protonen.

Stabiles Nuklid, instabiles Nuklid

Von den etwa 2 500 bekannten Nukliden sind nur etwa 275 *stabile Nuklide*. Die *instabilen Nuklide* sind grösstenteils künstlichen Ursprungs. Viele von ihnen entstehen in Kernkraftwerken. Es gibt aber auch einige natürlich vorkommende instabile Nuklide, z. B. $^{14}_{6}C$ oder $^{226}_{88}Ra$, $^{238}_{92}U$.

Radioaktiv, radioaktiver Atomkern

Wenn ein Atomkern instabil ist, zerfällt er, bis er sich in einen stabilen Kern umgewandelt hat. Wir nennen einen instabilen zerfallenden Atomkern *radioaktiv* oder sprechen von einem *radioaktiven Atomkern*. Es gibt zwei Arten von Kernzerfällen: α-Zerfall und β-Zerfall.

Bei instabilen Atomkernen können α-Zerfälle vorkommen

α-Zerfall

Beim *α-Zerfall* wird von einem instabilen Kern ein α-Teilchen ausgeworfen (Abb. 2.3). Das ausgeworfene α-Teilchen kommt mit grosser Geschwindigkeit aus dem zerfallenden Atomkern herausgeflogen, es hat kinetische Energie. Wir sind α-Teilchen schon beim Rutherford-Versuch begegnet. α-Teilchen bestehen aus 2 Neutronen und 2 Protonen. α-Teilchen sind also ${}^{4}_{2}$He-Kerne (Helium-Kerne). Wird ein α-Teilchen von einem instabilen Kern ausgestossen, so nehmen Protonenzahl und Neutronenzahl um 2 ab, die Nukleonenzahl des Kerns nimmt somit um 4 ab. Kerne mit mehr als 83 Protonen sind, wie schon erwähnt, instabil. Die meisten dieser Kerne machen α-Zerfälle.

[Abb. 2.3] α-Zerfall eines instabilen Nuklids

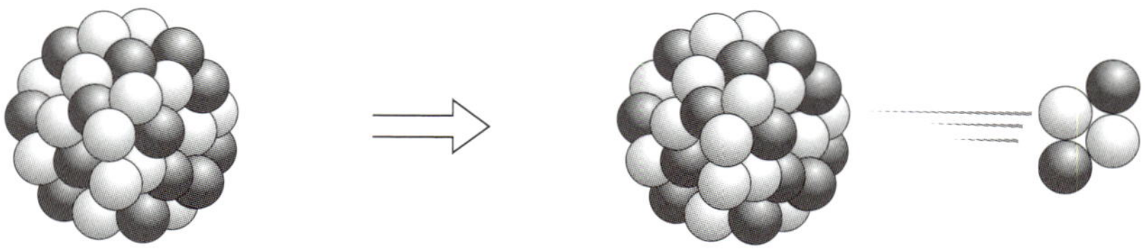

Beim α-Zerfall eines instabilen Kerns entsteht ein stabilerer Tochterkern, der 2 Protonen und 2 Neutronen weniger hat, sowie ein α-Teilchen.

Tochternuklid, Tochterkern

Bei α-Zerfall zerfällt das Nuklid ${}^{A}_{Z}X$ in das Nuklid ${}^{A-4}_{Z-2}Y$ und in einen ${}^{4}_{2}$He-Kern. ${}^{A-4}_{Z-2}Y$ wird *Tochternuklid (Tochterkern)* genannt. Beim α-Zerfall wandelt sich das ursprüngliche chemische Element in ein anderes Element um.

Reaktionsgleichung des α-Zerfalls

Die *Reaktionsgleichung des α-Zerfalls* lautet:

Gleichung 2.1

$$ {}^{A}_{Z}X \rightarrow {}^{A-4}_{Z-2}Y + {}^{4}_{2}He $$

Ausgangskern, Zerfallsprodukt

Was links des Pfeils steht, nennen wir den *Ausgangskern,* was rechts des Pfeils steht, nennen wir *Zerfallsprodukte*.

Beispiel 2.2

Das natürlich vorkommende instabile Radium-Nuklid ${}^{226}_{88}$Ra zerfällt, indem es ein α-Teilchen aussendet. Das Tochternuklid hat 2 Protonen und 2 Neutronen weniger. Es handelt sich also um das Radon-Nuklid ${}^{222}_{86}$Rn. Die Reaktionsgleichung dieses α-Zerfalls lautet:

$$ {}^{226}_{88}Ra \rightarrow {}^{222}_{86}Rn + {}^{4}_{2}He $$

Durch den α-Zerfall wandelt sich Radium in Radon um. Radium ist ein weisses Metall und Radon ein farbloses Edelgas. Aus dem Metall wird beim α-Zerfall ein Edelgas.

Nach dem α-Zerfall befindet sich der Tochterkern oft in einem angeregten Zustand und geht dann durch Strahlungsabregung unter Aussenden von γ-Strahlung in den Grundzustand zurück. Nach einem α-Zerfall sendet der Tochterkern deshalb oft γ-Strahlung aus.

Bei instabilen Atomkernen können β-Zerfälle vorkommen

Für instabile Atomkerne gibt es neben dem α-Zerfall eine weitere mögliche Art zu zerfallen, den β-Zerfall. Beim β-Zerfall kommt ein Elektron aus dem instabilen Kern herausgeflogen.

Wir wissen, dass Atomkerne nur aus Protonen und Neutronen zusammengesetzt sind. Woher kommt also das Elektron, das beim β-Zerfall aus dem Kern herausgeflogen kommt? Die erstaunliche Antwort: Beim *β-Zerfall* zerfällt ein Neutron des Kerns in ein Proton, das im Kern bleibt, und ein Elektron, das aus dem Kern herausschiesst (Abb 2.4).

[Abb. 2.4] β-Zerfall eines instabilen Nuklids

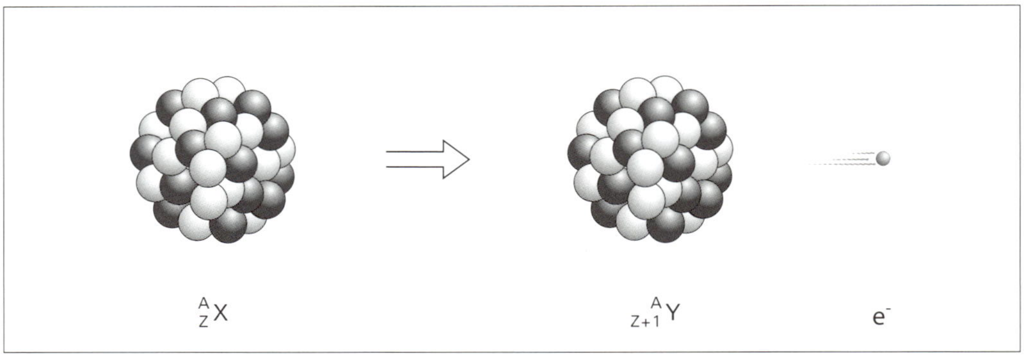

Beim β-Zerfall eines instabilen Kerns entsteht ein stabilerer Tochterkern mit einem Neutron weniger und einem Proton mehr sowie ein schnelles Elektron.

Wir gehen nicht auf die Ursachen dieser Umwandlung ein, die man erst versteht, wenn man sich über das Innenleben von Neutronen und Protonen Gedanken macht. Wir betrachten nur die Folgen der Umwandlung eines Neutrons in ein Proton und in ein Elektron.

Da sich beim β-Zerfall ein Neutron durch Aussenden eines Elektrons in ein Proton umwandelt, nimmt die Neutronenzahl N um eins ab, während die Protonenzahl Z um eins zunimmt. Die Nukleonenzahl A ändert sich beim β-Zerfall somit nicht.

Beim β-Zerfall wandelt sich das ursprüngliche chemische Element in ein anderes Element um.

Reaktionsgleichung des β-Zerfalls

Die *Reaktionsgleichung des β-Zerfalls* lautet:

Gleichung 2.2

$$^{A}_{Z}X \rightarrow {}^{A}_{Z+1}Y + \text{Elektron}$$

Beispiel 2.3

Das instabile Platin-Nuklid $^{199}_{78}Pt$ wandelt sich durch einen β-Zerfall in das stabilere Gold-Nuklid $^{199}_{79}Au$. Die Reaktionsgleichung dieses Zerfalls lautet:

$$^{199}_{78}Pt \rightarrow {}^{199}_{79}Au + \text{Elektron}$$

Aus einem Platin-Atom ist durch den β-Zerfall ein Gold-Atom geworden.

Überprüfen Sie anhand Abb. 2.2 selbst: Kerne oberhalb des Stabilitätsstreifens bewegen sich durch β-Zerfall in dessen Richtung. Der Tochterkern ist nach dem β-Zerfall stabiler als der Ausgangskern.

Nach dem β-Zerfall befindet sich der Tochterkern oft erst in einem angeregten Zustand und geht anschliessend durch Strahlungsabregung unter Aussenden von γ-Strahlung in den Grundzustand zurück. Nach einem β-Zerfall sendet der Tochterkern deshalb oft γ-Strahlung aus.

Neutrino

Um die in Experimenten gemessene kinetische Energie der beim β-Zerfall entstehenden schnellen Elektronen zu erklären, schlug im Jahre 1930 der Physiker Wolfgang Pauli (1900–1958) vor, dass neben dem Tochterkern und dem schnellen Elektron noch ein weiteres extrem leichtes Teilchen entsteht. Man nennt dieses Teilchen heute *Neutrino*. Die exakte Reaktionsgleichung des β-Zerfalls lautet:

Gleichung 2.3

$${}^{A}_{Z}\text{X} \quad \rightarrow \quad {}^{A}_{Z+1}\text{Y} \quad + \quad \text{Elektron} \quad + \quad \text{Neutrino}$$

Das beim Zerfall entstehende Neutrino hat ebenfalls kinetische Energie. Das Neutrino erhält seine kinetische Energie auf Kosten der kinetischen Energie des Elektrons. Die Existenz des von Wolfgang Pauli vorhergesagten Neutrinos wurde später mit Experimenten bewiesen.

Radioaktive Strahlung ist der Überbegriff für α-, β- und γ-Strahlung

Radioaktive Strahlung

Sie haben jetzt zwei Arten des radioaktiven Zerfalls kennen gelernt. Beim α-Zerfall wird ein Helium-Kern, beim β-Zerfall ein Elektron ausgestossen. Im Anschluss an beide Zerfälle wird oft noch γ-Strahlung ausgesandt. Die beim Zerfall aus dem Kern kommenden Helium-Kerne, Elektronen und die γ-Strahlung fasst man unter dem Begriff radioaktive Strahlung zusammen. Darunter versteht man somit sowohl Teilchen (Helium-Kerne, Elektronen) als auch energiereiches Licht (γ-Strahlung).

Instabile Nuklide werden durch Zerfallsketten zu stabilen Nukliden

Zerfallskette

Manchmal ist der beim radioaktiven Zerfall entstehende Tochterkern auch instabil und zerfällt durch weiteren α- oder β-Zerfall. Es kann so zu einer ganzen *Zerfallskette* kommen, bis ein stabiler Tochterkern entsteht. Nach jedem α-Zerfall hat der Tochterkern zwei Neutronen und zwei Protonen weniger, nach jedem β-Zerfall hat der Tochterkern ein Neutron weniger und ein Proton mehr.

Meist macht ein bestimmtes Nuklid entweder einen α- oder einen β-Zerfall. Bei manchen Nukliden kann sowohl ein α- als auch ein β-Zerfall erfolgen.

Beispiel 2.4

Eine wichtige Zerfallskette ist die so genannte Uran-Radium-Zerfallskette in Abb. 2.5. α-Zerfälle erscheinen dort als nach links unten, β-Zerfälle als nach rechts unten zeigende Pfeile. Die Kette beginnt mit dem instabilen Uran-Nuklid ^{238}U und endet beim stabilen Blei-Nuklid ^{206}Pb: ^{238}U wird durch einen α-Zerfall in ein instabiles Thorium ^{234}Th umgewandelt. Das instabile Thorium ^{234}Th wird durch β-Zerfall zum instabilen Palladium ^{234}Pa, welches durch β-Zerfall zum instabilen Uran ^{234}U wird. Die Zerfallsreihe geht weiter zu Thorium ^{230}Th, Radium ^{226}Ra, Radon ^{222}Rn, Polonium ^{218}Po usw., und endet mit stabilem Blei ^{206}Pb.

Das radioaktive Radon-Nuklid ^{222}Rn ist übrigens im Gegensatz zu den anderen Zerfallsprodukten der Zerfallsreihe gasförmig und kann in die Luft geraten.

In Abb. 2.5 erkennt man Kerne, die beide Arten von radioaktivem Zerfall machen können, an den Pfeil-Verzweigungen. Polonium ^{218}Po kann zum Beispiel einen α-Zerfall machen, wodurch Blei ^{214}Pb entsteht. Es kann aber auch einen β-Zerfall machen, wodurch Astat ^{218}At entsteht.

[Abb. 2.5] Die Uran-Radium-Zerfallskette

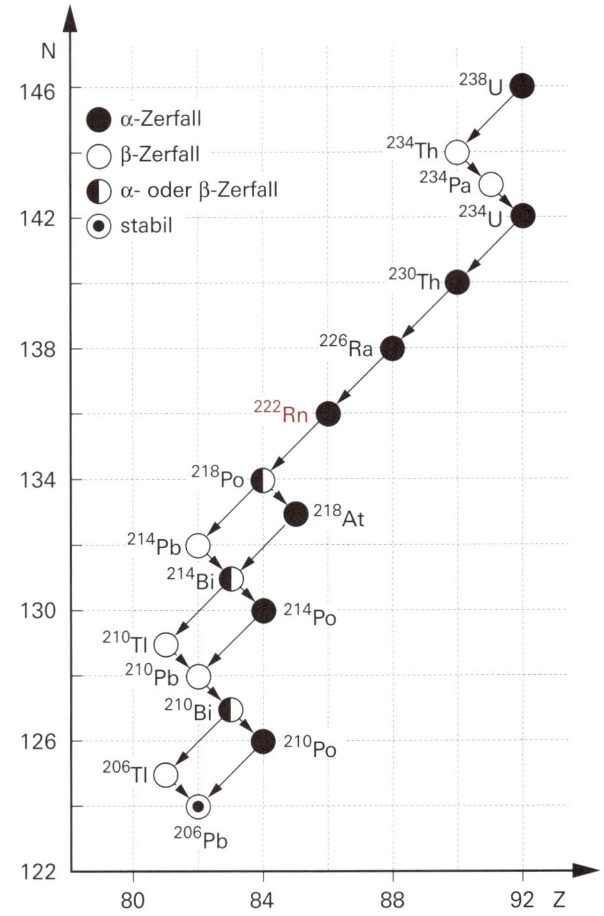

Durch diese Zerfallskette wird aus dem instabilen Uran-Nuklid ^{238} U das stabile Blei-Nuklid ^{206} Pb.

Stabilität von Atomkernen: Atomkerne sind stabil, wenn das Verhältnis von Protonen zu Neutronen günstig ist. Gibt es z. B. weniger Neutronen als Protonen ($N < Z$), so überwiegt die abstossende elektrische Kraft und der Kern ist instabil.

α- und β-Zerfall: Instabile Atomkerne werden durch α- oder β-Zerfall zu stabileren Atomkernen. Bei α- und β-Zerfall wird ein chemisches Element in ein anderes chemisches Element umgewandelt. Beim α-Zerfall zerfällt ein Atomkern in einen Tochterkern und einen Helium-Kern. Beim β-Zerfall zerfällt ein Atomkern in einen Tochterkern und ein Elektron:

$$\alpha\text{-Zerfall:} \quad {}^{A}_{Z}\mathrm{X} \rightarrow {}^{A-4}_{Z-2}\mathrm{Y} + {}^{4}_{2}\mathrm{He}$$

$$\beta\text{-Zerfall:} \quad {}^{A}_{Z}\mathrm{X} \rightarrow {}^{A}_{Z+1}\mathrm{Y} + \text{Elektron} + \text{Neutrino}$$

Nach einem α- oder β-Zerfall ist der Tochterkern oft erst in einem angeregten Zustand und geht erst später durch Aussenden von γ-Strahlung in den Grundzustand zurück.

Radioaktive Strahlung: Helium-Kerne, Elektronen und γ-Strahlung, die beim radioaktiven Zerfall ausgesandt werden, werden unter dem Begriff radioaktive Strahlung zusammengefasst. Man spricht von α-, β- und γ-Strahlung.

Zerfallskette: Wenn der Tochterkern nach einem Zerfall nicht stabil ist, zerfällt er weiter über eine Kette von α- und β-Zerfällen, bis ein stabiler Tochterkern entsteht.

Aufgabe 73

A] Welche beiden Zahlen muss man kennen, um zu entscheiden, ob ein Atomkern stabil ist?

B] Der eine Blei-Atomkern ist stabil, während ein anderer instabil ist. Was ist die Ursache?

C] Erklären Sie, wieso zu wenig Neutronen einen Atomkern instabil machen.

D] Welchen Einfluss hat die Umgebungstemperatur auf die Stabilität der Atomkerne?

E] Nennen Sie zwei Prozesse, die einen instabilen Atomkern stabiler machen.

Aufgabe 79

Das Uran-Nuklid ${}^{234}_{92}\mathrm{U}$ macht einen α-Zerfall.

A] Welches Tochternuklid entsteht dabei? Nehmen Sie ein Periodensystem zu Hilfe.

B] Wie lautet die dazugehörige Reaktionsgleichung?

Aufgabe 85

Das Radium-Nuklid ${}^{228}_{88}\mathrm{Ra}$ macht einen β-Zerfall.

A] Welches Tochternuklid entsteht dabei? Nehmen Sie ein Periodensystem zu Hilfe.

B] Wie lautet die dazugehörige Reaktionsgleichung?

Aufgabe 91

Nennen Sie ein Nuklid, das beim Zerfall ein Neutrino aussendet.

Aufgabe 2

Was versteht man unter dem Begriff radioaktive Strahlung?

Aufgabe 8

Wann kommt es zu einer Zerfallskette?

2.2 Wie schnell zerfallen instabile Atomkerne?

Nach diesem Abschnitt können Sie

- erklären, wie man radioaktive Strahlung nachweisen und messen kann.
- die Aktivität und Energiedosis definieren.
- die zeitliche Abnahme der Aktivität beschreiben und berechnen.

Radioaktive Strahlung ist für das Auge unsichtbar. Unsere Haut spürt erst etwas von radioaktiver Strahlung, wenn sie durch diese schon stark geschädigt ist. Es braucht folglich technische Geräte, um radioaktive Strahlung sicher nachzuweisen und um ihre Stärke messen zu können.

Radioaktive Strahlung ionisiert Atome

Ionisierende Strahlung

α-Strahlung (schnelle Helium-Kerne), β-Strahlung (schnelle Elektronen) und γ-Strahlung (energiereiches Licht) besitzen sehr viel Energie. Radioaktive Strahlung kann mit dieser Energie Elektronen aus der Atomhülle herausschlagen. Das Atom wird dadurch zu einem elektrisch positiven Ion, da nun die positive Ladung des Atomkerns die negative Ladung der Elektronen der Atomhülle überwiegt. Man sagt: Radioaktive Strahlung ist *ionisierende Strahlung*. Sie hat sogar so viel Energie, dass gleich eine ganze Reihe von Atomen ionisiert werden kann. Radioaktive Strahlung, die zum Beispiel auf ein Gas trifft, hinterlässt darin eine Spur aus Ionen (Abb. 2.6).

[Abb. 2.6] Ionisierende Wirkung der radioaktiven Strahlung

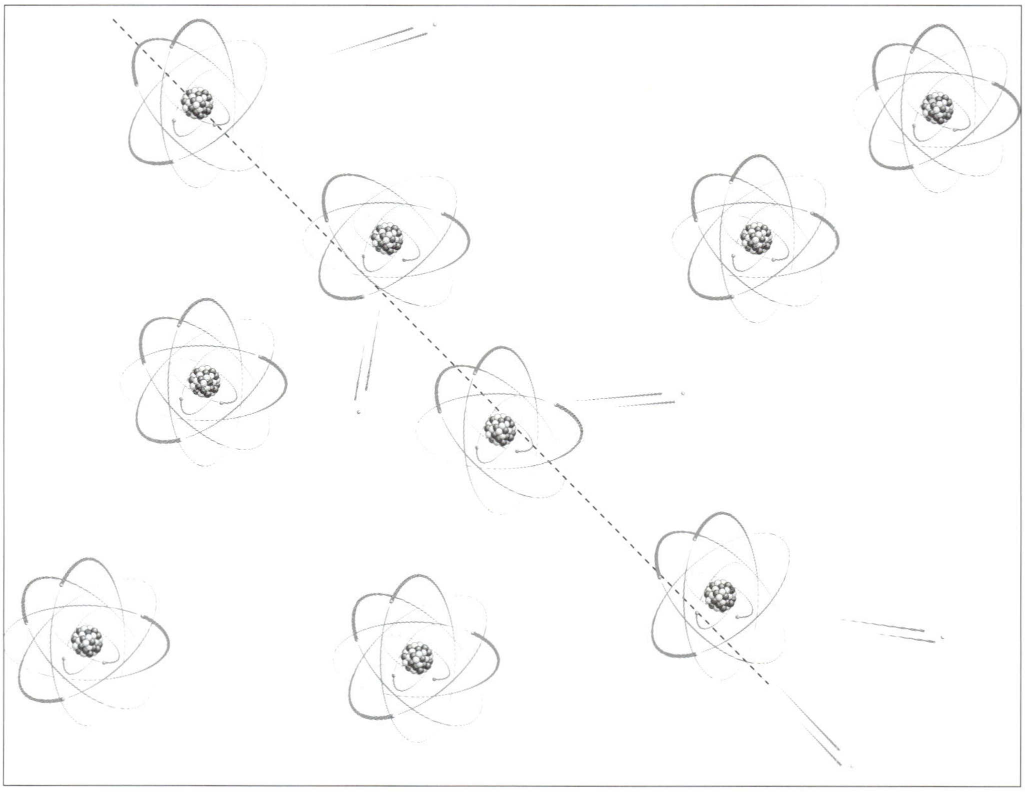

Das schnelle Elektron (β-Strahlung) hat genug Energie, um gleich mehrere Atome zu ionisieren, und hinterlässt eine Spur aus Ionen.

Die Spur aus Ionen ist von Auge nicht direkt sichtbar, lässt sich aber in einer Nebelkammer sichtbar machen und mit einem Geiger-Müller-Zählrohr ausmessen.

Mit der Nebelkammer kann radioaktive Strahlung sichtbar gemacht werden

Nebelkammer

Eine *Nebelkammer* ist ein mit Luft und Alkoholdampf gefüllter Raum. In einer Nebelkammer werden die von radioaktiver Strahlung erzeugten Ionen durch Kondensation des Alkoholdampfs sichtbar gemacht. Die in der Nebelkammer entstehenden Kondensstreifen machen die radioaktive Strahlung sichtbar. Die Situation ist vergleichbar mit dem Kondensstreifen, den ein Flugzeug am Himmel hinterlässt. Um die Abgase der Flugzeugtriebwerke bilden sich kleine sichtbare Wassertröpfchen. Selbst wenn wir das Flugzeug selber nicht sehen, so verrät die weisse Spur doch seine Anwesenheit und seinen Weg. Wird in der Nebelkammer durch radioaktive Strahlung eine Spur aus Ionen erzeugt, bilden sich um die Ionen kleine sichtbare Alkohol-Tröpfchen. Die Alkohol-Tröpfchen zeichnen so die Bahn der radioaktiven Strahlung nach (Abb. 2.7).

[Abb. 2.7] Wirkung der radioaktiven Strahlung in der Nebelkammer

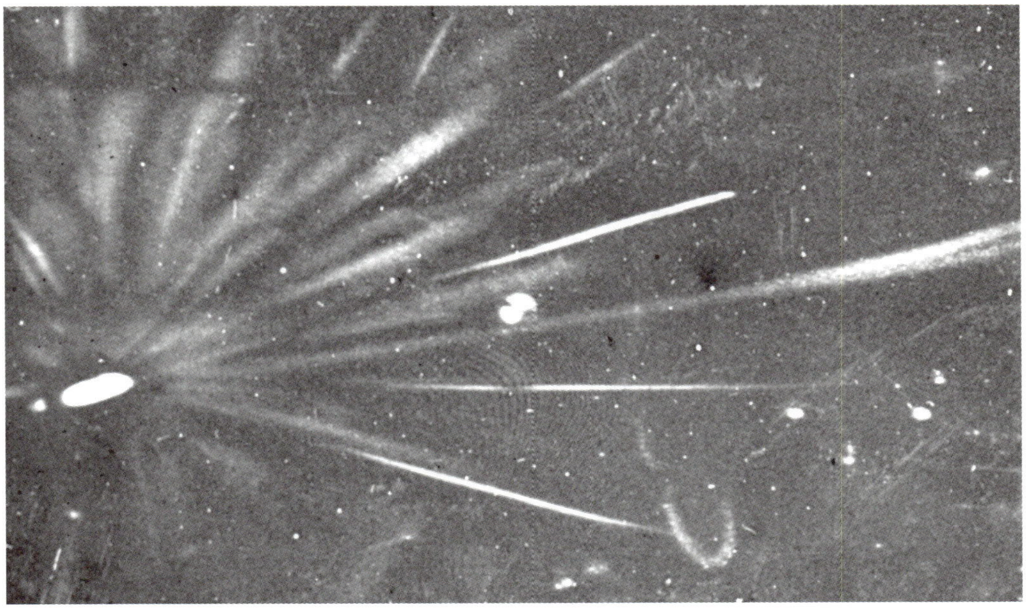

Kondensstreifen in der Nebelkammer zeichnen die Bahn von radioaktiver Strahlung nach. Bild: C. T. R. Wilson / Science Photo Library

α-Strahlung (schnelle, schwere He-Kerne) produziert kurze, dicke Nebelspuren. β-Strahlung (schnelle, leichte Elektronen) produziert lange, dünne Nebelspuren. γ-Strahlung (hochenergetische Strahlung) produziert viele kurze Nebelspuren.

Das Geiger-Müller-Zählrohr misst die Stärke der radioaktiven Strahlung

Geiger-Müller-Zählrohr

Das *Geiger-Müller-Zählrohr* kann die freien Elektronen zählen, die von der radioaktiven Strahlung hinterlassen werden. Es besteht aus einem Metallrohr, das mit Argon-Gas gefüllt ist. Das eine Ende des Metallrohrs hat ein dünnes Fenster. Das Metallrohr wird elektrisch negativ aufgeladen, indem es an den Minus-Pol einer Batterie angeschlossen wird. Ein dünner Draht im Rohr-Inneren wird elektrisch positiv aufgeladen, indem er an den Plus-Pol der Batterie angeschlossen wird (Abb. 2.8).

[Abb. 2.8] Aufbau des Geiger-Müller-Zählrohrs

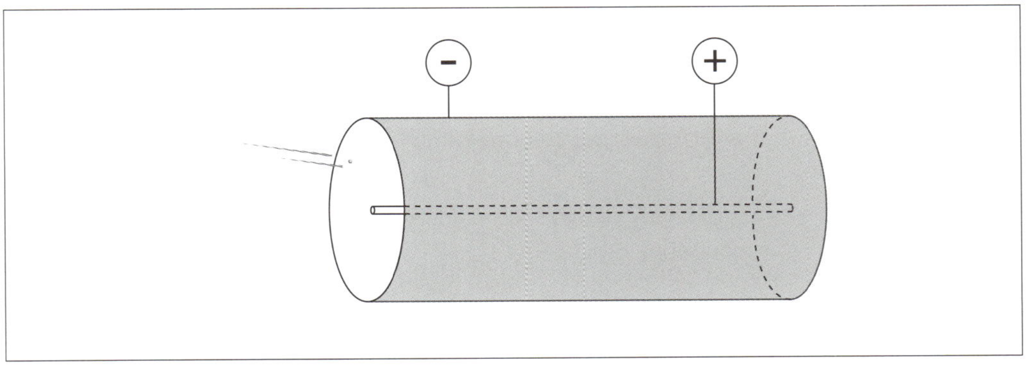

Das Metallrohr ist elektrisch negativ, der Metalldraht elektrisch positiv geladen.

Wenn radioaktive Strahlung durch das dünne Fenster am Ende des Metallrohrs ins Rohr gelangt, werden im Rohr Argon-Atome ionisiert. Nach der Ionisation befinden sich im Rohr positiv geladene Argon-Ionen und freie Elektronen. Die negativen Elektronen werden durch die elektrische Anziehungskraft vom positiven Draht beschleunigt. Bald haben die beschleunigten Elektronen genügend Energie, um bei Kollisionen mit anderen Argon-Atomen auch diese zu ionisieren. Es entsteht so eine Lawine aus Elektronen, die sich auf den Metalldraht zubewegen. Landet die Lawine auf dem Metalldraht, fliesst durch den Draht ein elektrischer Strom, dessen Stärke ein Mass für die Intensität der radioaktiven Strahlung ist. Wenn man den Draht mit Verstärker und einem Lautsprecher verbindet, erzeugt jeder Stromschlag im Lautsprecher ein Knacken. Bringt man einen Geiger-Müller-Zähler in die Nähe von radioaktivem Material, so ertönt das charakteristische Knacken. Dieses ist ein Mass für die Stärke der radioaktiven Strahlung.

Die Aktivität gibt die Anzahl Kernzerfälle pro Sekunde an

Mit einem Geiger-Müller-Zählrohr kann man messen, wie viel radioaktive Strahlung ein Stück radioaktives Material pro Sekunde aussendet. Zerfälle instabiler Atomkerne sind die Ursache für diese radioaktive Strahlung. Folglich misst man mit einem Geiger-Müller-Zählrohr indirekt, wie viele Kerne in einem Stück radioaktiven Material pro Sekunde zerfallen. Um diese Anzahl Zerfälle pro Sekunde angeben zu können, definieren wir eine neue Grösse, die Aktivität A.

Aktivität, Becquerel

Die *Aktivität A* einer radioaktiven Quelle gibt die Anzahl Kernzerfälle pro Sekunde an. Da radioaktiver Zerfall immer radioaktive Strahlung zur Folge hat, ist die Aktivität auch ein Mass für die radioaktive Strahlung. Die SI-Einheit der Aktivität A ist s^{-1} und hat einen eigenen Namen: *Becquerel,* abgekürzt Bq. Eine Aktivität $A = 1$ Bq bedeutet einen Zerfall pro Sekunde, also ein Zerfallsteilchen (α-, β-, γ-Strahlung) pro Sekunde:

Gleichung 2.4

$$[A] = 1\ \text{Bq} = 1\ \text{s}^{-1}$$

Gebräuchliche Vorsilben der Einheit Becquerel sind: 1 kBq = 10^3 Bq, 1 MBq = 10^6 Bq, 1 GBq = 10^9 Bq.

Eine grosse Aktivität A bedeutet, dass die Quelle stark radioaktiv ist. Eine kleine Aktivität bedeutet, dass die Quelle schwach radioaktiv ist.

Beispiel 2.5

Medizinische Untersuchungen der Schilddrüse können mit dem radioaktiven Iod-Nuklid $^{131}_{53}\text{I}$ durchgeführt werden. Dieses Nuklid macht β-Zerfälle. Für eine Untersuchung ist eine Aktivität von etwa $A = 2$ MBq nötig.

Spezifische Aktivität

Die Aktivität ist von der Menge und vom Nuklid abhängig. Um die Radioaktivität eines bestimmten Nuklids zu charakterisieren, benutzt man die *spezifische Aktivität,* d. h. die Aktivität pro Kilogramm des Nuklids.

Beispiel 2.6

In der Medizin werden radioaktive Strahlen eingesetzt, um Tumore zu zerstören. Dazu kann ein radioaktiver Stoff direkt in den Krebstumor gebracht werden. Damit die radioaktive Quelle möglichst klein ist, muss ihre Aktivität pro Kilogramm möglichst gross sein. Häufig benutzt man das Iridium-Nuklid $^{192}_{77}\text{Ir}$, das eine Aktivität von $3.4 \cdot 10^{17}$ Bq/kg hat.

Ist das radioaktive Material gasförmig, so ist es sinnvoll, die Aktivität pro Kubikmeter Gas anzugeben.

Beispiel 2.7

Durch α-Zerfall wandelt sich das Metall Radium in das Edelgas Radon um:

$$^{226}_{88}\text{Ra} \rightarrow {}^{222}_{86}\text{Rn} + {}^{4}_{2}\text{He}$$

Im Gestein kommt das instabile $^{226}_{88}\text{Ra}$ in fester Form vor. Nach dem α-Zerfall kann das gasförmige $^{222}_{86}\text{Rn}$ aus dem Gestein austreten. $^{222}_{86}\text{Rn}$ ist ebenfalls instabil und somit radioaktiv. Das Radon-Gas aus dem Gestein ist in der Schweiz Ursprung für 40 % der natürlichen radioaktiven Strahlung, der wir ständig ausgesetzt sind, und ist für 5 bis 10 % der Lungenkrebserkrankungen verantwortlich. Die Strahlenbelastung durch das radioaktive Radon-Gas ist nicht überall gleich gross (Abb. 2.9). Das gewichtete arithmetische Mittel der

Radon-Konzentrationen in bewohnten Räumen beträgt 75 Bq/m^3. In abgeschlossenen Räumen, z. B. in Kellern, kann sich das radioaktive Radon-Gas anreichern, wodurch die Aktivität viel höhere Werte erreicht.

[Abb. 2.9] Radon-Karte der Schweiz

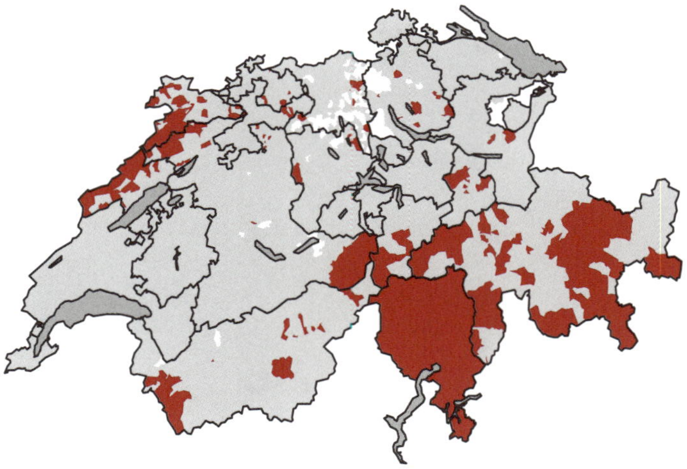

Die braunen Gebiete sind Radongefährdungsgebiete. Dort ist das gewichtete arithmetische Mittel der Messwerte grösser als 200 Bq/m^3. Die weissen Gebiete sind noch nicht vollständig erfasst. Bild: Fachstelle Radon des Bundesamts für Gesundheit

Die Energiedosis gibt die von der radioaktiven Strahlung übertragene Energie an

Energiedosis, Gray

Radioaktive Strahlung hat Energie, die oft nur teilweise auf die bestrahlten Körper übertragen wird. Die Energie, die durch radioaktive Strahlung auf einen Körper übertragen wird, wird mit der Energiedosis beschrieben: Die *Energiedosis D* gibt an, wie viel Energie von der radioaktiven Strahlung auf 1 kg Materie übertragen wurde. Die SI-Einheit der Energiedosis D ist J/kg und hat einen eigenen Namen, *Gray,* abgekürzt Gy:

Gleichung 2.5

$$[D] = 1\ \text{Gy} = 1\ \text{J/kg}$$

Die Energiedosis ist gleich der Energie der Strahlung vor dem bestrahlten Körper minus Energie der Strahlung nach dem bestrahlten Körper dividiert durch die Masse des Körpers (Abb 2.10).

[Abb. 2.10] Messung der Energiedosis

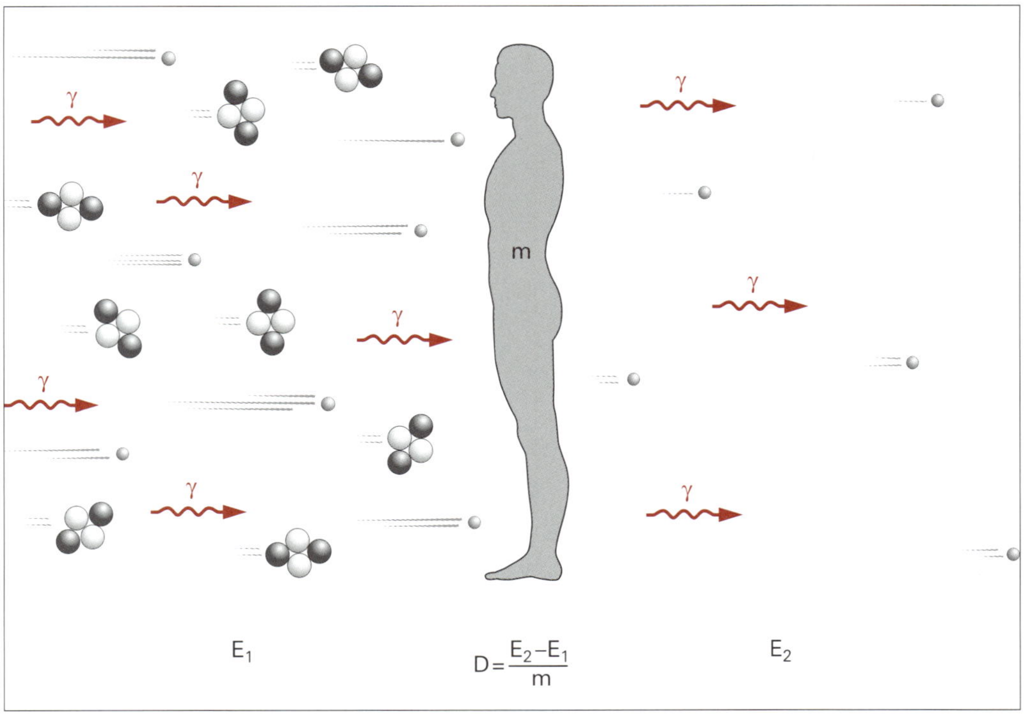

Die Energiedosis gibt an, wie viel Energie von der radioaktiven Strahlung auf 1 kg Materie übertragen wurde.

Beispiel 2.8

Beim Reaktorunglück in Tschernobyl im April 1986 wurden 22 Personen mit einer Dosis von 6 Gy oder mehr bestrahlt. Drei Monate später waren 19 von ihnen tot. So viel Energie, über den ganzen Körper verteilt, ist fast immer tödlich. Ein 80 kg schwerer Mensch nimmt bei 6 Gy eine Energie von 480 J über den ganzen Körper verteilt auf. Diese Energie erzeugt so viele ionisierte Moleküle im Körper, dass der Körper mit den Folgen nicht mehr fertig wird.

Beispiel 2.9

Ärzte verschreiben eine Energiedosis wie ein Medikament, um krebsartige Tumore zu zerstören. Dazu müssen auf den Tumor 40–70 Gy übertragen werden.

Nach der Halbwertszeit ist die Hälfte der Atomkerne eines Nuklids zerfallen

Misst man die Aktivität einer radioaktiven Quelle mithilfe eines Geiger-Müller-Zählrohrs, so stellt man fest, dass sie mit der Zeit abnimmt. Dies ist nicht verwunderlich, denn wenn der Tochterkern stabil ist, nimmt die Zahl der radioaktiven Kerne mit der Zeit ab. Nach einer gewissen Zeit ist auch der letzte instabile Kern der Quelle zerfallen. Die Quelle enthält dann keine instabilen Kerne mehr, die Aktivität ist dann null. In Abb. 2.11 ist die gemessene zeitliche Abnahme der Aktivität eines radioaktiven Körpers dargestellt. Die Abbildung zeigt: Die Aktivität geht asymptotisch gegen null.

[Abb. 2.11] Zeitliche Abnahme der Aktivität eines radioaktiven Körpers

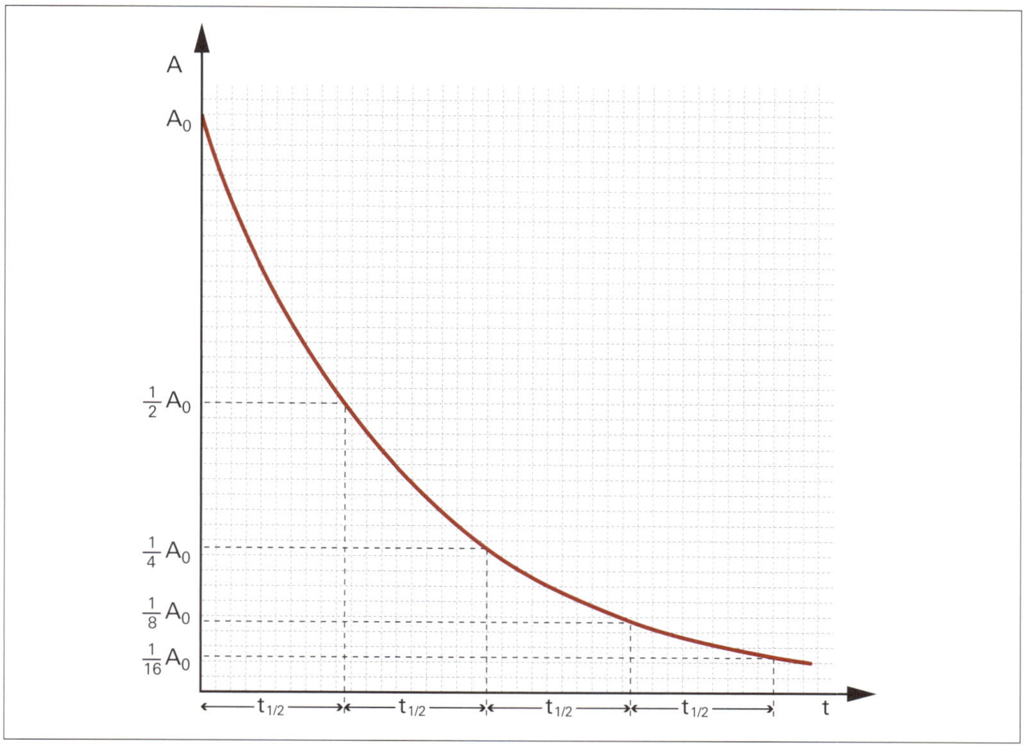

Mit jedem Zerfall eines instabilen Kerns in einen stabilen Tochterkern wird die Aktivität des Körpers kleiner.

Halbwertszeit

Die Kurve in Abb. 2.11 hat eine interessante Eigenschaft: Es dauert immer gleich lang, bis die Aktivität des Materials sich halbiert hat. Diese Dauer wird Halbwertszeit $t_{1/2}$ genannt. Während der *Halbwertszeit* $t_{1/2}$ zerfällt die Hälfte der Kerne eines instabilen Nuklids. Die Halbwertszeit $t_{1/2}$ hängt davon ab, aus welchem Nuklid das Material besteht. Nach der Halbwertszeit $t_{1/2}$ ist die Hälfte der Kerne zerfallen.

Beispiel 2.10

Das Radon-Nuklid $^{222}_{86}$Rn hat eine Halbwertszeit von $t_{1/2} = 3.8$ Tagen $= 3.3 \cdot 10^5$ s. Das Radon-Nuklid $^{220}_{86}$Rn hat eine viel kürzere Halbwertszeit von $t_{1/2} = 55$ s.

Es gibt auch Nuklide mit sehr grosser Halbwertszeit. Solche Nuklide sind fast stabil. Das Uran-Nuklid $^{238}_{92}$U hat z. B. die Halbwertszeit $t_{1/2} = 4.5 \cdot 10^9$ Jahre.

Nach der Zeit $t_{1/2}$ ist die Aktivität A auf 50 % der anfänglichen Aktivität A_0 gesunken. Wenn wir nochmals die Zeit $t_{1/2}$ abwarten, ist die Aktivität A wieder halb so gross, also auf 25 % der anfänglichen Aktivität A_0 gesunken, usw.

Beispiel 2.11

Das Uran-Nuklid $^{238}_{92}$U zerfällt durch α-Zerfall in das Thorium-Nuklid $^{234}_{90}$Th. Die Halbwertszeit des Zerfalls beträgt $t_{1/2} = 4.5 \cdot 10^9$ Jahre. Nach $4.5 \cdot 10^9$ Jahren hat sich die Hälfte aller ursprünglich vorhandenen $^{238}_{92}$U-Atome durch Aussenden von α-Strahlung in $^{234}_{90}$Th-Atome umgewandelt. Nach $4.5 \cdot 10^9$ Jahren hat es nur noch halb so viele, nach $9.0 \cdot 10^9$ Jahren nur noch ein Viertel so viele $^{238}_{92}$U-Atome wie am Anfang.

Atomkerne zerfallen zufällig mit einer gewissen Wahrscheinlichkeit

Zerfallswahrscheinlichkeit

Im Zeitintervall $t_{1/2}$ zerfällt die Hälfte der Atomkerne. Dies lässt sich damit erklären, dass jedes Nuklid mit einer gewissen *Zerfallswahrscheinlichkeit* λ in der nächsten Sekunde zerfallen wird. Die Einheit der Zerfallswahrscheinlichkeit ist:

Gleichung 2.6

$$[\lambda] = s^{-1}$$

Sendet ein Nuklid α-Strahlung aus, so ist λ die Wahrscheinlichkeit für einen α-Zerfall, sendet es β-Strahlung aus, so ist λ die Wahrscheinlichkeit für einen β-Zerfall.

Beispiel 2.12

Ein Atomkern des Radon-Nuklids $^{222}_{86}$Rn zerfällt durch β-Zerfall mit 20-prozentiger Wahrscheinlichkeit in der nächsten Sekunde. Die Zerfallswahrscheinlichkeit λ dieses Radon-Nuklids beträgt $\lambda = 0.2\ s^{-1}$.

Wir können nicht vorhersagen, welche der N Kerne eines instabilen Nuklids zerfallen werden. Wir wissen aber: Von N Atomkernen eines instabilen Nuklids mit der Zerfallswahrscheinlichkeit λ zerfallen pro Sekunde:

$$\Delta N = \lambda \cdot N$$

Zufall

Welche der N Atomkerne in der nächsten Sekunde zerfallen, ist *Zufall,* wir können nur vorhersagen, dass insgesamt ΔN zerfallen. Die zufällig zerfallenden Atomkerne bewirken die Aktivität:

Gleichung 2.7

$$A = \lambda \cdot N$$

Die Aktivität ist proportional zur Zahl der Kerne, die zerfallen können, und proportional zur Wahrscheinlichkeit, mit der ein einzelner Kern zerfällt.

Beispiel 2.13

Wir betrachten einen Körper, der $N = 10^4$ instabile Atomkerne des Radon-Nuklids $^{222}_{86}$Rn enthält. Die Zerfallswahrscheinlichkeit von $^{222}_{86}$Rn beträgt $\lambda = 0.2\ s^{-1}$. Pro Sekunde zerfallen $\Delta N = \cdot \lambda \cdot N = 2\,000\ s^{-1}$ Radon-Kerne. Nach einer Sekunde haben wir 2 000 radioaktive Radon-Kerne weniger als vorher. Der Zerfall dieser 2 000 Radon-Kerne bewirkt eine Aktivität von $A = \lambda \cdot N = 2\,000\ s^{-1}$.

Das Zerfallsgesetz beschreibt die zeitliche Abnahme der Aktivität

Zerfallsgesetz des radioaktiven Zerfalls

Die Kurve in Abb. 2.11 hat die Eigenschaft, dass es immer gleich lang dauert, bis die Aktivität des Materials noch halb so gross ist wie vorher. Dies lässt sich mit der Exponentialfunktion $y = e^{-x}$ beschreiben. Für die Aktivität A und die Anzahl zum Zeitpunkt t noch nicht zerfallener Kerne gilt das *Zerfallsgesetz des radioaktiven Zerfalls:*

Gleichung 2.8

$$A = A_0 \cdot e^{-\lambda \cdot t}$$

Gleichung 2.9

$$N = N_0 \cdot e^{-\lambda \cdot t}$$

A_0 ist die Aktivität zum Zeitpunkt $t = 0$ s, N_0 ist die Anzahl zum Zeitpunkt $t = 0$ s vorhandener instabiler Kerne. Die Aktivität und die Anzahl noch vorhandener Kerne nehmen beide exponentiell mit der Zeit ab.

Die Zerfallswahrscheinlichkeit λ lässt sich aus der Halbwertszeit $t_{1/2}$ berechnen:

Gleichung 2.10

$$\lambda = \frac{\ln 2}{t_{1/2}} = \frac{0.693}{t_{1/2}}$$

Gleichung 2.10 zeigt: Je grösser die Zerfallswahrscheinlichkeit λ, umso kleiner ist die Halbwertszeit $t_{1/2}$. Zerfallswahrscheinlichkeit λ und Halbwertszeit $t_{1/2}$ sind charakteristische Eigenschaften eines Nuklids, die wie die Stabilität eines Atoms unabhängig von äusseren Einflüssen wie Temperatur, Druck oder Aggregatszustand sind.

Beispiel 2.14

Das Kobalt-Nuklid $^{60}_{27}$Co macht β-Zerfälle, wobei ein angeregtes Tochternuklid entsteht, das anschliessend durch Aussenden von γ-Strahlung in den Grundzustand übergeht. Diese γ-Strahlung wird für Tumor-Bestrahlungstherapien eingesetzt.

Wir wollen ausrechnen, nach welcher Zeit die Aktivität A auf 90 % der anfänglichen Aktivität A_0 abgenommen hat, d. h. wann $A / A_0 = 0.90$. Die Halbwertszeit des Kobalt-Nuklids $^{60}_{27}Co$ beträgt $t_{1/2} = 5.3$ Jahre. Die Zerfallswahrscheinlichkeit beträgt folglich:

$$\lambda = \frac{\ln 2}{t_{1/2}} = \frac{\ln 2}{1.7 \cdot 10^{8}\,\text{s}} = 4.1 \cdot 10^{-9}\,\text{s}^{-1}$$

Wenn man Gleichung 2.8 nach der Zeit t auflöst und λ einsetzt, erhält man:

$$t = -\frac{\ln(A/A_0)}{\lambda} = -\frac{\ln(0.90)}{4.1 \cdot 10^{-9}\,\text{s}^{-1}} = 2.6 \cdot 10^{7}\,\text{s} = 297\,\text{Tage}$$

Nach etwa 297 Tagen hat die Aktivität auf 90 % der ursprünglichen Aktivität abgenommen.

Nachweis und quantitative Messung der radioaktiven Strahlung: Radioaktive Strahlung ist für das Auge unsichtbar. Alle Methoden zu ihrem Nachweis und zur Messung ihrer Stärke beruhen auf ihrer ionisierenden Wirkung. Radioaktive Strahlung hat so viel Energie, dass sie in einem Gas eine ganze Reihe von Atomen ionisiert und so eine Ionen-Spur hinterlässt. In der Nebelkammer wird diese Spur sichtbar gemacht und mit dem Geiger-Müller-Zählrohr gemessen.

Aktivität und Energiedosis: Die Aktivität A einer radioaktiven Quelle gibt die Anzahl Kernzerfälle pro Sekunde und somit die Stärke der radioaktiven Strahlung an. SI-Einheit der Aktivität A ist Becquerel. Die Energiedosis D gibt an, wie viel Energie von der radioaktiven Strahlung auf 1 kg Materie übertragen wurde. SI-Einheit der Energiedosis D ist Gray.

Wenn Atomkerne eines instabilen Nuklids in ein stabiles Nuklid zerfallen, gilt: Nach der Halbwertszeit $t_{1/2}$ ist die Hälfte der Atomkerne zerfallen, die Aktivität A ist dann nur noch halb so gross. Dies bedeutet: Ein Atomkern eines instabilen Nuklids zerfällt in der nächsten Sekunde mit der Zerfallswahrscheinlichkeit λ:

$$\lambda = \frac{\ln 2}{t_{1/2}}$$

Zerfallsgesetz: Wenn A_0 die anfängliche Aktivität und N_0 die Anzahl anfänglich vorhandener instabiler Kerne ist, betragen nach der Zeit t die Aktivität A und die Anzahl N der noch vorhandenen Kerne:

$$A = A_0 \cdot e^{-\lambda \cdot t}$$

$$N = N_0 \cdot e^{-\lambda \cdot t}$$

Aufgabe 14

A] Welche Wirkung der radioaktiven Strahlung wird bei ihrem Nachweis und bei ihrer Messung verwendet?

B] Beschreiben Sie Aufbau und Funktion der Nebelkammer.

C] Beschreiben Sie Aufbau und Funktion des Geiger-Müller-Zählrohrs.

Aufgabe 20

A] Definieren Sie die Aktivität und geben Sie ihre SI-Einheit an.

B] Definieren Sie die Energiedosis und geben Sie ihre SI-Einheit an.

Aufgabe 26

Die Halbwertszeit des Kobalt-Nuklids $^{60}_{27}Co$ beträgt 5.3 Jahre.

A] Wie gross ist die Zerfallswahrscheinlichkeit dieses Kobalt-Nuklids?

B] Wie viel Prozent der Kobalt-Kerne einer Kobalt-Probe sind nach einem Jahr noch nicht zerfallen?

C] Auf wie viel Prozent der ursprünglichen Aktivität hat die Aktivität einer Kobalt-Probe nach einem Jahr abgenommen?

2.3 Wie viel Energie steckt in Atomkernen?

Nach diesem Abschnitt können Sie

- den Begriff Bindungsenergie erklären.
- die Bindungsenergie eines Atomskerns aus seinem Massendefekt berechnen.
- die Bindungsenergie pro Nukleon für die chemischen Elemente qualitativ darstellen.

Beim Bau des Atomkerns müssen die Bausteine die Bindungsenergie abgeben

Bindungsenergie

Die Kernkraft hält die Nukleonen in Atomkernen zusammen. Wollen wir ein Nukleon aus einem Kern herauslösen, so müssen wir am Nukleon Arbeit verrichten, wozu wir Energie brauchen. Die Energie, die es braucht, um einen Kern in einzelne Nukleonen zu zerlegen, bezeichnen wir als *Bindungsenergie* E_B des Atomkerns.

Die Bindungsenergie E_B ist eine Form von potenzieller Energie: Die Nukleonen haben wegen der Kernkraft nach der Zerlegung mehr potenzielle Energie als vorher. Ein Atomkern ist folglich energieärmer als die einzelnen Nukleonen, aus denen er besteht. Je grösser die Bindungsenergie eines Kerns ist, umso energieärmer ist der Kern. Die Bindungsenergie gibt also nicht an, wie viel Energie in einem Kern drinsteckt, sondern wie viel Energie die Nukleonen beim Bau des Kerns verloren haben.

Beispiel 2.15

Der Deuterium-Kern (schwerer Wasserstoff) $^{2}_{1}H$ besteht aus einem Proton und einem Neutron. Sollen die beiden Nukleonen auseinander genommen werden, so braucht es dazu die Bindungsenergie $E_B = 3.6 \cdot 10^{-13}$ J. Neutron und Proton haben getrennt mehr potenzielle Energie als nahe beieinander im Deuterium-Kern. Ein Deuterium-Kern ist um $E_B = 3.6 \cdot 10^{-13}$ J energieärmer als das einzelne Proton oder Neutron. Wenn man dem Deuterium-Kern $E_B = 3.6 \cdot 10^{-13}$ J zuführt, sind Proton und Neutron befreit.

Die Energie, die man aufwenden muss, um ein Nukleon aus einem Kern zu entfernen, ist etwa eine Million mal grösser als die Energie, die aufgewendet werden muss, um ein Elektron aus der Atomhülle zu entfernen (zu ionisieren). Wenn ein Kern aus einzelnen Nukleonen aufgebaut wird, wird die Bindungsenergie E_B durch Aussenden von Strahlung an die Umgebung abgegeben. Weil die Bindungsenergie eines Kerns so gross ist, wird beim Bau eines Atomkerns aus einzelnen Nukleonen γ-Strahlung ausgesandt.

Beispiel 2.16

Bildet sich aus einem Proton und einem Neutron ein Deuterium-Kern $^{2}_{1}H$, so wird γ-Strahlung mit der Energie $E_{Photon} = 3.6 \cdot 10^{-13}$ J ausgesandt. Als Vergleich: Bei sichtbarem rotem Licht hat das Photon die Energie $E_{Photon} = 3.0 \cdot 10^{-19}$ J, ist also etwa 1 Million Mal energieärmer.

Massendefekt: Atomkerne sind leichter als ihre Bausteine

Massendefekt

Ein ${}^4_2$He-Kern ist aus 4 Nukleonen aufgebaut: 2 Protonen und 2 Neutronen. Wenn man die Masse dieses Helium-Kerns misst und mit der Masse der beiden Protonen und der beiden Neutronen vergleicht, stellt man fest, dass die Masse des ${}^4_2$He-Kerns kleiner ist als die Massen der vier Nukleonen zusammen. Dieses erstaunliche Resultat findet man nicht nur beim ${}^4_2$He-Kern, sondern bei allen Atomkernen. Den Massenunterschied zwischen der Masse des Kerns und der Masse seiner Bausteine bezeichnet man als *Massendefekt* Δm (Abb. 2.12).

[Abb. 2.12] Massendefekt

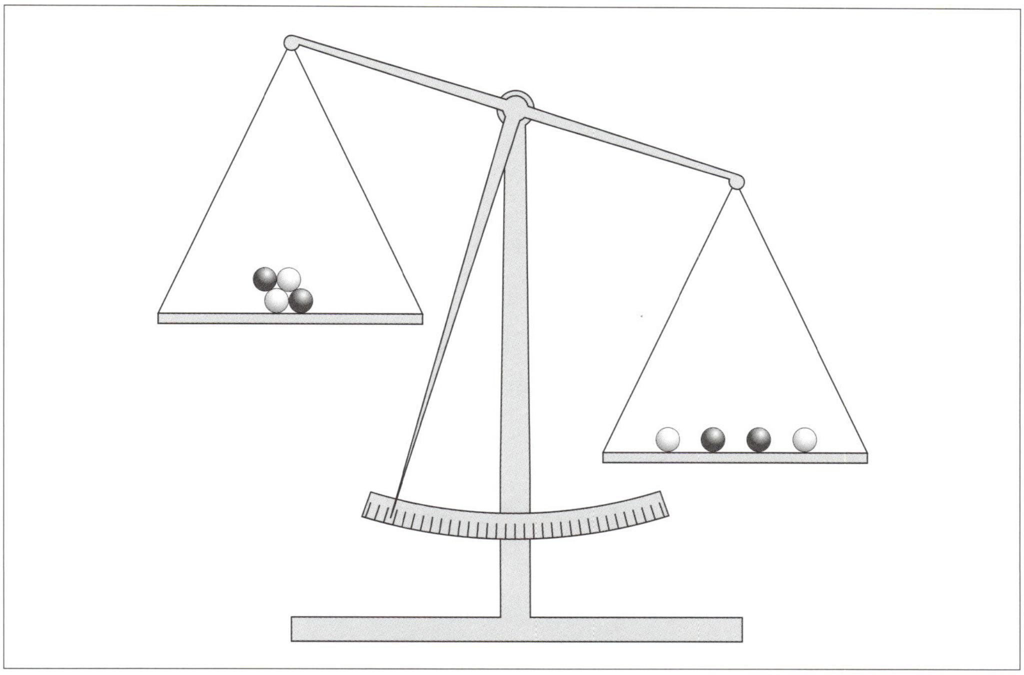

Der Kern hat immer eine kleinere Masse als seine Bausteine. Den Unterschied bezeichnen wir als Massendefekt Δm.

Beispiel 2.17

Ein ${}^4_2$He-Kern hat eine Masse von $m_1 = 4.00151\ u$ ($u = 1.6605 \cdot 10^{-27}$ kg). Protonen haben eine Masse von 1.00728 u, Neutronen eine Masse von 1.00867 u. Die Masse der Bausteine eines ${}^4_2$He-Kerns beträgt folglich:

$$m_2 = 2 \cdot 1.00728\ u + 2 \cdot 1.00867\ u = 4.03190\ u$$

Der Massendefekt Δm eines ${}^4_2$He-Kerns beträgt:

$$\Delta m = 4.03190\ u - 4.00151\ u = 0.03039\ u = 5.045 \cdot 10^{-29}\ \text{kg}$$

Ein ${}^4_2$He-Kern ist 0.8 % leichter als seine Bausteine.

Ursache für den Massendefekt: Die Masse eines Körpers nimmt mit seiner Energie zu

Was hat der Massendefekt Δm eines Kerns mit seiner Bindungsenergie E_B zu tun?

- Wenn wir einen Atomkern aus Nukleonen zusammenbauen, wird die Bindungsenergie E_B durch Aussenden von γ-Strahlung abgegeben.
- Wenn wir einen Atomkern aus Bausteinen zusammenbauen, verschwindet die Masse Δm.

Albert Einstein

Gemäss *Albert Einstein* (1879–1955) gibt es einen Zusammenhang zwischen der Energie E eines Körpers und seiner Masse m:

Gleichung 2.11

$$E = m \cdot c^2$$

Energieänderung, Massenänderung

In dieser Gleichung ist $c = 3.0 \cdot 10^8$ m/s die Lichtgeschwindigkeit. Gleichung 2.11 besagt, dass es bei einer *Energieänderung* ΔE des Körpers zu einer *Massenänderung* Δm kommt.

Gemäss dieser Einstein'schen Gleichung kommt es also zum Massendefekt Δm, weil die Energie der Nukleonen beim Bau des Atomkerns abnimmt: Nimmt die Energie der Nukleonen um die Bindungsenergie E_B ab, so nimmt die Masse um $\Delta m = E_B / c^2$ ab.

Aus dem Massendefekt lässt sich die Bindungsenergie berechnen

Mit dieser Erklärung können wir die Bindungsenergie E_B eines Atomkerns aus seinem Massendefekt Δm berechnen:

Gleichung 2.12

$$E_B = \Delta m \cdot c^2$$

Mit Gleichung 2.12 können wir die schwierig messbare Bindungsenergie E_B aus dem leicht messbaren Massendefekt Δm berechnen.

Beispiel 2.18

Der Massendefekt eines $^4_2$He-Kerns beträgt $\Delta m = 5.045 \cdot 10^{-29}$ kg (siehe Beispiel 2.17). Seine Bindungsenergie beträgt folglich:

$$E_B = \Delta m \cdot c^2 = 5.046 \cdot 10^{-29}\ \text{kg} \cdot (3.0 \cdot 10^8\ \text{ms}^{-1})^2 = 4.54 \cdot 10^{-12}\ \text{J}$$

Es braucht $4.54 \cdot 10^{-12}$ J, um einen $^4_2$He-Kern in seine Bestandteile zu zerlegen. Umgekehrt wird beim Bau eines $^4_2$He-Kerns aus seinen Bestandteilen γ-Strahlung mit der Energie $E_{Photon} = 4.54 \cdot 10^{-12}$ J ausgesandt.

Eine Änderung der Energie bedeutet immer eine Änderung der Masse. Warum bemerken wir im täglichen Leben diese Änderung nicht? Antwort: Für die Energieänderungen, die in unserem täglichen Leben vorkommen, sind die entsprechenden Massenänderungen viel zu klein, um sie wahrnehmen zu können.

Beispiel 2.19

Wenn wir ein 1.0 kg schweres Buch in 2.0 m Höhe heben, so nimmt die potenzielle Energie des Buchs zu:

$$\Delta E = m \cdot g \cdot h = 1.0\ \text{kg} \cdot 9.81\ \text{m/s}^2 \cdot 2.0\ \text{m} = 20\ \text{J}$$

Diese Energiezunahme bedeutet eine nicht wahrnehmbare Massenzunahme von:

$$\Delta m = \frac{\Delta E_p}{c^2} = \frac{19.6\text{J}}{\left(3.0 \cdot 10^8 \frac{\text{m}}{s}\right)^2} = 2.18 \cdot 10^{-16}\text{kg}$$

Wenn wir das Buch wieder nach unten auf den Boden legen, so führt dies umgekehrt zu einer nicht wahrnehmbaren Massenabnahme (Massendefekt).

Die Bindungsenergie pro Nukleon bestimmt die Stabilität des Nuklids

Stabilität des Atomkerns

Die Bindungsenergie bestimmt die *Stabilität des Kerns,* denn je grösser die Bindungsenergie des Kerns ist, umso aufwändiger ist es, den Kern in seine Bausteine zu zerlegen.

Bindungsenergie pro Nukleon

Um herauszufinden, welcher Kern der stabilste ist, kann man nicht einfach nach dem Kern mit der grössten Bindungsenergie suchen, denn die Bindungsenergie hängt von der Stärke einer Bindung und von der Anzahl Bindungen, also der Anzahl Nukleonen ab. Zur Beurteilung der Stabilität eines Kerns müssen wir die *Bindungsenergie pro Nukleon* betrachten:

Gleichung 2.13

$$\text{Bindungsenergie pro Nukleon} = E_B / A$$

Die Bindungsenergie pro Nukleon ist die Energie, die nötig ist, um ein Nukleon aus dem Atomkern zu entfernen. Die Bindungsenergie pro Nukleon von Kernen unterschiedlicher Nukleonenzahl A ist in Abb. 2.13 dargestellt.

[Abb. 2.13] Bindungsenergie pro Nukleon

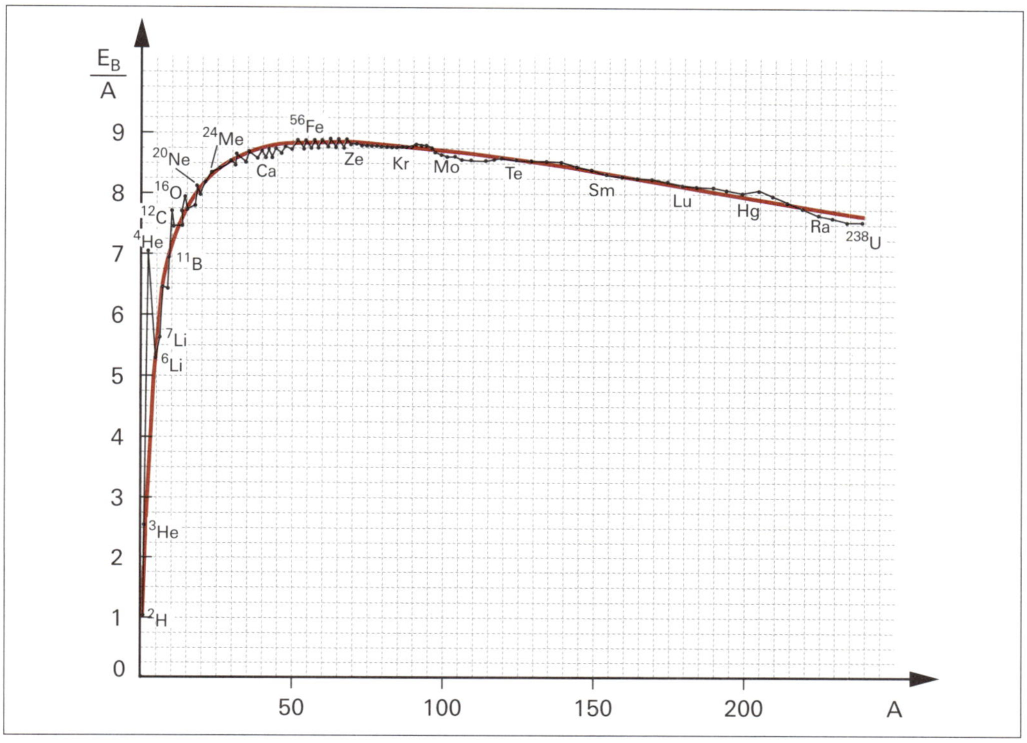

Die Bindungsenergie pro Nukleon in Einheiten von MeV.

Megaelektronenvolt

Die Bindungsenergie pro Nukleon in Abb. 2.13 ist nicht in Einheiten von J (Joule), sondern von MeV *(Megaelektronenvolt)* angegeben. Die Umrechnung von MeV in Joule lautet:

Gleichung 2.14

$$1 \text{ MeV} = 1.602 \cdot 10^{-13} \text{ J}$$

Einige wichtige Merkmale des Verlaufs der Bindungsenergie pro Nukleon:

- Die Kurve hat ihr Minimum bei $A = 2$. Das Deuterium-Nuklid $^{2}_{1}H$ hat somit die kleinstmögliche Bindungsenergie pro Nukleon. Ein Kern mit $A = 1$ besteht aus einem Nukleon. Da es dann keine Bindung mit einem anderen Nukleon gibt, ist die Bindungsenergie null.
- Die Kurve hat zwar drei auffällige Zacken bei ^{4}He, ^{12}C, ^{16}O, steigt aber sonst von $A = 2$ bis etwa $A = 56$ kontinuierlich an.
- Die Kurve hat ihr Maximum bei $A = 56$ Nukleonen. Das Eisen-Nuklid $^{56}_{26}Fe$ hat die grösstmögliche Bindungsenergie pro Nukleon.
- Die Kurve fällt oberhalb von $A = 56$ kontinuierlich ab.

Eine grosse Bindungsenergie pro Nukleon bedeutet, dass es schwierig ist, ein Nukleon aus dem Kern zu entfernen. Je grösser die Bindungsenergie pro Nukleon ist, umso stabiler ist folglich das Nuklid. Das Nuklid mit der grössten Bindungsenergie pro Nukleon ist am schwierigsten zu zerlegen. Das Eisen-Nuklid $^{56}_{26}$Fe hat die grösste Bindungsenergie pro Nukleon und ist somit das stabilste Nuklid.

Die Kurve in Abb. 2.13 lässt sich auch anders interpretieren. Die Kurve gibt die Bindungsenergie pro Nukleon an. Gemäss der Einstein'schen Gleichung $E_B = \Delta m \cdot c^2$ ist die Bindungsenergie pro Nukleon auch ein Mass für den Massendefekt pro Nukleon. Somit sehen wir in Abb. 2.13 auch den Massendefekt pro Nukleon: Ein Nukleon ist am leichtesten, wenn es sich im Eisen-Nuklid $^{56}_{26}$Fe befindet.

Durch die Spaltung von schweren Atomkernen und durch das Verschmelzen (Fusion) von leichten Atomkernen wird Energie der Nukleonen (Kernenergie) in eine andere Energieform umgewandelt. Der Verlauf der Kurve in Abb. 2.13 bildet die Grundlage für das Verständnis dieser beiden Prozesse, die in Abschnitt 5 und Abschnitt 6 besprochen werden.

Bindungsenergie: Die Bindungsenergie E_B des Atomkerns ist die Energie, die es braucht, um einen Kern in einzelne Nukleonen zu zerlegen. Wenn ein Kern aus einzelnen Nukleonen zusammengebaut wird, muss die Bindungsenergie E_B an die Umgebung abgegeben werden.

Massendefekt: Die Differenz zwischen der Masse des Kerns und der Masse seiner Bausteine nennt man Massendefekt.

Zusammenhang zwischen Massendefekt und Bindungsenergie: Der Massendefekt Δm kommt daher, dass die Masse eines Körpers von der Energie des Körpers abhängt. Wir können deshalb die Bindungsenergie E_B eines Kerns aus seinem Massendefekt Δm berechnen:

$$E_B = \Delta m \cdot c^2$$

Bindungsenergie pro Nukleon: Die Bindungsenergie pro Nukleon ist die Energie, die nötig ist, um ein einzelnes Nukleon aus dem Atomkern zu entfernen. Eine grosse Bindungsenergie pro Nukleon bedeutet, dass es schwierig ist, ein Nukleon zu entfernen:

- Je grösser die Bindungsenergie pro Nukleon, desto stabiler der Atomkern.
- Je grösser die Bindungsenergie pro Nukleon, desto grösser der Massendefekt des Atomkerns.

Wichtige Eigenschaften der Kurve im Diagramm mit der Bindungsenergie pro Nukleon: Die Kurve hat ihr Minimum bei $A = 2$, nimmt von $A = 2$ bis $A = 56$ zu, hat dort ihr Maximum und nimmt oberhalb von $A = 56$ wieder ab.

Aufgabe 32

A] Wie ist die Bindungsenergie eines Kerns definiert?

B] Warum ist Energie nötig, um einen $^{2}_{1}$H-Kern in seine Bausteine zu zerlegen?

C] Warum wird γ-Strahlung ausgesandt, wenn aus einem Proton und einem Neutron ein $^{2}_{1}$H-Kern entsteht?

Aufgabe 38

Ein $^{12}_{6}$C-Kern hat eine Masse von 12.000 u.

A] Wie gross ist der Massendefekt dieses Kerns in Einheiten von u und in Einheiten von kg?

B] Wie gross ist die Bindungsenergie dieses Kerns?

Aufgabe 44

Bei der Vereinigung zweier $^{2}_{1}$H-Kerne zu einem $^{4}_{2}$He-Kern entsteht γ-Strahlung. Wie viel Energie hat die γ-Strahlung? Die Bindungsenergie pro Nukleon beim $^{2}_{1}$H-Kern beträgt 2.8 MeV, die Bindungsenergie pro Nukleon beim $^{4}_{2}$He-Kern beträgt 7.1 MeV.

Aufgabe 50

A] Welche Kerne haben die kleinste Bindungsenergie pro Nukleon?

B] Mit welcher Grösse entscheidet man, welches von zwei Nukliden das stabilere ist?

C] Welches Nuklid ist das stabilste?

Exkurs: Die Weiterentwicklung des griechischen Atom-Modells

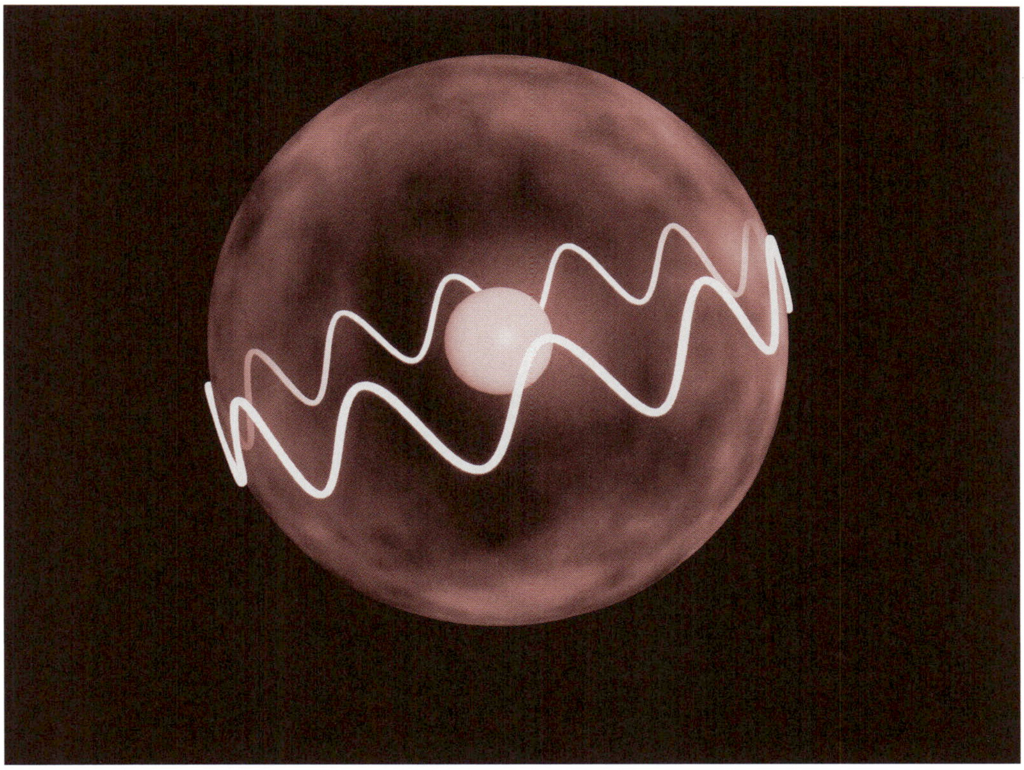

Hier wird das Elektron des Wasserstoff-Atoms als Elektronenwelle dargestellt. Bild: Laguna Design / Science Photo Library

Ein Atom-Modell sollte in der Lage sein, alle beobachteten Eigenschaften der Materie zu erklären. Immer raffiniertere Atom-Modelle konnten im Laufe der Zeit immer mehr Beobachtungen erklären. Dabei wurden die Atom-Modelle immer abstrakter.

Die ersten Atomvorstellungen stammen aus der Antike, von den Griechen Leukipp und Demokrit. Sie postulierten unteilbare kleinste Teilchen als Bausteine der Materie. Erste experimentelle Hinweise auf Atome gab es aber erst seit Ende des 18. Jahrhunderts, als die Resultate chemischer Experimente mit Daltons Atomhypothese erklärt werden konnten. Daltons Atomhypothese lautet: Elemente bestehen aus für das jeweilige Element charakteristischen, in sich gleichen und unteilbaren Teilchen, den Atomen. Über das Aussehen der Atome sagt Daltons Atomhypothese nichts aus. Die einfachste Annahme ist, dass Atome kleine Kügelchen sind. Mit Daltons Atomhypothese und der Kugelgestalt der Atome arbeitet die kinetische Gastheorie, die das beobachtete Verhalten von Gasen erfolgreich erklärt.

Nicht erklärbar ist mit Daltons Atomhypothese, wodurch die unterschiedlichen Verbindungen der Atome zu Molekülen zustande kommen. Zudem entdeckte Joseph John Thomson (1856–1940), dass elektrisch geladene Teilchen aus Atomen kommen können. Damit musste die Idee vom unteilbaren Atom aufgegeben werden. Gemäss Rutherford'schem Atom-Modell besteht das Atom aus einem aus Protonen und Neutronen bestehenden Atomkern und einer aus Elektronen bestehenden Atomhülle. Mit diesem Atom-Modell wird Thomsons Beobachtung sowie die chemische Bindung als Folge der elektrischen Kraft erklärbar. Auch die Abfolge der Elemente im Periodensystem lässt sich mithilfe des Rutherford'schen Atom-Modells herleiten. Mit der Ergänzung von Niels Bohr, die besagt, dass sich die Elektronen nur auf Kreisbahnen mit ganz bestimmten Bahnradien um den Kern bewegen können, können die experimentell gefundenen Linienspektren erklärt werden. Die Leistung des Bohr'schen Atom-Modells liegt vor allem darin, dass Atomradius, Linienspektrum und die Ionisationsenergie des Wasserstoff-Atoms aus den möglichen Bahnradien berechnet werden können und gut mit den Experimenten übereinstimmen. Das Zustandekommen der Werte für die Bahnradien ist mit dem Bohr'schen Atom-Modell hingegen nicht erklärbar.

Experimente zu Beginn des 20. Jahrhunderts enthüllten den Dualismus der Elektronen: Elektronen verhalten sich manchmal wie Wellen und manchmal wie Teilchen. Erwin Schrödinger (1887–1961) betrachtet die Elektronen der Atomhülle als Wellen. Man spricht von Elektronenwellen. Mit der so genannten Schrödinger-Gleichung lässt sich die Elektronenwelle berechnen. Mit dieser Elektronenwelle wird die Energie berechenbar, die ein Elektron der Atomhülle besitzen kann. Mit der Elektronenwelle lässt sich auch der Raum berechnen, wo sich das Elektron als Teilchen betrachtet mit grösster Wahrscheinlichkeit aufhält. Dieser Raum ist eine Verallgemeinerung der Bohr'schen Kreisbahn des Elektrons um den Atomkern. Mit der Schrödinger-Gleichung ist man in der Lage, alle Eigenschaften der Elektronen eines Atoms, aber auch die Eigenschaften der Elektronen komplexer chemischer Verbindungen zu berechnen.

Seit 1956 zeigten weitere Streuexperimente mit so genannten Teilchenbeschleunigern: Die Neutronen und Protonen des Atomkerns sind nicht elementar. Sie bestehen aus kleineren Teilchen, den Quarks. Das Proton setzt sich aus zwei up-Quarks und einem down-Quark zusammen, das Neutron aus einem up-Quark und zwei down-Quarks. Interessanterweise kann man die Quarks nicht als freie Teilchen beobachten.

Teil B Anwendungen der Kernphysik

Einstieg und Lernziele

Einstieg

In diesem Teil lernen Sie einige Anwendungen der Kernphysik kennen. Kernphysikalische Anwendungen basieren vor allem auf zwei Eigenschaften der Kerne: Atomkerne enthalten erstens sehr viel Energie, die man unter geeigneten Bedingungen nutzen kann. Zudem können Atomkerne instabil sein und radioaktive Strahlung aussenden. Radioaktivität birgt für die belebte Natur grosse Gefahren, kann aber, wie Sie gleich sehen werden, in der Archäologie zur Altersbestimmung von Funden verwendet werden. In der Medizin kann sie für Diagnose und Therapie eingesetzt werden. Wie Energie von Atomkernen in Kernkraftwerken in elektrische Energie umgewandelt wird, erfahren Sie anschliessend anhand eines Druckwasserreaktors. Diesen Reaktortyp trifft man in der Schweiz in Gösgen und Beznau an. Diese beiden Druckwasserreaktoren haben vieles gemeinsam mit beiden schweizerischen Siedewasserreaktoren in Mühleberg und Leibstadt. Auch die Sonne nutzt die Energie von Atomkernen. Im Gegensatz zu Kernkraftwerken, in denen schwere Atomkerne gespalten werden, werden in der Sonne Kerne verschmolzen.

Schlüsselfragen im Zusammenhang mit Anwendungen der Atom- und Kernphysik sind:

- Wie funktioniert die C-14-Methode?
- Wie wird Radioaktivität in der Medizin eingesetzt?
- Woher stammt die Energie der Kernkraftwerke?
- Woher stammt die Energie des Sonnenlichts?

Lernziele

Nach der Bearbeitung des Abschnitts «Wie funktioniert die C-14-Methode?» können Sie

- beschreiben, wie man die Häufigkeit isotoper Nuklide misst.
- beschreiben, durch was die relative Häufigkeit der Kohlenstoff-Nuklide bestimmt ist.
- aus der relativen Häufigkeit der Kohlenstoff-Nuklide das Todesdatum eines Organismus bestimmen.

Nach der Bearbeitung des Abschnitts «Wie wird Radioaktivität in der Medizin eingesetzt?» können Sie

- die biologische Wirkung radioaktiver Strahlung auf Zellen beschreiben.
- Eindringtiefe und Abschirmung der radioaktiven Strahlung beschreiben.
- erklären, wie Radioaktivität in der Medizin für Diagnose und Therapie eingesetzt wird.

Nach der Bearbeitung des Abschnitts «Woher stammt die Energie der Kernkraftwerke?» können Sie

- erklären, wie man Kerne spalten kann und wie es zu einer Kettenreaktion kommt.
- berechnen, wie viel Energie bei der Kernspaltung umgewandelt wird.
- das Prinzip beschreiben, wie in Kernkraftwerken Strom erzeugt wird.
- Risiken beschreiben, die Kernkraftwerke für die Umwelt darstellen.

Nach der Bearbeitung des Abschnitts «Woher stammt die Energie des Sonnenlichts?» können Sie

- berechnen, wie viel Energie bei der Kernfusion umgewandelt wird.
- beschreiben, unter welchen Bedingungen Kernfusionen stattfinden.
- beschreiben, wie die Sonne zum Leuchten gebracht wird.

3 Wie funktioniert die C-14-Methode?

Die Schlüsselfragen dieses Abschnitts lauten:

- Wie misst man die Häufigkeit isotoper Nuklide?
- Wie wird aus der Kohlenstoff-Nuklide-Häufigkeit das Todesdatum eines Organismus berechnet?

Der Mann in Abb. 3.1 wurde 1950 im dänischen Moor von Tollund gefunden. Um seinen Hals liegt eine Schlinge aus Lederbändern. Der Mann starb einen gewaltsamen Tod. Die Moorleiche war so gut erhalten, dass seine Entdecker erst dachten, es handle sich bei ihr um das Opfer eines Verbrechens der letzten Jahre. Erst die C-14-Methode zeigte: Der Mann hat vor etwa 2 400 Jahren, also in der Eisenzeit gelebt.

[Abb. 3.1] Die Moorleiche aus Tollund

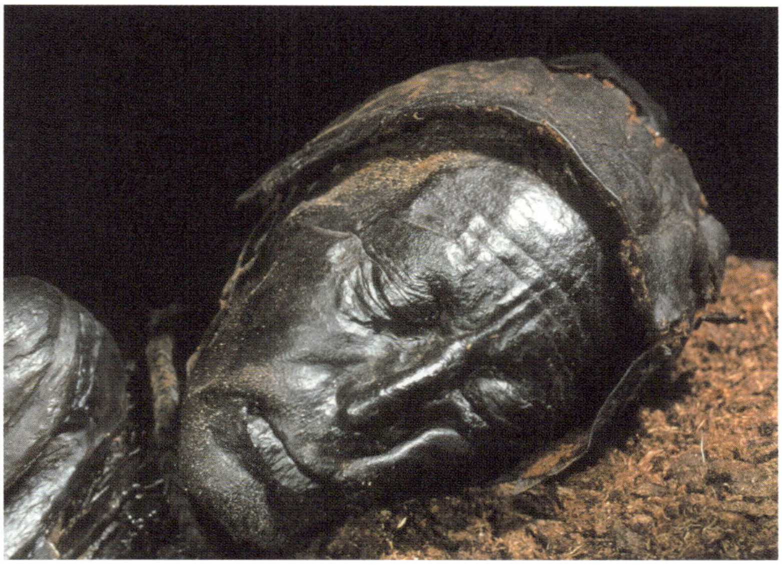

Gemäss der C-14-Methode ist diese Moorleiche aus Tollund (Dänemark) etwa 2 400 Jahre alt.
Bild: Silkeborg Museum, Denmark / Munoz-Yague / Science Photo Library

Grundlage der C-14-Methode zur Altersbestimmung: Aufgrund der Häufigkeit des radioaktiven Kohlenstoff-Nuklids $^{14}_{6}C$ und des stabilen Kohlenstoff-Nuklids $^{12}_{6}C$ kann mithilfe des Zerfallsgesetzes das Todesdatum von Organismen bestimmt werden, die schon vor langer Zeit gestorben sind.

Voraussetzung für die C-14-Methode zur Altersbestimmung: Die Häufigkeit der Kohlenstoff-Nuklide in einem Körper muss genau messbar sein. Das Gerät, das dazu verwendet wird, ist das Massenspektrometer, das in Abschnitt 3.1 besprochen wird, bevor wir in Abschnitt 3.2 die C-14-Methode genauer besprechen.

3.1 Wie misst man die Häufigkeit isotoper Nuklide?

Nach diesem Abschnitt können Sie

- beschreiben, wie man die Häufigkeit isotoper Nuklide misst.

Isotope Nuklide sind Kerne mit gleicher Protonenzahl, d. h. Nuklide desselben chemischen Elements, die aber eine unterschiedliche Neutronenzahl aufweisen.

Beispiel 3.1 $^{20}_{10}Ne$, $^{21}_{10}Ne$ und $^{22}_{10}Ne$ sind isotope Nuklide. Diese isotopen Nuklide haben die gleiche Protonenzahl, nämlich $Z = 10$. Es handelt sich bei diesen isotopen Nukliden folglich um dasselbe chemische Element, nämlich Neon. Die isotopen Nuklide haben aber unterschiedliche Nukleonenzahlen $A = 20$, 21 und 22 und folglich auch unterschiedliche Neutronenzahlen $N = 10$, 11 und 12.

Chemisch verhalten sich isotope Nuklide gleich. Chemische Reaktionen geben keinen Hinweis darauf, welche isotopen Nuklide in einem Körper vorkommen. Da isotope Nuklide unterschiedlich viele Neutronen im Kern haben, sind sie unterschiedlich schwer. Isotope Nuklide sind chemisch gleich, aber unterschiedlich schwer. Die unterschiedliche Masse wird im Massenspektrometer ausgenützt, um isotope Nuklide zu unterscheiden.

Die Häufigkeit isotoper Nuklide misst man mit dem Massenspektrometer

Massenspektrometer, Francis W. Aston

Ein *Massenspektrometer* ist in der Lage, die Atome eines Gases nach ihrer Masse und somit nach ihrer Nukleonenzahl zu sortieren. Mit dem von ihm entworfenen Massenspektrometer hat der Engländer *Francis W. Aston* (1877–1945) hunderte von isotopen Nukliden entdeckt und dafür 1922 den Nobelpreis erhalten.

Die Wirkung, die das schematische Massenspektrometer in Abb. 3.2 auf eine zu untersuchende Probe hat, lässt sich in verschiedene Phasen zerlegen:

1. Ein Stück des Körpers, dessen Zusammensetzung bestimmt werden soll, wird in einem Gefäss durch Aufheizen verdampft. Das entstehende Gas wird weiter aufgeheizt, sodass bei den Atomen des Gases durch Stösse ein Elektron aus der Hülle entfernt wird. Aus Atomen werden Ionen. Die Ionen können durch ein Loch im Gefäss austreten.
2. Die Ionen des Gases werden durch eine elektrische Kraft beschleunigt. Da alle Ionen gleich stark elektrisch geladen sind, ist die elektrische Kraft für alle Ionen gleich gross. Die Beschleunigung der Ionen ist dann gemäss Kraftwirkungsgesetz $F = m \cdot a$ nur durch die Masse der Ionen bestimmt. Es gilt folglich: Ionen mit kleiner Masse erhalten eine grosse Endgeschwindigkeit durch die elektrische Kraft.
3. Die Ionen werden durch eine magnetische Kraft abgelenkt. Die magnetische Kraft auf schnelle Ionen ist grösser als auf langsame. Auf Ionen mit kleiner Masse wirkt eine grosse magnetische Kraft. Bei leichten Ionen bewirkt gemäss Kraftwirkungsgesetz $F = m \cdot a$ eine grosse magnetische Kraft eine grosse Ablenkung. Es gilt folglich: Leichte Ionen werden durch die magnetische Kraft stärker abgelenkt als schwere.
4. Die nach ihrer Masse sortierten Ionen schwärzen ein Fotopapier.

[Abb. 3.2] Aufbau eines Massenspektrometers

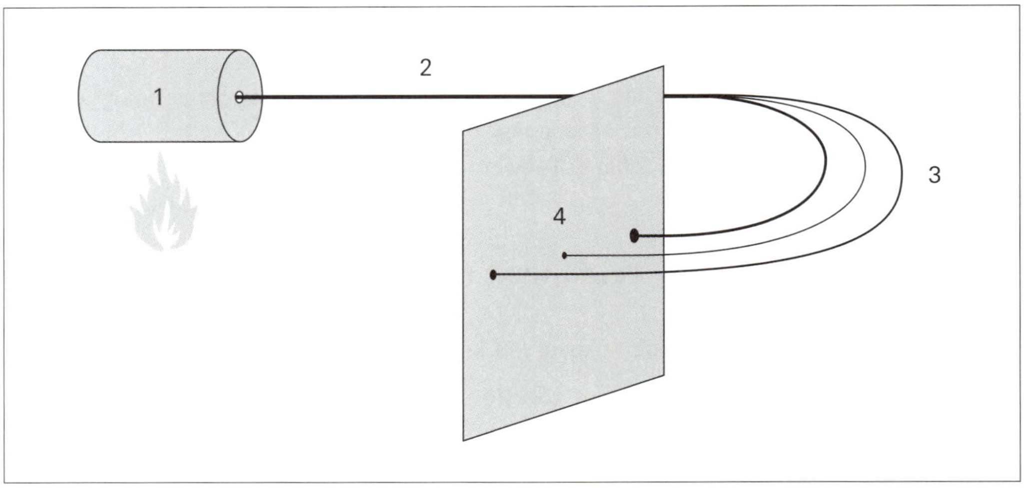

Wirkung eines Massenspektrometers: Elektrische und magnetische Kräfte sortieren die Ionen eines Gases nach ihrer Masse.

Gesamtwirkung des Massenspektrometers: Je kleiner die Masse eines Ions, umso grösser ist seine Ablenkung durch das Massenspektrometer. Die unterschiedliche Ablenkung führt zu einer Zerlegung des ursprünglichen Ionen-Strahls in mehrere Ionen-Strahlen mit jeweils gleicher Masse (Abb. 3.2). Man kann die Intensität der verschiedenen Ionen-Strahlen an der Stärke der Schwärzung des Fotopapiers ablesen. Je häufiger ein Nuklid vorkommt, umso stärker schwärzt der entsprechende Ionen-Strahl das Fotopapier beim Auftreffen. Man kann an der Schwärzung direkt ablesen, wie häufig die verschiedenen isotopen Nuklide im Gas vorkommen. Statt des Fotopapiers kommen heute Detektoren zum Einsatz.

Beispiel 3.2

Ein Strom aus Magnesium-Ionen wurde durch ein Massenspektrometer in 3 Strahlen zerlegt. Es handelt sich um die isotopen Magnesium-Nuklide ^{24}Mg, ^{25}Mg und ^{26}Mg. Jeder der 3 Strahlen enthält ein bestimmtes Magnesium-Nuklid. Je häufiger ein Magnesium-Nuklid vorkommt, umso stärker schwärzt der entsprechende Strahl das Fotopapier.

Ein Massenspektrometer sortiert die Ionen eines Gases nach ihrer Masse, d. h. nach ihrer Nukleonenzahl: Im Massenspektrometer werden Ionen mit kleiner Masse durch die elektrische und magnetische Kraft stärker abgelenkt als schwere. Dies führt zur Auffächerung eines Ionen-Strahls in mehrere Ionen-Strahlen. Jeder Ionen-Strahl enthält Teilchen mit einer bestimmten Masse, d. h. ein bestimmtes Nuklid. Je häufiger ein bestimmtes Nuklid im Gas vorkommt, umso stärker schwärzt der entsprechende Ionen-Strahl das Fotopapier. Man kann aus der Schwärzung des Fotopapiers ablesen, wie häufig ein bestimmtes Nuklid im Gas vorkommt.

Aufgabe 56

Eine der folgenden Aussagen ist richtig. Begründen Sie, wieso die andere Aussage nicht unbedingt stimmt.

- Kerne mit unterschiedlicher Nukleonenzahl landen an unterschiedlichen Orten auf dem Fotopapier.
- Die unterschiedlichen chemischen Elemente treffen immer auf unterschiedlichen Orten auf dem Fotopapier auf.

Aufgabe 62

A] Wieso werden leichte Ionen durch die elektrische Kraft im Massenspektrometer schneller als schwere?

B] Wieso werden leichte Ionen durch die magnetische Kraft im Massenspektrometer stärker abgelenkt als schwere?

3.2 Wie wird aus der Kohlenstoff-Nuklide-Häufigkeit das Todesdatum eines Organismus berechnet?

Nach diesem Abschnitt können Sie

- beschreiben, durch was die relative Häufigkeit der Kohlenstoff-Nuklide bestimmt ist.
- aus der relativen Häufigkeit der Kohlenstoff-Nuklide das Todesdatum eines Organismus bestimmen.

Der Grossteil der Kohlenstoff-Atome auf der Erde enthält stabile $^{12}_{6}$C-Kerne. Einige Kohlenstoff-Atome enthalten aber instabile $^{14}_{6}$C-Kerne. Das instabile Kohlenstoff-Nuklid $^{14}_{6}$C zerfällt durch β-Zerfall in das stabile Stickstoff-Nuklid $^{14}_{7}$N und trägt so zur natürlichen Radioaktivität bei. Die Halbwertszeit von $^{14}_{6}$C beträgt $t_{1/2}$ = 5 730 Jahre.

Grundidee der C-14-Methode

Grundidee der C-14-Methode

Jedes Lebewesen enthält Kohlenstoff, den es mit der Luft und der Nahrung aufgenommen hat. Während der radioaktive Kohlenstoff im Körper zerfällt, wird mit Luft und Nahrung ständig neuer aufgenommen. Dadurch enthält jeder lebende Organismus in einem bestimmten Verhältnis stabilen und radioaktiven Kohlenstoff. Wenn ein Lebewesen stirbt, so nimmt der radioaktive Kohlenstoff ab, da kein neuer radioaktiver Kohlenstoff mehr mit Luft und Nahrung aufgenommen wird. Die Häufigkeit des radioaktiven ${}^{14}_{6}C$ nimmt nach dem Tod gemäss Zerfallsgesetz exponentiell mit der Zeit ab. Weiss man, wie gross die Häufigkeit von ${}^{14}_{6}C$ und ${}^{12}_{6}C$ im lebenden Organismus war, so kann man aufgrund der Häufigkeit von ${}^{14}_{6}C$ und ${}^{12}_{6}C$ im toten Organismus berechnen, vor wie vielen Jahren er gestorben ist. Dies ist die *Grundidee der C-14-Methode*. Wir wollen uns diese Methode nun genauer ansehen.

In der Erdatmosphäre ist das Verhältnis von ${}^{14}C$ zu ${}^{12}C$ immer gleich gross

Die Erde ist etwa 4.5 Milliarden Jahren alt. Wenn die Halbwertszeit von ${}^{14}_{6}C$ nur 5 730 Jahre beträgt, so sollten alle ${}^{14}_{6}C$-Atome schon längst in ${}^{14}_{7}N$-Atome zerfallen sein. Woher kommt also das ${}^{14}_{6}C$?

Sonnenwind

Antwort: ${}^{14}_{6}C$-Atome werden in der Atmosphäre der Erde laufend neu gebildet. Die Erdatmosphäre wird aus dem Weltall dauernd mit Teilchen bombardiert. Die meisten der Teilchen kommen von der Sonne. *Sonnenwind* nennt man diesen Strom aus Teilchen, der dauernd von der Sonne ausgesandt wird. Es handelt sich bei den Teilchen vor allem um schnelle Protonen, Neutronen, Elektronen und α-Teilchen. Wenn die schnellen Neutronen des Sonnenwinds mit den häufig vorkommenden ${}^{14}_{7}N$-Kernen des Stickstoffs der oberen Erdatmosphäre kollidieren, so wird ein Proton aus dem Stickstoff-Kern herausgeschlagen, während das Neutron selber im Kern stecken bleibt. Folge: Aus einem stabilen Stickstoff-Kern wird ein instabiler Kohlenstoff-Kern:

$$\text{Neutron} \quad + \quad {}^{14}_{7}N \quad \rightarrow \quad {}^{14}_{6}C \quad + \quad \text{Proton}$$

Wir bezeichnen mit N_{C12} respektive N_{C14} die Anzahl vorhandener ${}^{12}_{6}C$-Kerne, respektive ${}^{14}_{6}C$ -Kerne.

Kohlenstoffverhältnis

Durch diese Reaktion entstehen in der Erdatmosphäre laufend neue ${}^{14}_{6}C$-Atome. Durch Zirkulationen werden diese anschliessend gleichmässig in der Erdatmosphäre verteilt. Es stellt sich dadurch in der Luft ein *Verhältnis von N_{C14} zu N_{C12}* ein, das über Jahrtausende fast konstant war:

Gleichung 3.1

$$\frac{N_{C14}}{N_{C12}} = \frac{1}{7.7 \cdot 10^{11}} = 1.3 \cdot 10^{-12}$$

Nur ein Kohlenstoff-Atom unter $7.7 \cdot 10^{-11}$ Kohlenstoff-Atomen enthält einen ${}^{14}_{6}C$-Kern.

Beispiel 3.3

In einem Gramm Kohlenstoff gibt es etwa $N = 6.5 \cdot 10^{10}$ radioaktive ${}^{14}_{6}C$-Kerne, von denen etwa 13.5 pro Minute durch β-Zerfall zerfallen und eine schwache Aktivität bewirken.

In lebenden Organismen ist das Verhältnis von ${}^{14}C$ zu ${}^{12}C$ immer gleich gross

Kohlenstoffverhältnis

Das radioaktive ${}^{14}_{6}C$-Nuklid verhält sich chemisch genau gleich wie das stabile ${}^{12}_{6}C$-Nuklid: Es bildet die chemisch gleichen CO_2-Moleküle. Bei der Photosynthese nimmt eine Pflanze radioaktives und stabiles CO_2 der Luft auf und baut es in ihre Zellen ein. Radioaktive

${}^{14}_{6}C$-Kerne gelangen mit den Pflanzen in die Nahrungskette von Mensch und Tier. In lebenden Pflanzen, Tieren und Menschen beträgt dadurch das *Verhältnis von N_{C14} zu N_{C12}:*

$$N_{C14} / N_{C12} = 1.3 \cdot 10^{-12}$$

Das Verhältnis von ${}^{14}C$ zu ${}^{12}C$ nimmt nach dem Tod des Organismus ab

Stirbt ein Organismus, so wird kein neues ${}^{14}_{6}C$ mehr aufgenommen. Das Verhältnis N_{C14} / N_{C12} nimmt deshalb nach dem Tod gemäss Zerfallsgesetz ab. In jedem Lebewesen, das zu Lebzeiten durch Atmung und Nahrung Kohlenstoff aufgenommen hat, beginnt deshalb beim Tod eine Art Uhr zu laufen. Um die Uhr abzulesen, muss nur das Verhältnis N_{C14} / N_{C12} mithilfe eines Massenspektrometers gemessen werden.

Kohlenstoffverhältnis

Die zeitliche Abnahme des instabilen ${}^{14}_{6}C$ kann mit dem Zerfallsgesetz $N = N_0 \cdot e^{-\lambda \cdot t}$ berechnet werden. Wenn für einen toten Organismus das *Verhältnis von N_{C14} zu N_{C12}* gemessen wird, so ist seit seinem Tod die Zeit t vergangen:

Gleichung 3.2

$$N_{C14}/N_{C12} = 1.3 \cdot 10^{-12} \cdot e^{-\lambda \cdot t}$$

Die Zerfallswahrscheinlichkeit λ des ${}^{14}_{6}C$-Nuklids berechnen wir aus der Halbwertszeit $t_{1/2} = 5\,730$ Jahre mit Gleichung 2.10 und erhalten:

$$\lambda = 3.83 \cdot 10^{-12}\ s^{-1}$$

Die exponentielle Abnahme von N_{C14} / N_{C12} in toten Organismen gemäss Gleichung 3.2 ist in Abb. 3.3 dargestellt. Mit dem gemessenen Verhältnis N_{C14} / N_{C12} lässt sich die Zeit t seit dem Tod aus Abb. 3.3 ablesen.

[Abb. 3.3] N_{C14} / N_{C12} in toten Organismen

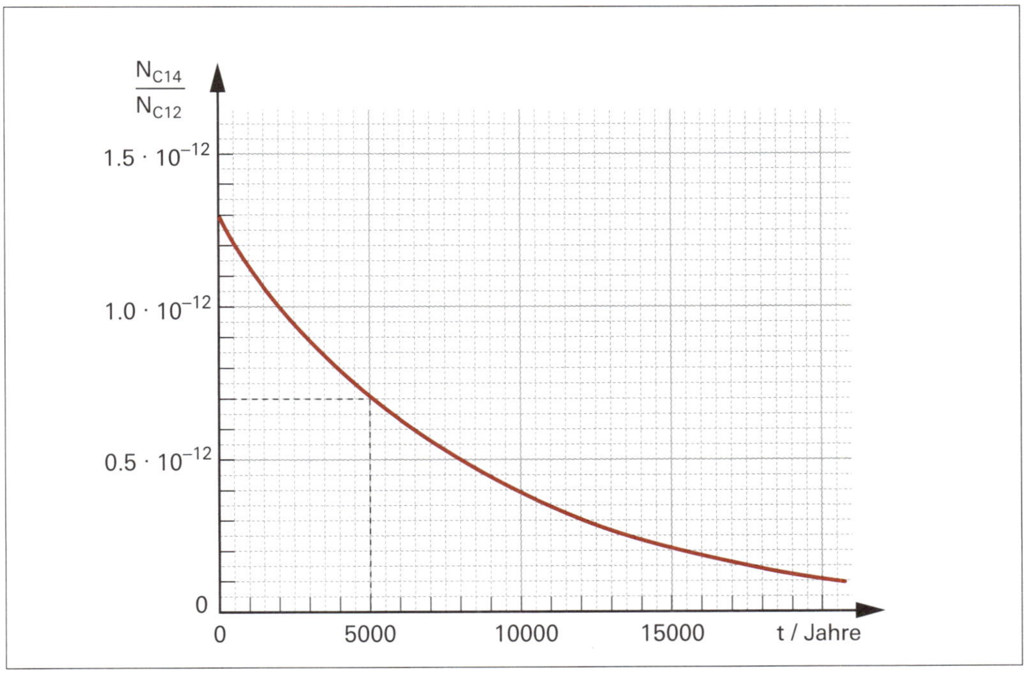

Stirbt ein Organismus, so nimmt das Verhältnis N_{C14} / N_{C12} mit der Zeit exponentiell ab.

Beispiel 3.4

1991 fand man in einer eisgefüllten Mulde auf 3210 m ü. M. zufällig eine teilweise freigetaute Leiche. Die Gletschermumie aus dem Ötztal wurde mit einem Massenspektrometer $N_{C14} / N_{C12} = 0.7 \cdot 10^{-12}$ gemessen. Ein Vergleich mit Abb. 3.3 zeigt: Die Gletschermumie ist etwa 5 000 Jahre alt und stammt somit aus der letzten Phase der Steinzeit.

Mit der C-14-Methode kann das Alter von organischen Überresten oder anorganischem Material, in das organische Überreste eingeschlossen sind, bestimmt werden.

Beispiel 3.5

Mit der C-14-Methode kann das Alter von Holzkohle, Holz, Samen, Knochen, Leder, Torf, Seeschlamm, Sedimenten, Böden, Eiskernen, Blütenstaub, Haar, Tonwaren, Wandanstrichen, Felsmalereien, Korallen, Blutüberresten, Harz, Stoff, Papier und Pergament bestimmt werden.

Beispiel 3.6

Die Schriftrollen vom Toten Meer sind mit der C-14-Methode datiert worden. Sie stammen aus der Zeit 100 Jahre v. Chr bis 100 Jahre n. Chr.

Die C-14-Methode hat messtechnische und systematische Grenzen

Grenzen der C-14-Methode

Die C-14-Methode ist extrem wertvoll, hat aber auch ihre *Grenzen*. Die Abbildung 3.3 zeigt: Nach etwa 50 000 Jahren ist die Zahl der noch nicht zerfallenen radioaktiven $^{14}_{6}$C-Kerne so klein geworden, dass sie nicht mehr mit genügender Genauigkeit gemessen werden kann. Die C-14-Methode ist deshalb für Körper, die vor mehr als 50 000 Jahren gestorben sind, nicht mehr brauchbar. Für die Methode können aber auch radioaktive Nuklide mit längeren Halbwertszeiten verwendet werden. Mit solchen Nukliden konnte z. B. das Alter der Erde mit 4.5 Milliarden bestimmt werden.

[Abb. 3.4] Die radioaktive Strahlung von $^{14}_{6}$C wird nach dem Tod immer schwächer

Die Anzahl radioaktiver $^{14}_{6}$C-Kerne nimmt in toten Organismen mit der Zeit exponentiell ab.

Man kann das Alter von toten Bäumen, die mehrere tausend Jahre alt sind, auf zwei unabhängige Arten bestimmen: durch die Jahresringe-Methode und durch die C-14-Methode. Vergleicht man die beiden Alter, so findet man: Die Annahme, dass die $^{14}_{6}$C-Konzentration in der Atmosphäre über die letzten 50 000 Jahre konstant geblieben ist, stimmt nur ungefähr. Das nur mit der C-14-Methode bestimmte Alter hat deshalb eine Genauigkeit von etwa 10 %. Für eine grössere Genauigkeit muss die C-14-Methode modifiziert werden: Man nimmt keine konstante $^{14}_{6}$C-Konzentration an, sondern einen zeitlichen Verlauf der $^{14}_{6}$C-Konzentration, der das gleiche Alter mit beiden Altersbestimmungsmethoden ergibt, wenn tote Bäume untersucht werden. Die modifizierte C-14-Methode hat zur Folge, dass die glatte Kurve in Abb. 3.3 einige Dellen bekommt.

Entstehung und Zerfall von radioaktiven ${}^{14}_{6}$C-Atomen: Neutronen des Sonnenwinds, die mit Stickstoff der Erdatmosphäre kollidieren, bilden in der Erdatmosphäre ständig neue ${}^{14}_{6}$C-Atome:

$$\text{Neutron} \quad + \quad {}^{14}_{7}\text{N} \quad \rightarrow \quad {}^{14}_{6}\text{C} \quad + \quad \text{Proton}$$

Radioaktive ${}^{14}_{6}$C-Atome zerfallen mit einer Halbwertszeit von $t_{1/2} = 5\,730$ Jahren. Durch Entstehung und Zerfall der ${}^{14}_{6}$C-Atome stellt sich in der Erdatmosphäre ein konstantes Verhältnis von $N_{C14} / N_{C12} = 1.3 \cdot 10^{-12}$ ein.

N_{C14} / N_{C12} in Organismen: Das radioaktive ${}^{14}_{6}$C-Nuklid verhält sich chemisch genau gleich wie das stabile ${}^{12}_{6}$C-Nuklid und bildet deshalb chemisch dieselben CO_2-Moleküle. Bei der Photosynthese werden radioaktive und stabile CO_2-Moleküle der Erdatmosphäre von Pflanzen aufgenommen und in deren Zellen eingebaut. Radioaktive ${}^{14}_{6}$C-Kerne gelangen durch die Pflanzen in die Nahrungskette von Mensch und Tier. In lebenden Pflanzen, Tieren und Menschen gilt dadurch ebenfalls $N_{C14} / N_{C12} = 1.3 \cdot 10^{-12}$.

C-14-Altersbestimmung: Stirbt ein Organismus, so wird kein neuer Kohlenstoff mehr mit der Nahrung und Atmung aufgenommen. In jedem Lebewesen, das zu Lebzeiten durch Atmung und Nahrung Kohlenstoff aufgenommen hat, beginnt beim Tod durch die exponentielle Abnahme N_{C12} eine Stoppuhr zu laufen. In einem toten Organismus nimmt das Verhältnis N_{C14} / N_{C12} exponentiell mit der Zeit t ab:

$$N_{C14} / N_{C12} = 1.3 \cdot 10^{-12} \cdot e^{-\lambda \cdot t}$$

Misst man mit einem Massenspektrometer in einem toten Organismus N_{C14} / N_{C12}, so kann man die Zeit seit dem Tod berechnen.

Aufgabe 68 Begründen Sie, weshalb man mithilfe der C-14-Methode das Alter von Steinen im Allgemeinen nicht bestimmen kann.

Aufgabe 74 In einer Fundstätte wurde ein menschliches Skelett gefunden. Mit dem Massenspektrometer wird das Verhältnis $N_{14} / N_{12} = 5.0 \cdot 10^{-13}$ bestimmt. Schätzen Sie mithilfe von Abb. 3.3 ab, vor wie vielen Jahren dieser Mensch gestorben ist.

4 Wie wird Radioaktivität in der Medizin eingesetzt?

Die Schlüsselfragen dieses Abschnitts lauten:

- Welche Wirkung hat radioaktive Strahlung auf Zellen?
- Wie wird Radioaktivität in Diagnose und Therapie eingesetzt?

Natürliche Radioaktivität, Radon-Gas

Wir sind ständig einer gewissen radioaktiven Strahlung ausgesetzt. Man spricht von *natürlicher Radioaktivität*. Diese Strahlung stammt aus verschiedenen Quellen, eine davon ist das radioaktive Radon: Uran $^{238}_{92}$U hat eine Halbwertszeit von $4.5 \cdot 10^9$ Jahren (Vergleich: Das Alter der Erde beträgt etwa $4.5 \cdot 10^9$ Jahre). Weil diese Form des Urans so langlebig ist, kommt sie im Gestein immer noch vor. Das radioaktive Uran-Nuklid $^{238}_{92}$U im Gestein wandelt sich durch mehrere Zerfälle in das ebenfalls radioaktive Radon-Nuklid $^{222}_{86}$Rn (Abb. 2.5), das als Edelgas nicht mehr im Gestein gebunden ist und freigesetzt wird, falls das Gestein gasdurchlässig ist. Das radioaktive *Radon-Gas* wird teilweise von uns eingeatmet und ist so Quelle für einen Teil der Radioaktivität, der wir (unsere Lunge) ständig ausgesetzt sind. Die Strahlenbelastung durch radioaktives Radon-Gas ist in der Schweiz nicht überall gleich gross (Abb. 2.9). Radon-Gas aus Mauergestein dringt in Keller- und Wohnräume ein und kann sich dort ansammeln, was zu besonders hoher Strahlenbelastung in Gebäuden führen kann. Die Radonbelastung in Gebäuden kann durch bauliche Massnahmen vermindert werden. Kellerwände können zum Beispiel gasdicht gemacht werden, sodass das Radon-Gas nicht in den Kellerraum eindringen kann. Zudem sollten Keller regelmässig gelüftet werden, damit sich das Radon-Gas nicht ansammelt.

Biologische Wirkung radioaktiver Strahlung

Wie schädlich ist radioaktive Strahlung für den Menschen? Wieso ist radioaktive Strahlung überhaupt für Menschen schädlich, d. h., was ist die *biologische Wirkung*, die radioaktive Strahlung auf Zellen hat? Radioaktive Strahlung wird in Bestrahlungstherapien eingesetzt, um Tumore zu bekämpfen. Wieso kann radioaktive Strahlung auch heilend sein?

[Abb. 4.1] γ-Strahlung bildet das Skelett ab

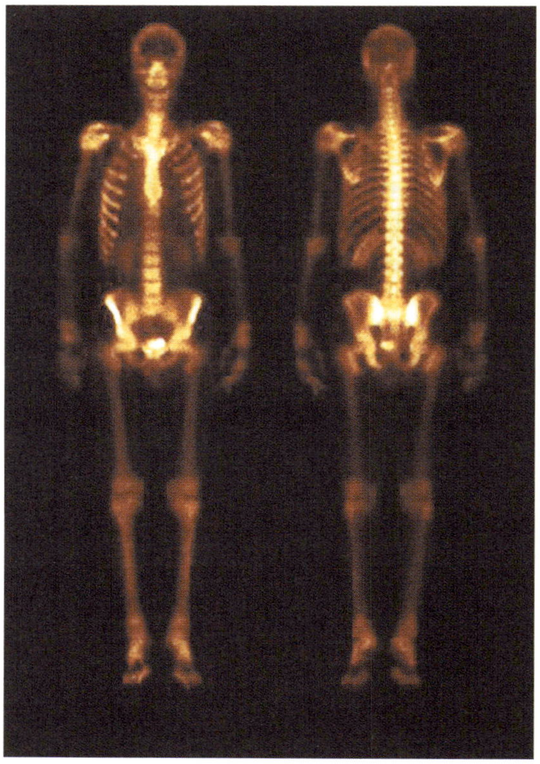

Der Patient hat ein radioaktives Präparat erhalten, das sich vor allem in den Knochen ablagert. Die radioaktive Strahlung bildet das Skelett ab, sodass nach Knochenkrebs gesucht werden kann. Bild: RVI Medical Physics Newcastle / Simon Fraser / Science Photo Library

4.1 Welche Wirkung hat radioaktive Strahlung auf Zellen?

Nach diesem Abschnitt können Sie

- die biologische Wirkung radioaktiver Strahlung beschreiben.
- Eindringtiefe und Abschirmung der radioaktiven Strahlung beschreiben.

Radioaktive Strahlung kann Zelltod oder Genschäden bewirken

Sie haben im Abschnitt 2.2 gelernt, dass radioaktive Strahlung (α-, β- oder γ-Strahlung) die Materie, die sie durchdringt, ionisieren kann. Man nennt die radioaktive Strahlung deshalb auch ionisierende Strahlung.

Zelltod

Ionisierende Strahlung kann Atome und Moleküle in einer Zelle ionisieren und sie kann Moleküle in kleinere Moleküle aufteilen. Dabei können die entstehenden Substanzen für die Zelle schädliche Eigenschaften haben. Die Zelle hat die Fähigkeit, schädliche Moleküle zu eliminieren. Gelingt das nicht mehr, weil z. B. zu viele Moleküle betroffen sind, so stirbt die Zelle ab. Die radioaktive Strahlung hat dann den *Zelltod* bewirkt. Da der Körper laufend neue Zellen erzeugt, ist dies nicht schlimm, solange durch die Strahlung nicht gleichzeitig sehr viele Zellen absterben. Sterben zu viele Zellen wegen intensiver Bestrahlung ab, so können ganze Organe ausfallen.

Genschaden

Das Abtöten einer Zelle ist nicht die einzige Wirkung, die Strahlung auf Zellen haben kann. Es ist auch möglich, dass die Erbinformation (DNA) in einer Zelle verändert wird, ohne dass die Zelle abstirbt. Solche Veränderungen führen meist zu einer Schädigung der Erbinformation, also zu einem *Genschaden*. Kann die Veränderung der Erbinformation durch die Zelle nicht repariert werden, so wird die geschädigte Erbinformation an die Tochterzellen weitergegeben, wenn sich die Zelle teilt. Der Genschaden vervielfacht sich so. Im Menschen kann sich ein Genschaden auf zwei Arten äussern:

Tumor, Missbildungen

- Wenn die Steuerung der Zellteilung durch den Genschaden betroffen ist, so kann es zu einem schnellen Wachstum der Zellen kommen. Es entsteht ein *Tumor*.
- Wenn die Erbinformation einer Keimzelle (Ei, Spermien) durch die Strahlung geschädigt wird, so kann aus ihr bei der Befruchtung ein Kind mit *Missbildungen* entstehen.

Die Folgen von Genschäden durch radioaktive Strahlung zeigen sich erst sehr viel später. Diese Strahlenschäden sind zufälliger Natur, d. h., sie treten nicht zwangsläufig ab einer gewissen Strahlendosis auf. Die Wahrscheinlichkeit ihres Auftretens nimmt allerdings mit Intensität und Dauer der Bestrahlung zu.

Die Empfindlichkeit der Zellen auf Genschäden durch Strahlung hängt vom Zelltyp ab: Zellen sind bei der Zellteilung besonders empfindlich. Dies hat zur Folge, dass Zellen, die sich häufig teilen, besonders empfindlich auf Strahlenschäden sind. Stark gefährdet sind deshalb Zellen im Knochenmark und Schleimhäute im Magen und Darm. Nerven und Muskelzellen sind relativ unempfindlich.

Die Äquivalentdosis misst die biologische Wirkung der radioaktiven Strahlung

Biologische Wirkung radioaktiver Strahlung, Äquivalentdosis

Radioaktive Strahlung kann Zelltod oder Genschäden bewirken. Beide *biologischen Wirkungen* sind bei der Beurteilung von Strahlenschäden mit zu berücksichtigen. Die Stärke der Schädigung durch radioaktive Strahlung hängt von der übertragenen Energie, also von der Energiedosis D ab. Die Schädigung hängt zudem von der Art der radioaktiven Strahlung ab. So hat α-Strahlung eine etwa 20-mal stärkere Wirkung auf Zellen als die gleiche Energiedosis an β- und γ-Strahlung. Um die schädigende Wirkung der radioaktiven Strahlung auf Zellen beschreiben zu können, verwendet man deshalb die *Äquivalentdosis:*

Gleichung 4.1

$$H = q \cdot D$$

Sievert

Die Äquivalentdosis ist das Produkt aus einem Bewertungsfaktor q und der Energiedosis D. Der Bewertungsfaktor q berücksichtigt die biologische Wirkung der radioaktiven Strahlung. Er wird für jeden Strahlungstyp aufgrund von Experimenten bewertet. Für α-Strahlung beträgt der Bewertungsfaktor $q = 20$, für β- und γ-Strahlung beträgt er $q = 1$. Die Äquivalentdosis H hat wie die Energiedosis D die Einheit J/kg. Um Verwechslungen zwischen Energiedosis und Äquivalentdosis zu vermeiden, hat man für die Äquivalentdosis eine eigene Einheit definiert, das *Sievert,* abgekürzt Sv:

Gleichung 4.2

$$1 \text{ Sv} = 1 \text{J/kg}$$

Wird eine Dosis in Sievert angegeben, so ist es eine Äquivalentdosis. Wird eine Dosis in Gray angegeben, so ist es eine Energiedosis. Mit der Energiedosis beschreibt man die physikalische Wirkung der radioaktiven Strahlung auf Materie, mit der Äquivalentdosis die biologische Wirkung auf Zellen.

Für die biologische Wirkung radioaktiver Strahlung ist zudem entscheidend, ob die Zelle kurzzeitig oder verteilt auf mehrere Wochen mit einer gewissen Äquivalentdosis bestrahlt wird.

Beispiel 4.1

Die natürliche Strahlenbelastung eines Menschen beträgt in der Schweiz durchschnittlich:

$$H = 4 \text{ Millisievert / Jahr} = 4 \text{ mSv / Jahr}$$

Der gesetzliche Grenzwert, mit dem die Bevölkerung in der Schweiz durch aussergewöhnliche radioaktive Quellen zusätzlich bestrahlt werden darf, beträgt:

$$H = 1 \text{ mSv / Jahr}$$

α-, β- und γ-Strahlung dringt unterschiedlich tief in den Menschen ein

Eindringtiefe der radioaktiven Strahlung

Radioaktive Strahlung ist gefährlich für Lebewesen. Welche Körperteile von der Radioaktivität geschädigt werden, hängt davon ab, wie weit die radioaktive Strahlung in den Körper eindringen kann. Man spricht von der *Eindringtiefe der radioaktiven Strahlung.*

α-Strahlung und β-Strahlung sind Teilchen, die ihre kinetische Energie bei Ionisationen beim Eindringen in den Menschen verlieren, bis sie zum Stillstand kommen. α- und β-Strahlung kann deshalb nicht beliebig tief in den Menschen eindringen. Die Eindringtiefe ist begrenzt. Die maximale Eindringtiefe in den Menschen beträgt bei α-Strahlung etwa 0.05 mm und bei β-Strahlung etwa 5 mm. α-Strahlung gelangt so nur in die obersten Hautschichten, β-Strahlung dringt bis in die Unterhaut vor (Abb. 4.2). Mit der eingeatmeten Luft kann radioaktives Material und somit auch α- und β-Strahlung aber auch in die Lunge gelangen.

Durch Ionisation wird die γ-Strahlung beim Eindringen in den Menschen abgeschwächt. Die Intensität der γ-Strahlung nimmt dadurch mit zunehmender Eindringtiefe ab. γ-Strahlung kann aber den ganzen Körper durchdringen und belasten (Abb 4.2). Da γ-Strahlung immer Lichtgeschwindigkeit hat, ist derjenige Teil der γ-Strahlung, der nicht verschluckt wurde, unvermindert schädlich.

[Abb. 4.2] Eindringtiefe der radioaktiven Strahlung

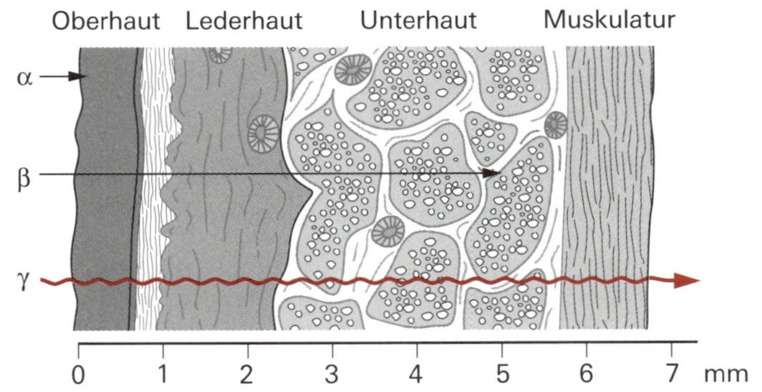

Die verschiedenen Arten radioaktiver Strahlung belasten unterschiedliche Bereiche des Körpers.

Abschirmung radioaktiver Strahlung

Da radioaktive Strahlung schädlich sein kann, müssen radioaktive Quellen *abgeschirmt* werden. Bei α-Strahlung reicht dazu z. B. schon ein Blatt Papier. Bei β-Strahlung reicht z. B. eine Plexiglasscheibe. α- und β-Strahlung werden so zu 100 % abgeschirmt. γ-Strahlung ist nicht zu 100 % abschirmbar. Auch hinter vielen Metern Blei bleibt γ-Strahlung übrig.

Halbwertsdicke

Mit der *Halbwertsdicke* beschreibt man, wie dick eine Abschirmung aus dem Material sein muss, damit nur noch die Hälfte der γ-Strahlung hindurchkommt. Die Halbwertsdicke hängt von der Energie der γ-Strahlung ab. Für Blei beträgt sie für γ-Strahlung von radioaktivem Polonium 5 cm. Für γ-Strahlung von radioaktivem Thorium beträgt sie 1.5 cm.

Radioaktive Strahlung hat zwei biologische Wirkungen, den Zelltod und Genschäden:

- Zum Zelltod kommt es, wenn durch starke radioaktive Strahlung so viele Moleküle in der Zelle in giftige Moleküle zerlegt werden, dass die Zelle stirbt. Sterben viele Zellen ab, so können ganze Organe absterben.
- Zu Genschäden kann es kommen, wenn die radioaktive Strahlung eine nachteilige Veränderung der Erbinformation bewirkt und die Veränderung von der Zelle nicht repariert wird. Bei normalen Zellen kann dies zu vermehrter Zellteilung und in der Folge zu einem Tumor führen. Bei Keimzellen kann die Schädigung der Erbinformation bei Befruchtung zu einem Kind mit Missbildungen führen.

Stärke der biologischen Schädigung: Die Stärke der biologischen Schädigung wird mit der Äquivalentdosis H beschrieben. Die Äquivalentdosis H ist das Produkt aus einem Bewertungsfaktor q, der von der Art der radioaktiven Strahlung abhängt, und der Energiedosis D. Die Masseinheit der Äquivalentdosis H ist das Sievert. Für die Stärke der biologischen Schädigung durch radioaktive Strahlung ist mit entscheidend, ob die Zellen kurzzeitig oder verteilt auf mehrere Wochen bestrahlt werden.

Der Ort der Schädigung hängt von der Eindringtiefe der radioaktiven Strahlung ab. Die maximale Eindringtiefe im Menschen beträgt bei α-Strahlung etwa 0.05 mm, bei β-Strahlung etwa 5 mm. γ-Strahlung wird durch Absorption immer schwächer, ist aber unbegrenzt.

Bei α-Strahlung reicht zur vollständigen Abschirmung z. B. ein Blatt Papier, bei β-Strahlung z. B. eine Plexiglasscheibe. γ-Strahlung wird jedoch auch durch eine dicke Bleiabschirmung nicht vollständig absorbiert.

Aufgabe 80

A] Beschreiben Sie, wie radioaktive Strahlung zum Ausfall von Organen führen kann.

B] Beschreiben Sie, wie radioaktive Strahlung zu Kindern mit Missbildungen führen kann.

Aufgabe 86

A] In welcher Einheit wird die Äquivalentdosis angegeben?

B] Bei welcher Strahlungsart ist der Unterschied zwischen Energiedosis und Äquivalentdosis am grössten?

Aufgabe 92

A] Was muss man über ein radioaktives Material wissen, um eine Abschirmung gegen radioaktive Strahlung sinnvoll planen zu können?

B] Warum ist der Umgang mit γ-Strahlung heikel?

C] Warum ist der Umgang mit α-Strahlung heikel?

4.2 Wie wird Radioaktivität in Diagnose und Therapie eingesetzt?

Nach diesem Abschnitt können Sie

- erklären, wie Radioaktivität in der Medizin für Diagnose und Therapie eingesetzt wird.

Radioaktivität wird in der Medizin für die Diagnose und Therapie von Tumoren verwendet. Radiopharmaka und Gamma-Knife werden im Folgenden als Beispiele für den Einsatz von Radioaktivität in medizinischen Diagnose- und Therapie-Methoden besprochen.

Mit Radiopharmaka können Tumore abgebildet und abgetötet werden

Radiopharmakon

Radiopharmaka sind Substanzen, die ein kurzlebiges radioaktives Nuklid enthalten. Radiopharmaka werden mit der Nahrung oder mit Spritzen in den Körper eingeschleust oder implantiert. Dort werden sie gemäss ihrer pharmazeutischen Wirkung von bestimmten Zellen, z. B. von einer bestimmten Tumorart, aufgenommen.

Krebs-Diagnostik

In der *Krebs-Diagnostik* werden Radiopharmaka eingesetzt, die γ-Strahlung aussenden. Wenn es diese Tumorart im Körper gibt, so wird sich das Radiopharmakon im Tumor ansammeln. Anhand der ausgesandten γ-Strahlung wird der Tumor lokalisiert.

Beispiel 4.2

Es gibt Moleküle, die sich vorwiegend in Knochen ablagern. In solchen Molekülen ersetzt man ein Atom durch Technetium $^{99}_{43}\text{Tc}$, das mit einer Halbwertszeit von 6 Stunden γ-Strahlung aussendet. Die aus dem Knochen kommende γ-Strahlung wird mit einer speziellen Gamma-Kamera aufgezeichnet (Abb. 4.1). Es kann so festgestellt werden, ob es irgendwo im Skelett Knochen-Tumore gibt.

Krebs-Therapie, Bestrahlungstherapie

In der *Krebs-Therapie (Bestrahlungstherapie)* werden Radiopharmaka eingesetzt, die β-Strahlung aussenden. Die kleine Eindringtiefe der β-Strahlung führt zu einer lokalen Bestrahlung und Abtötung der Tumorzellen.

Mit dem γ-Knife können Tumore im Körper ohne Operation abgetötet werden

Mit γ-Strahlung kann ein Tumor im Körper von aussen ohne chirurgischen Eingriff abgetötet werden. Es können Tumore an heiklen Stellen, wie z. B. tief im Gehirn, behandelt werden, an die man mit einem chirurgischen Eingriff nicht herankommt. Wichtig ist dabei, dass vor allem der Tumor und nicht das gesunde Gewebe bestrahlt wird.

Gamma-Knife

Im *Gamma-Knife* (engl. für Gamma-Messer) benutzt man, wie der Name schon andeutet, γ-Strahlung. Im Gamma-Knife zerfällt das Kobalt-Nuklid $^{60}_{27}\text{Co}$ durch β-Zerfall in das Nickel-

Nuklid $^{60}_{28}$Ni und in ein schnelles Elektron. Der entstehende $^{60}_{28}$Ni-Kern befindet sich nach dem β-Zerfall in einem angeregten Zustand. Beim Übergang in den Grundzustand sendet der Nickelkern γ-Strahlung aus.

Das Gamma-Knife besteht aus einer Bestrahlungseinheit und einer Patientenliege. In der Bestrahlungseinheit sind etwa 200 radioaktive $^{60}_{27}$Co-Quellen auf einer Halbkugel angeordnet. Diese Quellen strahlen γ-Strahlung in alle Richtungen ab. Um eine gezielte Bestrahlung des Patienten zu erreichen, sind die $^{60}_{27}$Co-Quellen mit Blei abgeschirmt. In die Bleiabschirmung sind Strahlenkanäle gebohrt, durch die die γ-Strahlung zum Patienten gelangen kann (Abb. 4.3). Die Strahlenkanäle aller Kobalt-Quellen sind so ausgerichtet, dass sich die austretenden γ-Strahlen an einer Stelle kreuzen. Der Kopf des Patienten wird mithilfe eines Helms so positioniert, dass der Tumor genau in der Kreuzung der Strahlen zu liegen kommt. So kann in der Kreuzung im Tumor eine Energiedosis von 3.5 Gy in einer Minute deponiert werden, ohne dass das umgebende gesunde Gewebe stark geschädigt wird. Die mittlere Bestrahlungszeit beträgt einige Minuten.

[Abb. 4.3] Querschnitt durch ein Gamma-Knife

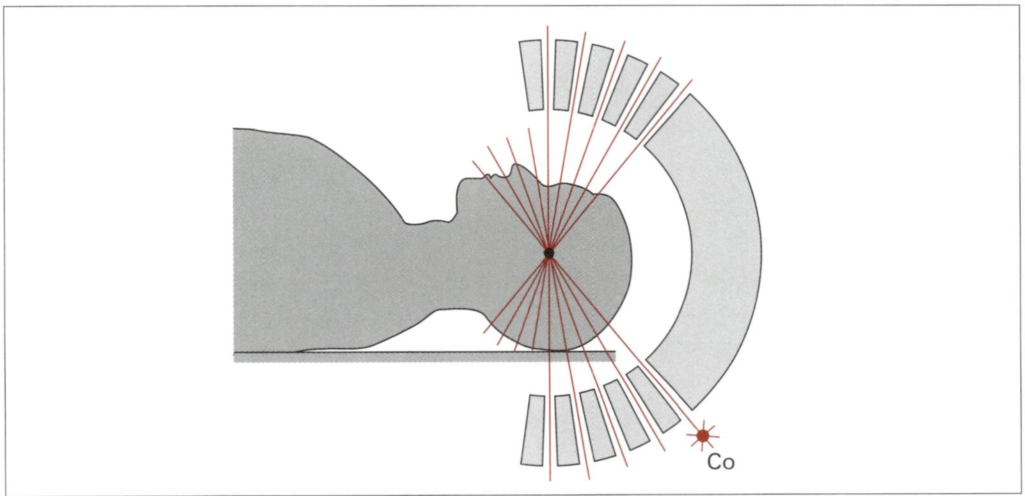

Die Strahlenkanäle sind so ausgerichtet, dass sich alle γ-Strahlung an einer Stelle kreuzt.

Radiopharmaka, die besonders stark von Tumoren aufgenommen werden, können diese im Körper durch ausgesandte γ-Strahlung sichtbar machen oder durch ausgesandte β-Strahlung gezielt zerstören. Im Gamma-Knife wird durch die Überlagerung von γ-Strahlung aus verschiedenen Richtungen nur der Ort im Körper stark bestrahlt, wo sich die γ-Strahlung aus den verschiedenen Richtungen kreuzt. Dadurch werden Tumore gezielt abgetötet.

Aufgabe 3

A] Warum verwendet man in der Diagnose Radiopharmaka, die γ-Strahlung aussenden?

B] Warum verwendet man in der Therapie Radiopharmaka, die γ-Strahlung aussenden?

Aufgabe 9

Wie wird im Gamma-Knife verhindert, dass gesundes Gewebe stark bestrahlt wird?

5 Woher stammt die Energie der Kernkraftwerke?

Die Schlüsselfragen dieses Abschnitts lauten:

- Wie und warum spaltet man Atomkerne?
- Wie funktionieren Kernkraftwerke?

Im Kernkraftwerk Gösgen in Abb. 5.1 wird Energie von Atomkernen erst in Wärme und anschliessend in elektrische Energie umgewandelt. Wir betrachten die Energieumwandlung, zu der es bei der Spaltung von Atomkernen kommt, zuerst ganz allgemein. Anschliessend schauen wir uns etwas konkreter die Funktionsweise eines Kernkraftwerks an.

[Abb. 5.1] Kernkraftwerk Gösgen

Im Kernreaktor wird durch Kernspaltung Energie der Atomkerne in Wärme verwandelt. Die Wärme wird anschliessend im konventionellen Teil mit Turbine und Generator in elektrische Energie umgewandelt. Das immer noch heisse Wasser muss nach der Turbine im Kühlturm abgekühlt werden.
Bild: David Adair / RDB

5.1 Wie und warum spaltet man Atomkerne?

Nach diesem Abschnitt können Sie

- erklären, wie man Kerne spalten kann und wie es zu einer Kettenreaktion kommt.
- berechnen, wie viel Energie bei der Kernspaltung umgewandelt wird.

Neutronenbeschuss kann einen Atomkern in zwei Atomkerne spalten

Kernspaltung

Ein Kernzerfall durch α- oder β-Zerfall passiert von alleine. Die erste vom Menschen künstlich bewirkte Spaltung eines Atomkerns *(Kernspaltung)* fand 1938 statt. Dabei wurden Atome mit Nukleonen beschossen.

Otto Hahn, Fritz Strassmann, Lise Meitner

Die beiden deutschen Chemiker und Physiker *Otto Hahn* (1879–1968) und *Fritz Strassmann* (1902–1980) beschossen das Uran-Nuklid $^{238}_{92}$U mit Neutronen. Hahn und Strassmann erwarteten, dass dadurch das Uran-Nuklid $^{239}_{92}$U entstünde. Zu ihrer grossen Überraschung konnten sie jedoch die Entstehung des Barium-Nuklids $^{145}_{56}$Ba nachweisen. Die Physikerin *Lise*

Meitner (1878–1968) fand die richtige Interpretation dieser Beobachtung: Der Uran-Kern wird durch das Neutron in zwei kleinere Atomkerne gespalten (Abb. 5.2).

[Abb. 5.2] Kernspaltung durch Neutronenbeschuss

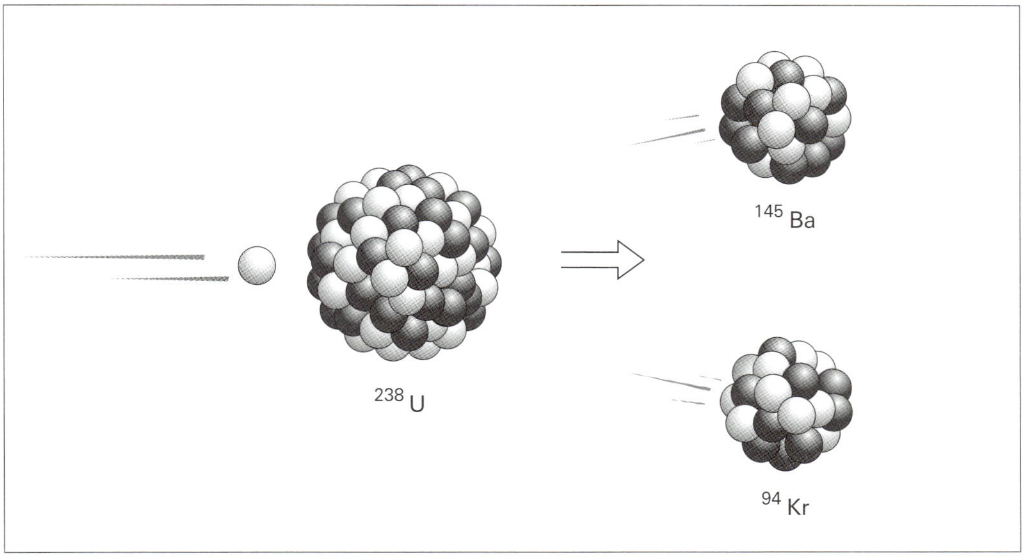

Der Uran-Kern wird durch das Neutron in einen Barium- und einen Krypton-Kern gespalten.

Die Reaktionsgleichung der in Abb. 5.2 dargestellten Kernspaltung lautet:

$$^{238}_{92}\text{U} \quad + \quad \text{Neutron} \quad \rightarrow \quad ^{145}_{56}\text{Ba} \quad + \quad ^{94}_{36}\text{Kr}$$

Der experimentelle Nachweis des Edelgases Krypton $^{94}_{36}\text{Kr}$ bestätigte Meitners Interpretation.

Spaltprodukt

Das Experiment zeigt: Schwere Atomkerne lassen sich durch Beschuss mit Neutronen in zwei leichtere Atomkerne spalten. Die entstandenen Kerne nennt man *Spaltprodukte*. Die entstehenden Spaltprodukte haben im Vergleich zur Anzahl Protonen sehr viele Neutronen und sind deshalb instabil, also radioaktiv. Die radioaktiven Spaltprodukte zerfallen meist durch β-Zerfall, bis stabile Kerne daraus geworden sind.

Einige Nuklide lassen sich besonders gut durch Neutronenbeschuss spalten

Neutronenbeschuss, langsame Neutronen

Durch *Neutronenbeschuss* kann man nicht nur das Uran-Nuklid $^{238}_{92}\text{U}$, sondern auch andere Kerne spalten. Einige Nuklide lassen sich mit besonders wenig Energie spalten. Schon vergleichsweise *langsame Neutronen* von 2500 m/s haben dann genügend Energie, um solche Nuklide zu spalten.

Wenn langsame Neutronen zur Spaltung genügen, hat man einen Vorteil: Langsame Neutronen spalten Atomkerne effizienter als schnelle. Schnelle Neutronen haben zwar erst recht genügend Energie, um den Kern zu spalten, aber bei ihnen kommt es häufiger zu einem Durchschuss. Das schnelle Neutron saust so schnell durch den Kern, dass die Kernkräfte zu wenig Zeit haben, um das Neutron einzufangen. Die zum Spalten des Kerns notwendige Energie wird dann nicht auf den Kern übertragen und es kommt in der Folge nicht zur Spaltung.

Bei der Spaltung eines Atomkerns sind verschiedene Aufspaltungen möglich. Typischerweise wird der Kern in zwei ähnlich grosse Bruchstücke gespalten. Oft werden bei der Spaltung auch noch 2 oder 3 Neutronen frei. Meistens haben die entstehenden Spaltprodukte trotz Freisetzen von Neutronen immer noch zu viele Neutronen und sind instabil, d. h. radioaktiv. Dies führt in Kernkraftwerken zum radioaktiven Abfall.

Beispiel 5.1

Wird ein $^{235}_{92}$U-Kern von einem langsamen Neutron getroffen, so ist eine Vielzahl von Aufspaltungen möglich. Er kann z. B. in einen Barium- und einen Krypton-Kern und 3 Neutronen gespalten werden (Abb. 5.3). Die Reaktionsgleichung dieser $^{235}_{92}$U-Spaltungen lautet:

$$^{235}_{92}\text{U} + \text{Neutron} \rightarrow {}^{141}_{56}\text{Ba} + {}^{92}_{36}\text{Kr} + 3\ \text{Neutronen}$$

[Abb. 5.3] Kernspaltung durch Neutronenbeschuss

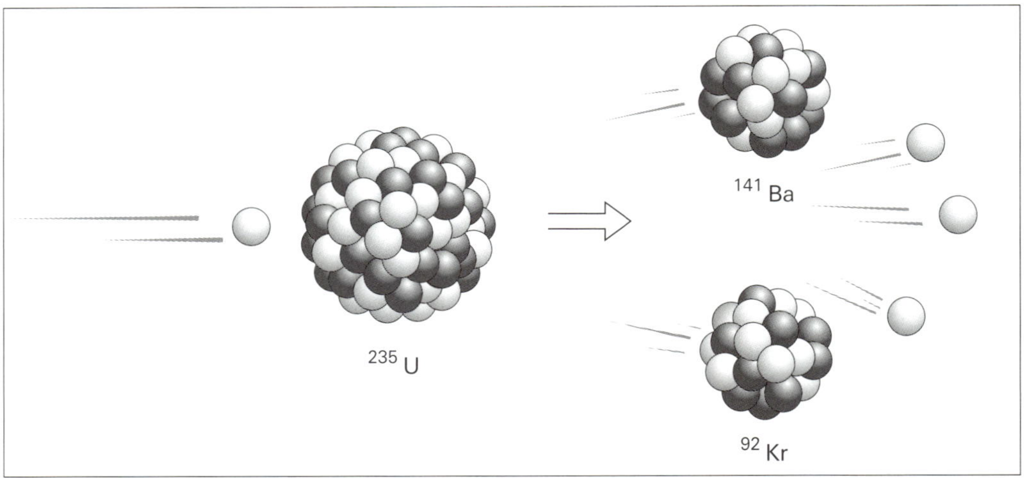

Der Uran-Kern wird durch das Neutron in einen Barium-Kern und einen Krypton-Kern gespalten, wobei auch noch 3 Neutronen frei werden.

Eine Kernspaltung kann eine Kette von weiteren Kernspaltungen auslösen

Kettenreaktion

Bei jeder Kernspaltung wird ein Neutron verschluckt und 2 oder 3 werden frei. Nach jeder Kernspaltung gibt es 1 oder 2 Neutronen mehr. Wenn die bei der Kernspaltung frei werdenden Neutronen weitere Kerne spalten, kommt es zu einer *Kettenreaktion* (Abb. 5.4).

[Abb. 5.4] Kettenreaktion

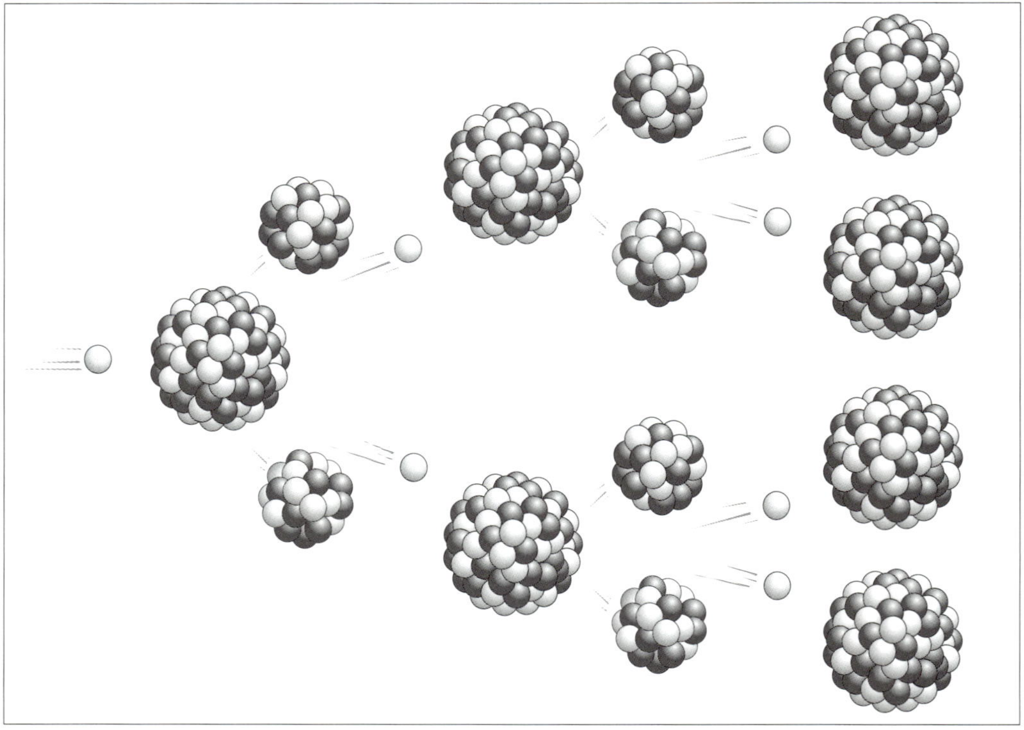

Kettenreaktion: Bei der Spaltung werden Neutronen frei, die weitere Kerne spalten können.

Wie viele der frei werdenden Neutronen wiederum Kerne spalten, bestimmt den Verlauf der Kettenreaktion:

- Wenn durchschnittlich mehr als eines der 2 oder 3 frei werdenden Neutronen einen anderen Kern spaltet, läuft die Kettenreaktion immer schneller ab. Die Anzahl pro Sekunde gespaltener Kerne nimmt exponentiell zu (Abb. 5.4).
- Wenn durchschnittlich immer nur eines der 2 oder 3 frei werdenden Neutronen einen weiteren Kern spaltet, läuft die Kettenreaktion immer gleich schnell ab.
- Wenn durchschnittlich weniger als eines der frei werdenden Neutronen einen weiteren Kern spaltet, kommt keine Kettenreaktion zustande.

Bei der Kernspaltung wird Energie von Atomkernen in Wärme umgewandelt

Wieso ist es interessant, durch Kettenreaktionen viele Atomkerne zu spalten? Wenn bei der Kernspaltung die Energie der Nukleonen abnimmt, so wird Kernenergie des Ausgangskerns in kinetische Energie der Spaltprodukte umgewandelt werden!

[Abb. 5.5] Energieumwandlung durch Kernspaltung

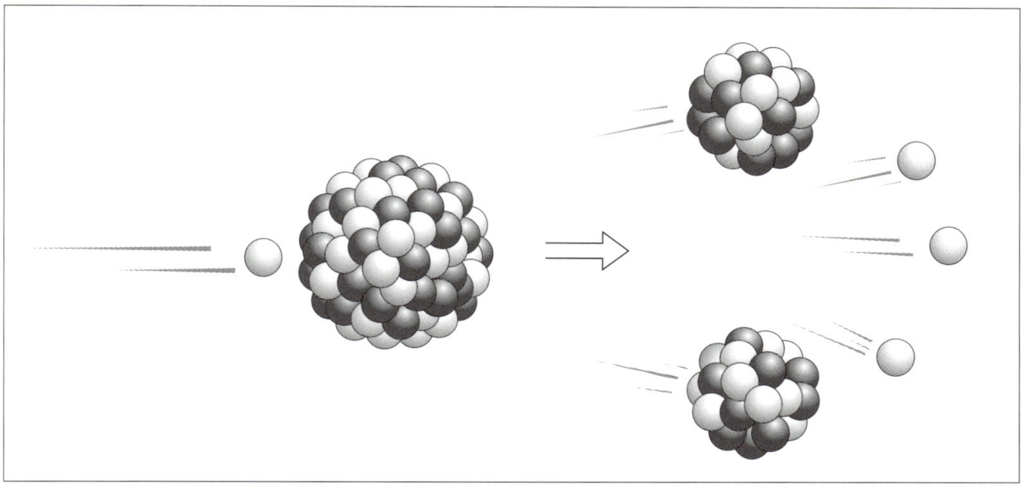

Hier wird durch Kernspaltung Kernenergie des Ausgangskerns in kinetische Energie der Spaltprodukte umgewandelt.

Kernenergie des Ausgangskerns wird in kinetische Energie der Spaltprodukte umgewandelt, wenn die Spaltprodukte eine grössere Bindungsenergie pro Nukleon haben als der Ausgangskern (Abb. 5.6). Rechnen wir nach, was z. B. bei der Spaltung eines Kerns aus 200 Nukleonen in zwei Kerne mit 80 und 120 Nukleonen passiert (Abb. 5.6): Die Bindungsenergie des Ausgangskerns aus 200 Nukleonen beträgt:

$$E_B = 200 \cdot 8 \text{ MeV} = 16\,000 \text{ MeV}$$

Die Bindungsenergie der Spaltprodukte beträgt:

$$E_B = 80 \cdot 8.8 \text{ MeV} + 120 \cdot 8.7 \text{ MeV} = 1748 \text{ MeV}$$

[Abb. 5.6] Bindungsenergie pro Nukleon

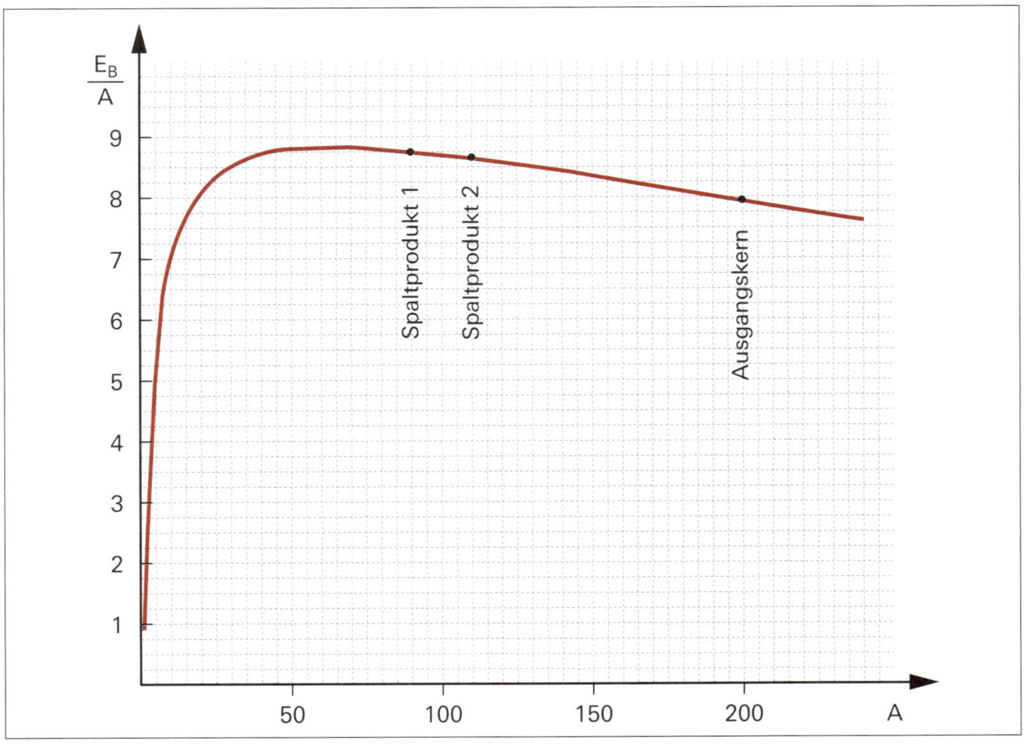

Die Bindungsenergie pro Nukleon in Einheiten von MeV. Die Bindungsenergie pro Nukleon der Nukleonen der beiden Spaltprodukte ist grösser als diejenige des Ausgangskerns.

Spaltungswärme

Die Bindungsenergie nimmt bei dieser Kernspaltung zu. Bei der Spaltung eines Kerns aus 200 Nukleonen in zwei Spaltprodukte aus 80 und 120 Nukleonen wird die Energiedifferenz 1 748 MeV – 1 600 MeV = 148 MeV in kinetische Energie der Spaltprodukte umgewandelt: Die Spaltprodukte fliegen nach der Spaltung mit grosser Geschwindigkeit auseinander (Abb. 5.5). Bei Kollisionen zwischen den Spaltprodukten und der Umgebung entsteht in der Folge Wärme. Bei der Kernspaltung wird somit Energie der Nukleonen in Wärme umgewandelt. Wir sagen: Kernenergie wird in Wärme *(Spaltungswärme)* umgewandelt.

Kernkraftwerk

In einem *Kernkraftwerk* wird dafür gesorgt, dass immer nur eines der frei werdenden Neutronen einen weiteren Kern spaltet. Die Geschwindigkeit der Kettenreaktion ist immer gleich gross, es entsteht immer gleich viel Wärme pro Sekunde. Die entstehende Wärme wird dann möglichst effizient mit einer Turbine und einem Generator in elektrische Energie umgewandelt.

Atombombe

In einer *Atombombe* wird dafür gesorgt, dass alle frei werdenden Neutronen einen anderen Kern spalten. Die Anzahl pro Sekunde gespaltener Kerne nimmt dann exponentiell zu. Es entsteht sehr schnell sehr viel Wärme. Es kommt deshalb zu einer Explosion, die auch die radioaktiven Spaltprodukte weiträumig verbreitet, wie es in Hiroshima am 6. August 1945 geschah. Damit die Spaltungsrate schnell genug zunimmt, braucht es eine Mindestmasse an spaltbarem Material, z. B. Uran oder Plutonium. Man spricht von der kritischen Masse.

Die Spaltungswärme kann man aus dem Massendefekt berechnen

Wie gross ist die kinetische Energie der Spaltprodukte, d. h., wie viel Wärme entsteht bei der Kernspaltung?

Wenn bei der Kernspaltung Kernenergie in Wärme umgewandelt werden soll, muss die Bindungsenergie der Spaltprodukte grösser sein als die Bindungsenergie des Ausgangskerns. Dies ist nur dann der Fall, wenn der Ausgangskern mehr als 56 Nukleonen hat (Abb. 5.5).

Eine Zunahme der Bindungsenergie bedeutet eine Abnahme der Energie der Nukleonen des Kerns! Eine Abnahme der Energie der Nukleonen des Kerns erkennen wir gemäss Einstein'schem $E = m \cdot c^2$ an der Abnahme der Gesamtmasse. Die Abnahme der Masse ist somit ein Mass für die kinetische Energie der Spaltprodukte (Abb. 5.7).

[Abb. 5.7] Abnahme der Gesamtmasse bei der Spaltung

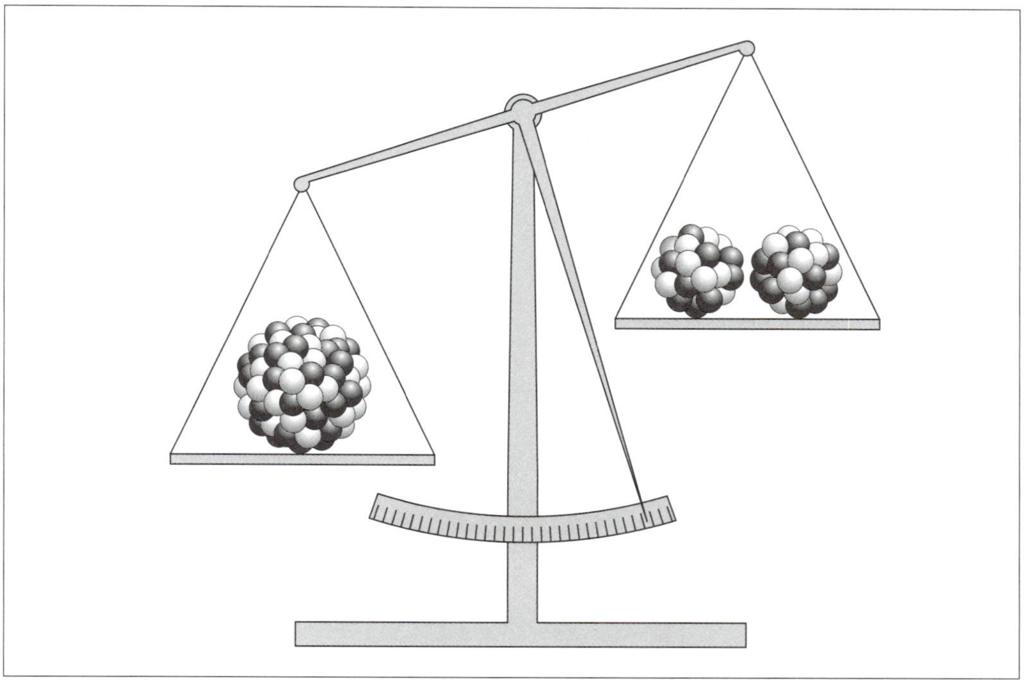

Die Abnahme der Masse (Massendefekt ΔM) ist ein Mass für die Zunahme der kinetischen Energie der Spaltprodukte.

Massendefekt bei der Spaltung

Die Abnahme der Masse bei der Spaltung bezeichnen wir als *Massendefekt* ΔM. Aus dem Massendefekt ΔM können wir die kinetische Energie E_k der Spaltprodukte und somit die bei der Spaltung entstehende Wärme Q berechnen:

Gleichung 5.1

$$E_k = Q = \Delta M \cdot c^2$$

Beispiel 5.2

Betrachten wir die Kernspaltungsreaktion:

$$^{238}_{92}\mathrm{U} + {}^{1}_{0}\mathrm{n} \rightarrow {}^{145}_{56}\mathrm{Ba} + {}^{94}_{36}\mathrm{Kr}$$

Die Masse eines Uran-Nuklids $^{238}_{92}\mathrm{U}$ beträgt $238.05 \cdot u$, die Masse eines Neutrons beträgt $1.01 \cdot u$, diejenige eines Barium-Nuklids $^{145}_{56}\mathrm{Ba}$ beträgt $144.93 \cdot u$ und die eines Krypton-Nuklids $^{94}_{36}\mathrm{Kr}$ beträgt $93.93 \cdot u$. Die Abnahme der Gesamtmasse bei der Kernspaltung beträgt folglich:

$$\Delta M = 238.05 \cdot u + 1.01 \cdot u - 144.93 \cdot u - 93.93 \cdot u = 0.2 \cdot u = 3.32 \cdot 10^{-28}\ \mathrm{kg}$$

Die kinetische Energie E_k der Spaltprodukte, d. h. die bei der Spaltung entstehende Wärme Q beträgt:

$$E_k = \Delta M \cdot c^2 = 3.32 \cdot 10^{-28}\ \mathrm{kg} \cdot (3.0 \cdot 10^8\ \mathrm{ms}^{-1})^2 = 2.99 \cdot 10^{-11}\ \mathrm{J}$$

Pro gespaltenes $^{238}_{92}\mathrm{U}$-Atom entsteht die Wärme $2.99 \cdot 10^{-11}$ J. Ein Kilogramm $^{238}_{92}\mathrm{U}$ besteht aus etwa $2.5 \cdot 10^{24}$ $^{238}_{92}\mathrm{U}$-Atomen. Wenn ein Kilogramm $^{238}_{92}\mathrm{U}$ gespalten wird, entsteht so die enorme Wärme von $7.5 \cdot 10^{13}$ J. Das Kernkraftwerk Gösgen spaltet diese Menge in etwa 7 h.

Kernspaltung: Neutronenbeschuss kann einen Atomkern in zwei Atomkerne aufspalten. Die Spaltprodukte haben im Verhältnis zur Protonenzahl meist zu viele Neutronen und sind deshalb radioaktiv. Einige Nuklide lassen sich durch langsame Neutronen spalten. Spaltungen durch langsame Neutronen sind besonders effizient. Grund: Langsame Neutronen spalten den Atomkern effizienter als schnelle, da sie mit grosser Wahrscheinlichkeit im Kern stecken bleiben und so ihre ganze kinetische Energie auf den Kern übertragen.

Bei der Spaltung eines Kerns sind unterschiedliche Aufspaltungen möglich. Typischerweise wird der Kern in zwei ähnlich grosse Spaltprodukte gespalten.

Kettenreaktionen: Meist werden bei der Spaltung auch noch 2 oder 3 Neutronen frei. Diese können eine Kettenreaktion von Spaltungen bewirken, wenn sie auf weitere Atomkerne treffen. Wie viele der frei werdenden Neutronen wieder Spaltungen bewirken, bestimmt den Verlauf der Kettenreaktion.

Energieumwandlungen bei der Kernspaltung: Bei der Kernspaltung eines Atomkerns aus mehr als 56 Nukleonen wird Kernenergie des Ausgangskerns in kinetische Energie der Spaltprodukte umgewandelt. Die kinetische Energie der Spaltprodukte wird durch anschliessende Kollisionen mit der Umgebung in Wärme umgewandelt.

Die bei der Spaltung entstehende kinetische Energie E_k bzw. Wärme Q berechnet man aus dem Massendefekt ΔM bei der Spaltung:

$$E_k = Q = \Delta M \cdot c^2$$

Aufgabe 15

Worin unterscheidet sich die Kernspaltung vom Kernzerfall?

Aufgabe 21

Wenn man mit einem langsamen Neutron einen $^{235}_{92}$U-Kern trifft, kommt es sehr wahrscheinlich zur Spaltung in zwei Atomkerne, wobei auch 2 oder 3 Neutronen frei werden.

A] Warum sind die bei der Kernspaltung entstehenden Spaltprodukte meist radioaktiv?

B] Warum spalten langsame Neutronen $^{235}_{92}$U-Kerne effizienter als schnelle?

C] Was lässt sich über die Grössenverhältnisse der Spaltprodukte aussagen?

D] Wann kommt es bei der Spaltung zu einer Kettenreaktion von Kernspaltungen?

Aufgabe 27

Bei der Spaltung eines $^{235}_{92}$U-Kerns wird Kernenergie in Wärme umgewandelt.

A] Wie viel Wärme entsteht, wenn ein $^{235}_{92}$U-Kern durch ein Neutron in einen $^{140}_{55}$Cs-Kern, einen $^{94}_{37}$Rb-Kern und 2 Neutronen gespalten wird? Die Massen der Nuklide betragen: $m_U = 235.04 \cdot u$, $m_{Cs} = 139.92 \cdot u$, $m_{Rb} = 93.93 \cdot u$. Die Masse eines Neutrons beträgt $m_n = 1.01 \cdot u$.

B] Wie viel Wärme entsteht bei der Spaltung von 1 kg $^{235}_{92}$U in $^{140}_{55}$Cs und $^{94}_{37}$Rb?

C] Wie viel grösser ist die Spaltungswärme von 1 kg Uran als die Wärme $Q = 4.3 \cdot 10^7$ J, die beim Verbrennen von 1 kg Heizöl entsteht?

5.2 Wie funktionieren Kernkraftwerke?

Nach diesem Abschnitt können Sie

- das Prinzip beschreiben, wie in Kernkraftwerken Strom erzeugt wird.
- Risiken beschreiben, die Kernkraftwerke für die Umwelt darstellen.

In der Schweiz gibt es fünf Kernkraftwerke, eines in Gösgen, eines in Leibstadt, zwei in Mühleberg und eines in Beznau, die zusammen mit 3.2 GW etwa 40 % unseres Strombedarfs decken. In diesen Kernkraftwerken wird durch die Spaltung von $^{235}_{92}$U-Kernen in einer Kettenreaktion Kernenergie erst in Wärme und dann in elektrische Energie umgewandelt.

Im Reaktorkern des Kernkraftwerks läuft die Kettenreaktion ab, wodurch Wärme entsteht. Im konventionellen Teil des Kernkraftwerks wird diese Wärme teilweise in elektrische Energie umgewandelt. Wir wollen primär verstehen, was im Reaktorkern passiert.

Aufbau des Reaktorkerns eines Kernkraftwerks

Reaktorkern

Der *Reaktorkern* enthält folgende Elemente: Brennmaterial, Moderator, Steuerstäbe und Wärmetransportmittel:

Brennstoff

- Das spaltbare Material wird im Reaktorkern durch freie Neutronen gespalten, wobei Kernenergie in Wärme umgewandelt wird. Beim spaltbaren Material spricht man vom *Brennstoff,* obwohl Kernspaltung nichts mit einer Verbrennung zu tun hat.
- Der Moderator verringert die Geschwindigkeit der bei der Spaltung entstehenden Neutronen, die dadurch effizient weitere Kerne spalten können.
- Die Steuerstäbe bestimmen die Anzahl der Neutronen im Reaktorkern und steuern so die Geschwindigkeit der Kettenreaktion, also die Geschwindigkeit, mit der Kernenergie in Wärme umgewandelt wird.
- Das Wärmetransportmittel transportiert die Wärme aus dem Reaktorkern heraus und macht sie nutzbar.

Die Reaktorkerne der etwa 450 weltweit im Einsatz stehenden Kernkraftwerke unterscheiden sich technisch in Brennmaterial, Moderatormaterial und Wärmetransportmittel. Wir besprechen im Folgenden den Druckwasserreaktor.

Im Reaktorkern wird spaltbares Material mit langsamen Neutronen gespalten

Uran, angereichertes
Uran, Brennstab

Das in der Natur vorkommende *Uran* enthält 0.7 % leicht spaltbares $^{235}_{92}$U. Der Rest ist schwierig spaltbares $^{238}_{92}$U. Damit Uran als Brennstoff verwendet werden kann, muss das $^{235}_{92}$U in einem technisch sehr aufwändigen Verfahren auf etwa 3 % angereichert werden, indem man $^{238}_{92}$U entfernt. Man spricht dann von *angereichertem Uran*. Das angereicherte Uran wird als Urandioxid (UO_2) in Form von kleinen Tabletten in lange Stäbe (Rohre) eingefüllt. Diese *Brennstäbe* sind etwa 5 m lang und haben einen Durchmesser von etwa 1 cm. 50 bis 250 dieser Brennstäbe werden zu Brennelementen zusammengefasst. Ein grosser Kernreaktor enthält über 100 Brennelemente. Insgesamt gibt es in einem Kernreaktor folglich etwa 5 000 bis 25 000 Brennstäbe mit ungefähr 75 Tonnen angereichertem Urandioxid. Jährlich wird etwa ein Viertel der Brennelemente ausgetauscht.

Die bei der Spaltung des Urans frei werdenden schnellen Neutronen müssen so weit verlangsamt werden, dass sie effizient weitere Kerne spalten können. Die Anzahl der langsamen Neutronen im Reaktorkern muss gesteuert werden, um die Geschwindigkeit der Kettenreaktion und somit die Leistung des Reaktors zu steuern. Dazu gibt es im Reaktorkern den Moderator und die Steuerelemente.

Der Moderator sorgt dafür, dass es zur Kettenreaktion kommt

Moderator

Bei der Spaltung eines ${}^{235}_{92}$U-Kerns entstehen zwei neue Kerne und meist noch 2 oder 3 Neutronen. Da bei der Kernspaltung sehr viel Kernenergie in kinetische Energie umgewandelt wird, sind die frei werdenden Neutronen sehr schnell. Da zu einer weiteren Kernspaltung langsame Neutronen viel besser geeignet sind, müssen die schnellen Neutronen für die Kettenreaktion erst abgebremst werden. Dies wird mit einem *Moderator* erreicht. Die Neutronen kollidieren elastisch mit den Kernen des Moderatormaterials. Bei den Kollisionen wird kinetische Energie der Neutronen auf die Kerne des Moderatormaterials übertragen. Nach vielen Zusammenstössen sind die Neutronen so langsam geworden, dass sie effizient weitere ${}^{235}_{92}$U-Kerne spalten.

In den meisten Kernreaktoren wird normales Wasser als Moderator verwendet. Die Brennstäbe sind einfach in Wasser eingetaucht. Die Brennstäbe sind so dünn, dass die bei einer Spaltung frei werdenden Neutronen schnell aus dem Brennstab ins Wasser gelangen. Dort werden sie durch Kollisionen verlangsamt. Sobald die langsamen Neutronen anschliessend in einen benachbarten Brennstab gelangen, führen sie zu weiteren Spaltungen (Abb. 5.8).

[Abb. 5.8] Moderator zur Verlangsamung der Neutronen

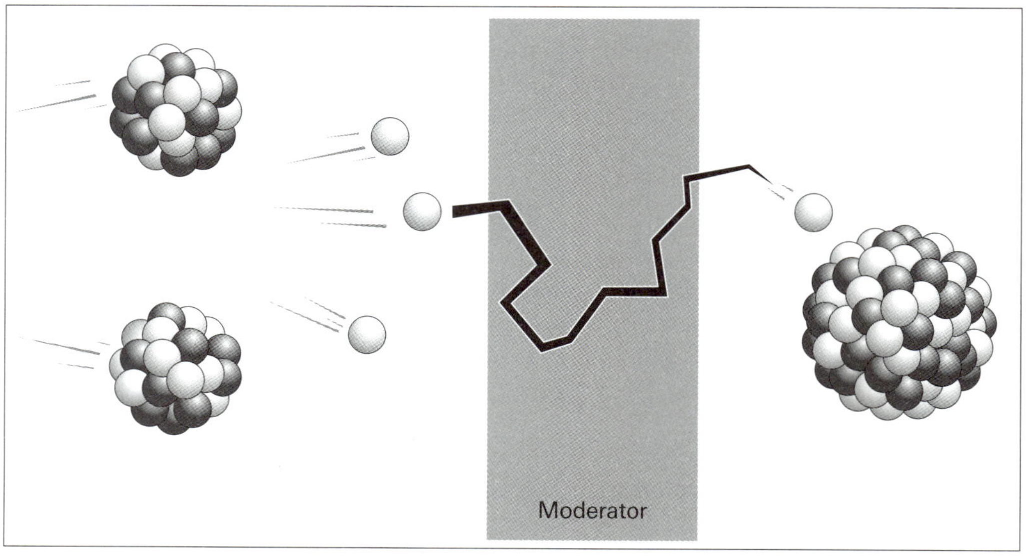

Schnelle Neutronen werden durch Kollisionen mit Wasser abgebremst.

Erst durch den Moderator ist die Wahrscheinlichkeit einer weiteren Spaltung so gross, dass es im Kernreaktor zu einer Kettenreaktion kommt. Wenn die Brennstäbe nicht von einem Moderator umgeben sind, kommt es zu keiner Kettenreaktion. Das Uran in den Brennstäben macht ohne Moderator nur α-Zerfälle.

Steuerstäbe bestimmen die Geschwindigkeit der Kettenreaktion

Tschernobyl

Nach der Verlangsamung der Neutronen muss ihre Anzahl genau gesteuert werden. Wenn es zu viele langsame Neutronen hat, werden immer mehr Uran-Kerne gespalten. Die Kettenreaktion läuft dann immer schneller ab, wodurch schnell sehr viel Kernenergie in Wärme umgewandelt wird. Wenn dies passiert, kann der Reaktorkern schmelzen, wodurch im schlimmsten Fall wie 1986 beim katastrophalen Unfall in *Tschernobyl* die radioaktiven Spaltprodukte aus dem Kernkraftwerk in die Umwelt gelangen können. Wenn es zu wenig Neutronen hat, so hört die Kettenreaktion schnell auf.

Steuerstab

Man muss dafür sorgen, dass die Zahl der langsamen Neutronen immer gleich gross bleibt. Dies erreicht man mit den *Steuerstäben,* die aus einem Material bestehen, dessen Atomkerne Neutronen effizient verschlucken (absorbieren) können. Steuerstäbe bestehen meist aus Bor oder Kadmium. Die Steuerstäbe können zwischen die Brennstäbe geschoben werden. Wenn die Steuerstäbe vollständig zwischen den Brennstäben sind, werden alle langsamen Neutronen von ihnen verschluckt und die Kettenreaktion hört auf (Abb. 5.9).

[Abb. 5.9] Steuerstäbe zur Absorption der Neutronen

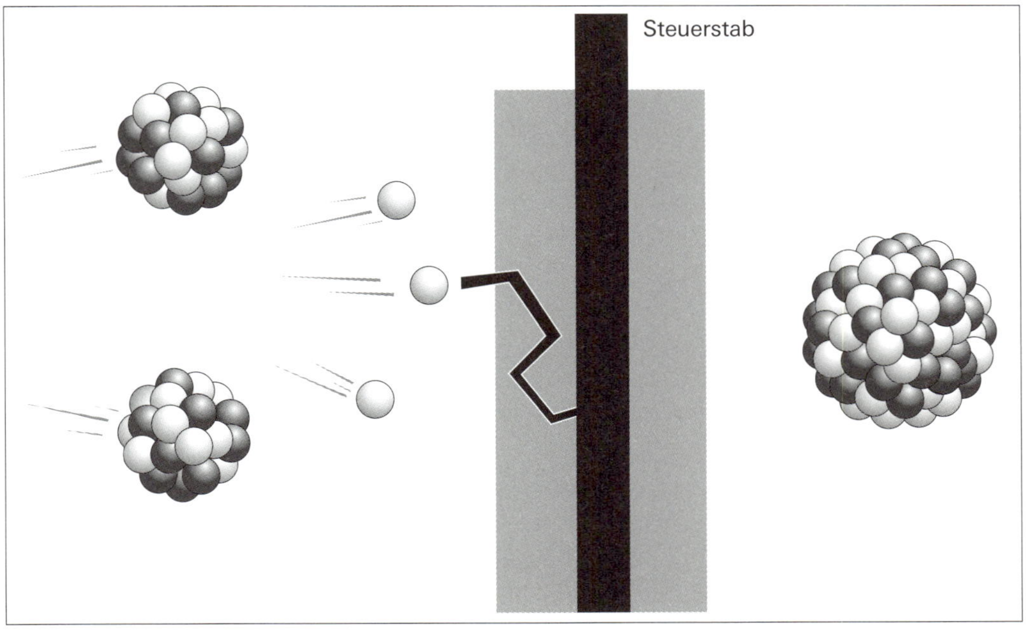

Die Zahl der langsamen Neutronen wird durch Ein- und Ausfahren der Steuerstäbe geregelt.

Durch teilweises Einschieben der Steuerstäbe kann die Anzahl Neutronen, die weitere Spaltungen bewirken, nach Wunsch eingestellt werden. Im Mittel sollte eines der bei der Spaltung frei werdenden Neutronen eine weitere Kernspaltung bewirken, damit es zu einer immer gleich schnell ablaufenden Kettenreaktion kommt.

Das Wärmetransportmittel bringt die Wärme vom Reaktorkern zur Turbine

Druckwasserreaktor, Wärmetransportmittel

Die Spaltprodukte (Atomkerne und Neutronen) fliegen mit grosser Geschwindigkeit auseinander. Die kinetische Energie der Spaltprodukte wird durch Stösse (Kollisionen) mit Brennstoff und Moderator in Wärme umgewandelt. Die Wärme muss ständig aus dem Reaktorkern abtransportiert werden. In *Druckwasserreaktoren* übernimmt das Moderatormaterial Wasser gleichzeitig auch die Rolle des *Wärmetransportmittels*. Das Wasser wird vom heissen Brennstoff siedend heiss. In Druckwasserreaktoren wird das Wasser durch fehlenden Platz daran gehindert, zu verdampfen. Das Wasser wird ohne zu verdampfen auf 300 °C erhitzt.

Turbine und Generator wandeln die Spaltwärme in elektrische Energie um

Primärer Wasserkreislauf, sekundärer Wasserkreislauf

Die Wärme des 300 °C heissen Wassers im Reaktorkern wird mithilfe eines Wärmeaustauschers an einen sekundären Wasserkreislauf ausserhalb des Reaktorkerns übertragen. Dies verhindert, dass sich der Reaktorkern überhitzt, und macht die Wärme ausserhalb des Reaktorkerns nutzbar. Der *primäre Wasserkreislauf* im Reaktorkern ist vollständig getrennt vom *sekundären Wasserkreislauf*, um sicherzustellen, dass kein radioaktives Material aus dem Reaktorkern gelangt (Abb. 5.10).

[Abb. 5.10] Druckwasser-Kernkraftwerk

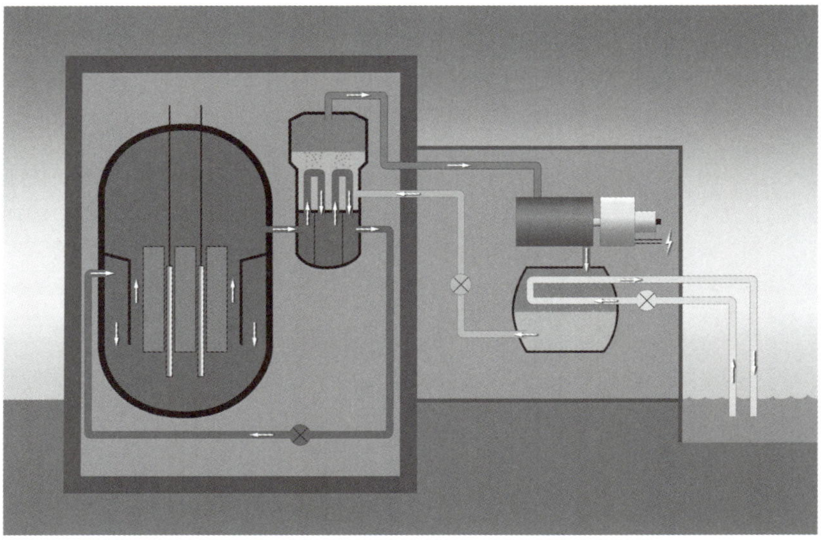

Schematischer Aufbau eines Druckwasser-Kernkraftwerks mit seinen zwei getrennten Wasserkreisläufen. Bild: Science Photo Library

Dampfturbine, Stromgenerator

Das Wasser ausserhalb des Reaktorkerns verdampft beim Kontakt mit dem 300 °C heissen Wasser des Reaktorkerns. Der Wasserdampf treibt eine *Dampfturbine* an, die mit einem *Stromgenerator* verbunden ist. Die elektrische Energie kann anschliessend über Stromleitungen zum Verbraucher transportiert werden.

Kühlturm

Der kondensierte Wasserdampf muss nach der Dampfturbine weiter abgekühlt werden. Dies geschieht in den über hundert Meter hohen *Kühltürmen* (Abb. 5.1). Das kondensierte warme Wasser kann in Fernwärmeheizungen auch zum Heizen von Häusern genutzt werden.

Beispiel 5.3

Im jüngsten Kernkraftwerk der Schweiz in Leibstadt wird im Reaktorkern jede Sekunde etwa 3.6 GJ Kernenergie in Wärme umgewandelt. Dies entspricht einer Leistung von 3.6 GW. Jede Sekunde wird im konventionellen Teil des Kernkraftwerks die Wärme mit einem Wirkungsgrad von 30 % in 1.1 GJ elektrische Energie umgewandelt. Die elektrische Leistung von Leibstadt ist so 1.1 GW.

Die Hauptrisiken von Kernkraftwerken sind Unfälle und radioaktive Abfälle

Enrico Fermi

Nur drei Jahre nach der Entdeckung der Kernspaltung, also im Jahre 1941, gelang es *Enrico Fermi* und seinem Team, zu militärischen Zwecken eine kontrollierte Kettenreaktion in Gang zu bringen. Es dauerte weitere 15 Jahre, bis das erste Kernkraftwerk in England in Betrieb genommen wurde. Bis in die Siebzigerjahre glaubte man, dass die Kernenergie die Energieprobleme der Menschheit lösen würde. Die Energieausbeute bei der Kernspaltung ist hoch, der Rohstoff Uran ist reichlich vorhanden.

Risiken von Kernkraftwerken

Kernkraftwerke sind jedoch auch mit schwer wiegenden *Risiken* behaftet. Die Reaktorkatastrophe 1986 in Tschernobyl zeigte: In der Praxis kommt es zu katastrophalen Unfällen. Die Unfall-Wahrscheinlichkeit und das Ausmass der Katastrophe hängen von der Bauweise und dem Betrieb des Kernreaktors ab. Kernkraftwerke unterscheiden sich im verwendeten Brennstoff, Moderatormaterial, Kühlmittel, in den Sicherheitselementen, die in Störfällen die Kettenreaktion abbrechen, und in den Menschen, die am Steuerpult des Kernkraftwerks sitzen. Es ist deshalb schwierig, das Unfallrisiko bei einem KKW mit einer Zahl anzugeben.

Katastrophaler Unfall

Wenn es bei einem *katastrophalen Reaktorunfall* zu einer Zerstörung der Umhüllung (Betonabschirmung) des Reaktorkerns kommt, treten stark radioaktive Spaltprodukte aus. Mit dem Wind werden diese grossräumig verteilt. Grosse Gebiete werden dann mit enormen Mengen von radioaktivem Material verseucht. Im Zusammenhang mit der Tschernobyl-Katastrophe starben zehntausende Menschen an den direkten oder indirekten Folgen und über hunderttausend Menschen mussten umgesiedelt werden. In der Schweiz, die 1 600 km von Tschernobyl entfernt ist, erhöhte sich die Strahlenbelastung im Jahr nach dem Unfall um 5 % bis 10 %. Da die Folgen einer Reaktorkatastrophe länderübergreifend sind, ist die bauliche und betriebliche Sicherheit von bestehenden Kernkraftwerken über die Landesgrenze hinaus von grossem Interesse.

Neben dem Unfallrisiko stellen die bei der Kernspaltung entstehenden radioaktiven Spaltprodukte ein Entsorgungsproblem dar:

- Nach einer Betriebsdauer von drei bis vier Jahren ist ein Brennstab verbraucht: Der Anteil an spaltbarem $^{235}_{92}$U ist dann von anfänglich 3 % auf unter 1 % gefallen. Dafür enthält der Brennstab Spaltprodukte, z. B. Barium, Krypton, Cäsium und Rubidium. Diese Spaltprodukte sind instabil und machen α- oder β-Zerfälle, was Radioaktivität bewirkt. Auch ihre Zerfallsprodukte sind nach einem α- oder β-Zerfall noch nicht stabil und zerfallen weiter, was weitere Radioaktivität bedeutet. Es kommt zu langen Zerfallsreihen, wobei die unterschiedlichen Zerfallsprodukte teils kurze und teils lange Halbwertszeiten haben. Zerfallsprodukte mit kurzen Halbwertszeiten haben kurzfristig eine grosse spezifische Aktivität. Zerfallsprodukte mit langen Halbwertszeiten haben langfristig eine kleine spezifische Aktivität.
- Neben dem $^{235}_{92}$U hat sich auch das $^{238}_{92}$U unter dem Neutronenbeschuss verändert. Die langsamen Neutronen haben zu wenig Energie, um $^{238}_{92}$U zu spalten, und bleiben einfach stecken. Man spricht von Neutroneneinfang. Nach dem Neutroneneinfang folgen hintereinander zwei β-Zerfälle und es entsteht das instabile und ebenfalls leicht spaltbare Plutonium-Nuklid $^{239}_{94}$Pu. Durch Neutroneneinfang verschiedener Nuklide im Brennstab und seiner Umgebung entsteht eine ganze Reihe meist radioaktiver Kerne. Diese radioaktiven Kerne und die radioaktiven Spaltprodukte bilden den radioaktiven Abfall.

Radioaktiver Abfall

Die im Reaktorkern entstehenden Spalt- und Zerfallsprodukte bilden den stark *radioaktiven Abfall,* dessen Lagerung anspruchsvoll ist. Er ist wegen der grossen Halbwertszeiten einiger entstandener Nuklide lange radioaktiv. In der Schweiz ist deshalb vorgesehen, die radioaktiven Abfälle langfristig unterirdisch in stabilen Gesteinsschichten zu lagern. Es muss dafür gesorgt werden, dass das radioaktive Material nie mehr unkontrolliert aus dem Lager herauskommt. Die sichere Lagerung von gefährlichen Abfällen über Zeiträume von mehreren tausend Jahren ist ein vom Menschen noch nie durchgeführtes Unterfangen.

Wir haben die Risiken der Kernenergie angedeutet. Beachten Sie an dieser Stelle, dass andere Energiequellen (z. B. fossile Brennstoffe) ebenfalls Risiken (z. B. Treibhauseffekt) darstellen. Die Diskussion um die Energiebedürfnisse der Menschheit und die längerfristige Deckung dieser Bedürfnisse werden Sie immer wieder antreffen. Sie kennen nun die beiden Hauptrisiken von Kernkraftwerken: Kernreaktorunfälle und Lagerung der für lange Zeit radioaktiven Abfälle.

Energieumwandlungen in Kernkraftwerken: Im Reaktorkern des Kernkraftwerks läuft eine Kettenreaktion von Kernspaltungen ab, bei der Kernenergie in Wärme umgewandelt wird. Im konventionellen Teil des Kernkraftwerks wird die Wärme teilweise in elektrische Energie umgewandelt.

Der Reaktorkern enthält folgende Elemente: Brennmaterial, Moderator, Steuerstäbe und Wärmetransportmittel:

- Das spaltbare Material wird im Reaktorkern durch freie Neutronen gespalten, wobei Kernenergie in Wärme umgewandelt wird.
- Der Moderator verringert die Geschwindigkeit der bei der Spaltung entstehenden schnellen Neutronen, die dadurch effizient weitere Kerne spalten können.
- Die Steuerstäbe bestimmen die Anzahl der Neutronen im Reaktorkern und steuern so die Geschwindigkeit der Kettenreaktion, und damit auch die Geschwindigkeit, mit der Kernenergie in Wärme umgewandelt wird.
- Das Wärmetransportmittel holt die Wärme aus dem Reaktorkern heraus und macht sie nutzbar.

Die Reaktorkerne der etwa 450 weltweit im Einsatz stehenden Kernkraftwerke unterscheiden sich technisch in Brennmaterial, Moderatormaterial, Steuerstäben und Wärmetransportmittel.

Kernkraftwerke sind mit schwer wiegenden Risiken behaftet. Die Hauptrisiken von Kernkraftwerken sind Unfälle im Reaktorkern, bei denen stark radioaktive Spaltprodukte austreten können, und die Lagerung der für lange Zeit radioaktiven Abfälle.

Aufgabe 33

Beantworten Sie folgende Fragen möglichst allgemein.

A] Was ist der Zweck eines Kernkraftwerks?

B] Wozu dient der Reaktorkern eines Kernkraftwerks?

C] Wozu dienen die Turbinen und Generatoren eines Kernkraftwerks?

Aufgabe 39

Beantworten Sie folgende Fragen zu einem Druckwasserreaktor.

A] Wozu dient der Brennstoff, aus welchem Material besteht er?

B] Wozu dient der Moderator, aus welchem Material besteht er?

C] Wozu dienen die Steuerstäbe, aus welchem Material bestehen sie?

D] Wozu dient das Wärmetransportmittel, woraus besteht es?

Aufgabe 45

Schildern Sie die beiden folgenden Hauptrisiken von Kernkraftwerken:

A] Unfallrisiko

B] Radioaktive Abfälle

6 Woher stammt die Energie des Sonnenlichts?

Die Schlüsselfragen dieses Abschnitts lauten:

- Was passiert bei Fusionsreaktionen?
- Wie wird die Sonne zum Leuchten gebracht?

Kernfusion

Zwei Atomkerne können zu einem grösseren Atomkern verschmelzen. Bei diesem Verschmelzen von Atomkernen spricht man von *Kernfusion*. Bei der Verschmelzung von zwei leichten Kernen nimmt die Bindungsenergie zu, wodurch Energie an die Umgebung abgegeben wird. Bei der Kernfusion leichter Atomkerne wird somit Kernenergie in andere Energieformen umgewandelt, in γ-Strahlung oder kinetische Energie der Fusionsprodukte. Im Alltag treffen wir Fusionsreaktionen nicht an, denn die Temperatur muss extrem hoch sein, damit Kernfusionen stattfinden. Im Inneren der Sonne (und anderer Sterne) ist die Temperatur so hoch, dass es ständig zu Fusionen kommt. Die bei der Fusion umgewandelte Energie bringt die Sonne und andere Sterne zum Leuchten. Technisch versucht man in Fusionsreaktoren durch Verschmelzen von Atomkernen, Kernenergie erst in kinetische Energie der Fusionsprodukte und dann in elektrische Energie umzuwandeln. Die Nutzung dieser Energiequelle ist jedoch technisch sehr schwierig und seit langem in der Entwicklung.

[Abb. 6.1] Im Zentrum der Sonne finden Kernfusionen statt

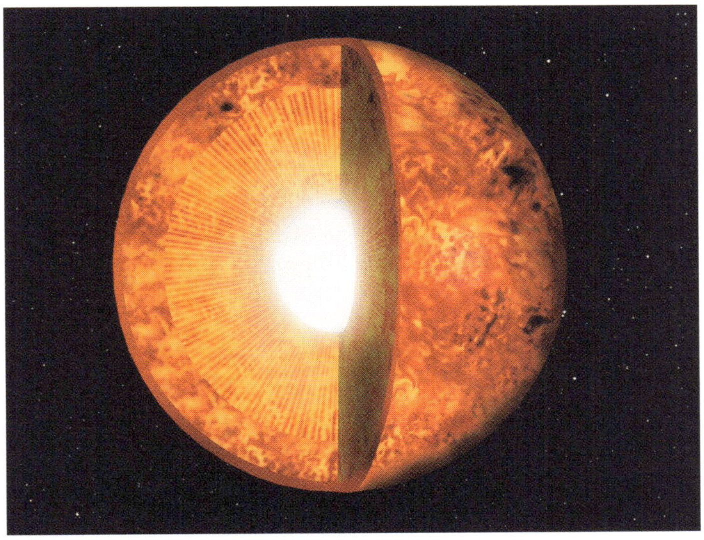

Die bei der Fusion umgewandelte Energie bringt die Sonne zum Leuchten.
Bild: Mehau Kulyk / Science Photo Library

6.1 Was passiert bei Fusionsreaktionen?

Nach diesem Abschnitt können Sie

- berechnen, wie viel Energie bei der Kernfusion umgewandelt wird.
- beschreiben, unter welchen Bedingungen Kernfusionen stattfinden.

Bei der Kernfusion wird Kernenergie in γ-Strahlung und kinetische Energie umgewandelt

Was passiert, wenn zwei Atomkerne verschmelzen? Wir überlegen uns als Erstes, wie sich die Energie der an der Fusion beteiligten Atomkerne ändert. Dies tun wir anhand von Abb. 6.2, in der die Bindungsenergie E_B pro Nukleon für Atomkerne mit unterschiedlicher Nukleonenzahl dargestellt ist. Die eingezeichneten Ausgangskerne und das Fusionsprodukt lassen erkennen, dass die Bindungsenergie des Fusionsprodukts grösser ist als diejenige der beiden verschmolzenen Ausgangskerne.

[Abb. 6.2] Bindungsenergie pro Nukleon

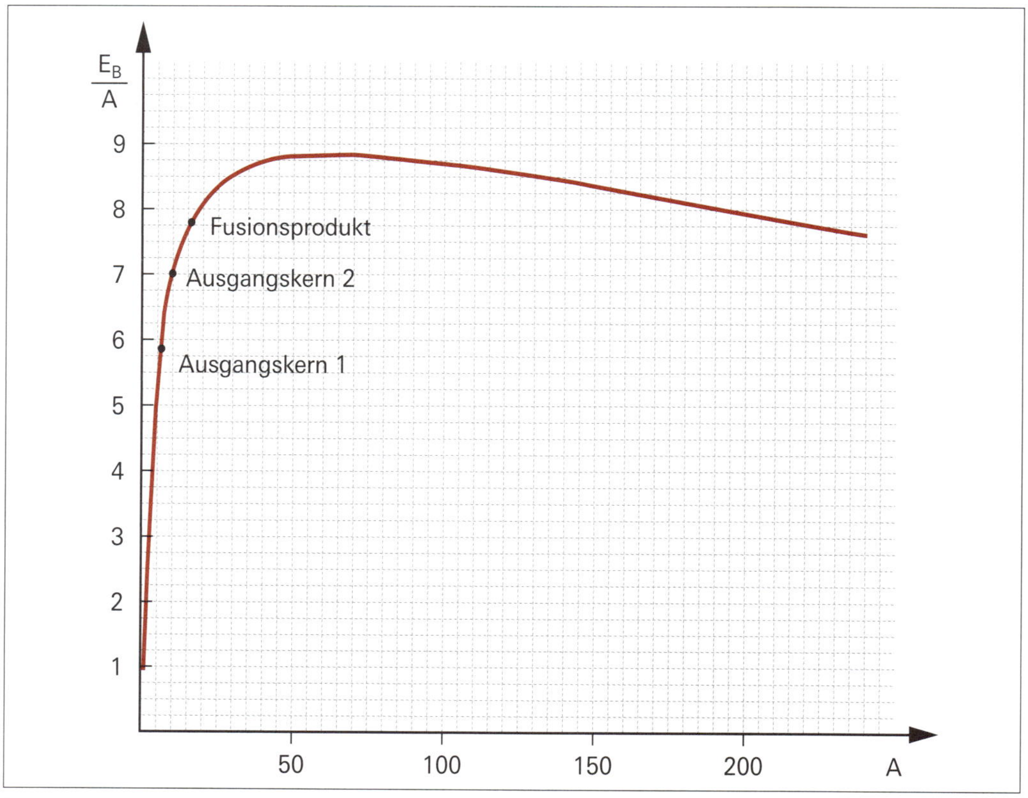

Die Bindungsenergie pro Nukleon in Einheiten von MeV. Bei der Fusion der beiden leichten Ausgangskerne nimmt die Bindungsenergie pro Nukleon zu.

Abb. 6.2 zeigt uns: Solange der bei der Verschmelzung entstehende Kern weniger als $A = 56$ Nukleonen hat, nimmt die Bindungsenergie pro Nukleon bei der Fusion zu. Eine Zunahme der Bindungsenergie pro Nukleon bedeutet, dass das Fusionsprodukt stärker gebunden ist als die beiden Ausgangskerne. Der bei der Fusion entstehende Kern hat weniger Kernenergie als die beiden Ausgangskerne zusammen.

Wenn das Fusionsprodukt weniger Kernenergie hat als die beiden Ausgangskerne zusammen, wird bei der Fusion Energie an die Umgebung abgegeben. Dies kann beispielsweise geschehen, indem bei der Fusion Strahlung ausgesandt wird (Abb. 6.3). In diesem Fall wird bei der Fusion Kernenergie in Strahlung umgewandelt.

[Abb. 6.3] Kernfusion

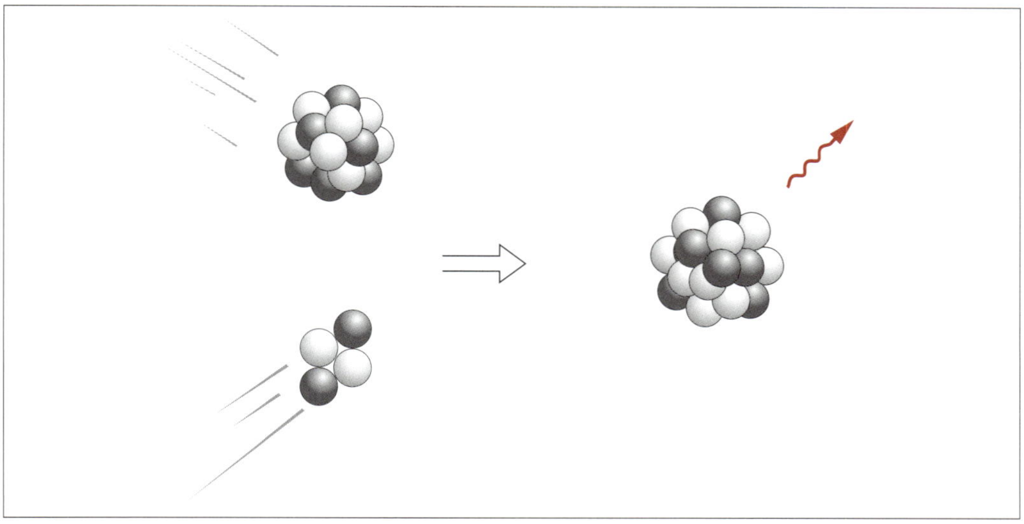

Hier wird beim Verschmelzen leichter Atomkerne Kernenergie in Strahlung umgewandelt.

Beispiel 6.1

Ein Helium-Kern kann mit einem Kohlenstoff-Kern fusionieren. Dabei entsteht ein Sauerstoff-Kern und γ-Strahlung:

$$ {}^{4}_{2}\mathrm{He} \quad + \quad {}^{12}_{6}\mathrm{C} \quad \rightarrow \quad {}^{16}_{8}\mathrm{O} \quad + \quad \gamma\text{-Strahlung} $$

Beim Verschmelzen zweier Atomkerne kann es auch vorkommen, dass der neu entstandene Kern gleich ein Neutron aussendet. Die Energie, die die verschmelzenden Kerne an die Umgebung abgeben müssen, kann dann vom Neutron in Form von kinetischer Energie mitgenommen werden. Auch hier wird Kernenergie in kinetische Energie umgewandelt.

Beispiel 6.2

Bei der Verschmelzung eines Deuterium-Kerns (${}^{2}_{1}$H) und eines Tritium-Kerns (${}^{3}_{1}$H) entsteht der Helium-Kern ${}^{4}_{2}$He und ein schnelles Neutron.

$$ {}^{2}_{1}\mathrm{H} \quad + \quad {}^{3}_{1}\mathrm{H} \quad \rightarrow \quad {}^{4}_{2}\mathrm{He} \quad + \quad \text{schnelles Neutron} $$

Kernenergie

Allgemein gilt fürs Verschmelzen zweier Kerne: Entsteht beim Verschmelzen zweier Kerne ein Kern mit weniger als 56 Nukleonen, wird Energie in Form von Strahlung oder kinetischer Energie an die Umgebung abgegeben. *Kernenergie* der verschmelzenden Ausgangskerne wird in Strahlung oder kinetische Energie der Fusionsprodukte umgewandelt.

Der Massendefekt ist ein Mass für die bei der Fusion umgewandelte Energie

Wie gross ist die Energie, die bei der Fusion an die Umgebung abgegeben wird, d. h., wie viel Kernenergie wird bei der Fusion in eine andere Energieform umgewandelt?

Massendefekt bei der Fusion

Energie wird an die Umgebung abgegeben, weil die Energie der Kerne bei der Fusion abnimmt (Abb. 6.4). Diese Abnahme der Energie der Kerne schlägt sich gemäss Einstein'schem $E = m \cdot c^2$ in einer Abnahme ihrer Gesamtmasse, also in einem Massendefekt nieder. Bei einem *Massendefekt* ΔM durch die Fusion beträgt die abgegebene Energie E:

Gleichung 6.1

$$E = \Delta M \cdot c^2$$

Wenn der Massendefekt ΔM bei der Fusion bekannt ist, können wir die an die Umgebung abgegebene Energie E leicht berechnen.

[Abb. 6.4] Abnahme der Gesamtmasse bei der Fusion

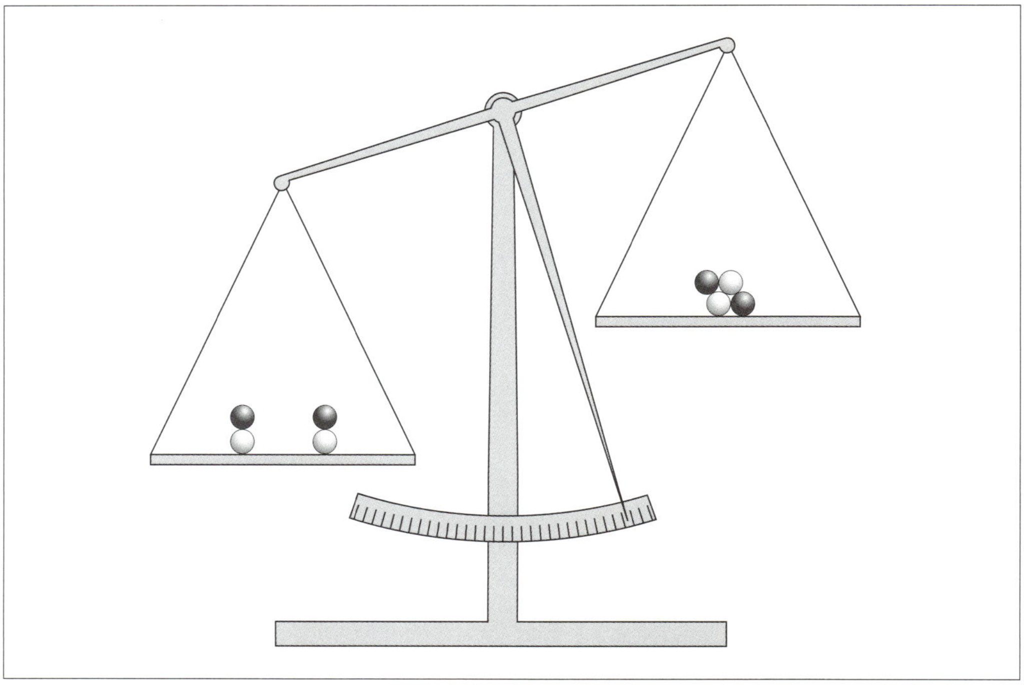

Bei der Fusion ist die Abnahme der Kernenergie am Massendefekt erkennbar.

Beispiel 6.3

Wir betrachten folgende Kernfusionsreaktion:

$$^{12}_{6}C \quad + \quad ^{1}_{1}H \quad \rightarrow \quad ^{13}_{7}N \quad + \quad \gamma\text{-Strahlung}$$

Die Masse eines $^{12}_{6}$C-Kerns beträgt $m_C = 12.00 \cdot u$, die Masse eines $^{1}_{1}$H-Kerns $m_H = 1.0078 \cdot u$, die Masse eines $^{13}_{7}$N-Kerns $m_N = 13.0057 \cdot u$. Der Massendefekt bei der Fusion beträgt:

$$\Delta M = 0.0021 \cdot u = 3.5 \cdot 10^{-30}\ \text{kg}$$

Die Energie der ausgesandten Strahlung beträgt dann:

$$E = \Delta M \cdot c^2 = 3.5 \cdot 10^{-30}\ \text{kg} \cdot (3.0 \cdot 10^8\ \text{m/s})^2 = 3.2 \cdot 10^{-13}\ \text{J} = 2.0\ \text{MeV}$$

Bei einer derart energiereichen Strahlung handelt es sich um γ-Strahlung. Bei der Fusion eines $^{12}_{6}$C-Kerns mit einem $^{1}_{1}$H-Kern werden $3.2 \cdot 10^{-13}$ J in Form von γ-Strahlung an die Umgebung abgegeben.

Nur bei extrem hohen Temperaturen kommt es zu Kernfusionen

Kernfusionen finden nicht einfach so statt. Der Grund: Alle Atomkerne enthalten Protonen und sind deshalb positiv geladen. Atomkerne stossen sich deshalb gegenseitig mit der elektrischen Kraft ab. Zwei Kerne verschmelzen deshalb erst, wenn sie sich so nahe gekommen sind, dass die stark anziehende Kernkraft zwischen ihnen wirkt und sie aneinander kleben lässt. Um die anfängliche Abstossung zu überwinden, müssen die beiden Kerne so schnell aufeinander zufliegen, dass die elektrische Kraft die Annäherung nicht stoppen kann, bevor die anziehende Kernkraft zu wirken beginnt.

Thermonuklearer Prozess

Bei hohen Temperaturen weisen Atome und somit auch Atomkerne eine grosse Geschwindigkeit auf. Wenn ein Gas (Plasma) eine Temperatur von etwa 10 Millionen Grad Celsius hat, ist die thermische Geschwindigkeit der Atomkerne so gross, dass die elektrische Kraft sie nicht davon abhalten kann, sich zu vereinen. Zu Kernfusionen kommt es also, wenn die

Temperatur des Gases mindestens etwa 10 Millionen Grad Celsius ist. Man nennt die Kernfusion deshalb einen *thermonuklearen Prozess* (griech. thermós – warm). Die Kernspaltung ist im Gegensatz dazu von der Temperatur der Atomkerne unabhängig.

In Fusionsreaktoren versucht man, die Kerne zu verschmelzen, um so Kernenergie erst in Wärme und anschliessend in elektrische Energie umzuwandeln. Um Kernfusionen zu erzwingen, müssen die Kerne auf 10 Millionen Grad aufgeheizt werden. Bis heute ist dies nur in Forschungsreaktoren gelungen, in denen die damit verbundenen technischen Probleme studiert werden sollen. Die grössten Probleme sind:

- Es gibt kein Material, das beim Kontakt mit dem 10 Millionen heissen Gas nicht schmelzen würde. Man muss das 10 Millionen heisse Gas (Plasma) mithilfe von Magneten frei schwebend halten.
- Um das Gas auf eine solche Temperatur aufzuheizen, braucht es eine grosse Menge Energie. Um einen Fusionsreaktor zu betreiben, muss dem Reaktor vorerst Energie zugeführt werden. Damit der Fusionsreaktor anschliessend bei den Fusionen mehr Energie abgibt, als vorher zugeführt wurde, müssen Kernfusionen genügend häufig sein. Dazu muss die Dichte des Gases gross genug sein.

Fusionsreaktoren

In *Fusionsreaktoren* wird Deuterium und Tritium zu Helium verschmolzen.

$$ {}^{2}_{1}\mathrm{H} \quad + \quad {}^{3}_{1}\mathrm{H} \quad \rightarrow \quad {}^{4}_{2}\mathrm{He} \quad + \quad \text{schnelles Neutron} $$

Das bei dieser Fusion entstehende Helium ist nicht radioaktiv. Den Brennstoff Deuterium gibt es in grossen Mengen und das instabile Tritium kann künstlich hergestellt werden. Fusionsreaktoren sind deshalb eine attraktive Energiequelle. Es kann aber noch Jahrzehnte dauern, bis die Kernfusion zur kommerziellen Energieerzeugung eingesetzt werden kann. In der Sonne laufen Kernfusionen hingegen schon seit 4.5 Milliarden Jahren ununterbrochen ab.

[Abb. 6.5] Kernfusion

In der Sonne laufen Kernfusionen seit 4.5 Milliarden Jahren ununterbrochen ab.

TEIL B ANWENDUNGEN DER KERNPHYSIK

Energieumwandlung bei der Kernfusion: Zwei Kerne können verschmolzen werden. Falls der neue Kern aus weniger als 56 Nukleonen besteht, wird dabei ein Teil der Kernenergie der beiden Ausgangskerne in Strahlung oder kinetische Energie der Fusionsprodukte umgewandelt. Die bei der Fusion umgewandelte Energie E wird aus dem Massendefekt ΔM bei der Fusion berechnet:

$$E = \Delta M \cdot c^2$$

Bedingung für Kernfusionen: Zwei Atomkerne verschmelzen nur, wenn sie so schnell aufeinander zurasen, dass sie sich trotz der elektrischen Abstossungskraft so nahe kommen, dass die anziehende Kernkraft zu wirken beginnt. Atomkerne sind ab Temperaturen von 10 Millionen Grad Celsius schnell genug, damit es zu Kernverschmelzungen kommt.

Aufgabe 51

A] Woher stammt die Energie der bei der Fusion ausgesandten γ-Strahlung?

B] Wie berechnet man die Energie der bei der Fusion ausgesandten γ-Strahlung?

C] Weshalb finden bei Zimmertemperatur keine Fusionsreaktionen statt?

Aufgabe 57

Wieso muss in einem kommerziellen Fusionsreaktor nicht nur die Temperatur, sondern auch die Dichte gross sein?

Aufgabe 63

Welche Grössen müssen Sie kennen, um ausrechnen zu können, wie viel Energie bei der Fusion in Strahlung bzw. in kinetische Energie der Fusionsprodukte umgewandelt wird?

6.2 Wie wird die Sonne zum Leuchten gebracht?

Nach diesem Abschnitt können Sie

- beschreiben, wie die Sonne zum Leuchten gebracht wird.

Die Frage, was die Sonne zum Leuchten bringt, ist uralt. Der Grieche Anaxagoras dachte im 5. Jahrhundert v. Chr. die Sonne sei ein heisser Feuerball von der Grösse des Peloponnes. Die Sonne sendet aber mit dem Sonnenlicht eine gewaltige Menge von Energie aus. Es gibt keinen chemischen Verbrennungsprozess, der dies auf lange Zeit zustande bringen könnte. Woher stammt also die von der Sonne abgestrahlte Energie?

Im Inneren der Sonne fusionieren Wasserstoff-Kerne zu Helium-Kernen

Sonne

Die *Sonne* ist ein Gasball. Sie hat einen Durchmesser von 1.4 Mio. Kilometern und besteht hauptsächlich aus den beiden chemischen Elementen Wasserstoff (78 %) und Helium (20 %). Die Sonnenmasse beträgt $2 \cdot 10^{30}$ kg, das sind rund 300 000 Erdmassen. An der Sonnenoberfläche herrscht eine Temperatur von etwa 6 000 K. Die Sonne gibt mit dem Sonnenlicht jede Sekunde $3.8\ 10^{26}$ J an den Weltraum ab.

Im Inneren der Sonne herrscht wegen des gewaltigen Gewichts des darüber liegenden Gases ein sehr grosser Druck, sodass die Dichte im Zentrum der Sonne sehr gross ist. Die Temperatur im Zentrum der Sonne beträgt 15 Millionen Grad Celsius. Die grosse Dichte und die grosse Temperatur im Zentrum der Sonne haben zur Folge, dass dort Kernfusionen stattfinden. Die mit dem Sonnenlicht ausgesandte Energie stammt somit aus Fusionsreaktionen im Zentrum der Sonne.

Wasserstoff-Fusion

Im Zentrum der Sonne werden vor allem die in grossen Mengen vorkommende Wasserstoff-Kerne verschmolzen. Man spricht von *Wasserstoff-Fusion*. Dies geschieht in 3 Schritten (Abb. 6.6).

[Abb. 6.6] Wasserstoff-Fusion im Zentrum der Sonne

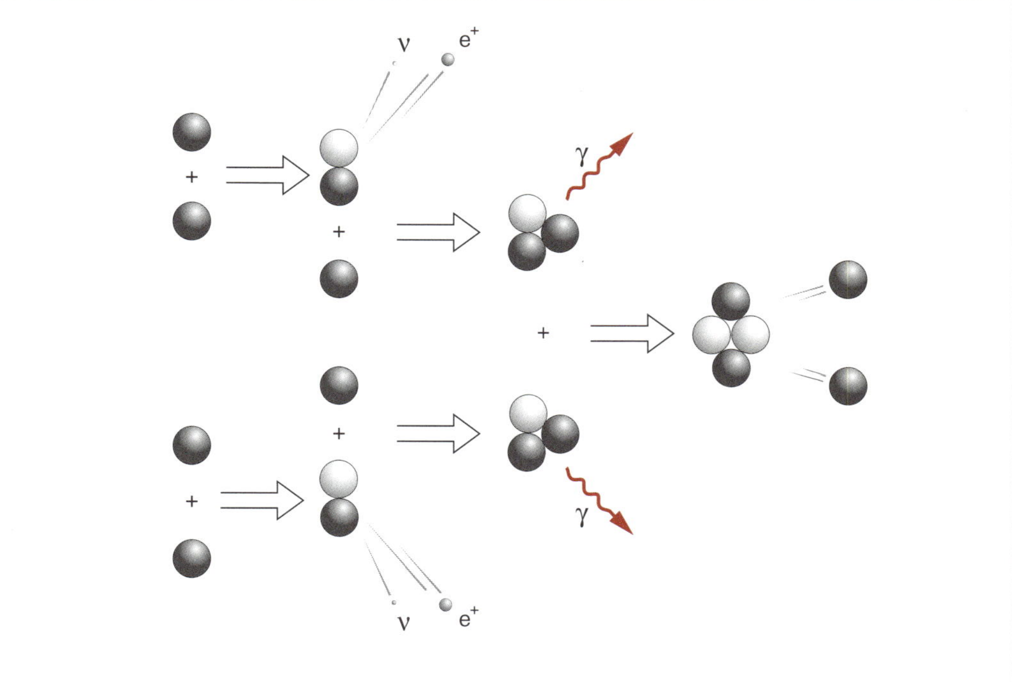

In der Sonne werden Wasserstoff-Kerne in 3 Schritten zu Helium-Kernen verschmolzen.

Bilanz der 3 Schritte der Wasserstoff-Fusion in Abb. 6.6: Aus vier $^{1}_{1}$H-Kernen entsteht ein $^{4}_{2}$He-Kern, sowie zwei schnelle Positronen e^+, zwei schnelle Neutrinos und zwei γ-Photonen (γ-Strahlung):

Gleichung 6.2

$$4 \cdot {}^{1}_{1}\text{H} \rightarrow {}^{4}_{2}\text{He} + 2 \cdot e^+ + 2 \cdot \nu + 2 \cdot \gamma\text{-Photon}$$

Positron

Positronen (e^+) sind eng mit Elektronen (e^-) verwandt, sind aber im Gegensatz zu diesen positiv geladen. Neutrinos sind ungeladene Teilchen, die praktisch keine Masse haben. Die Positronen und Neutrinos kommen daher, dass sich Protonen durch Aussenden von Positronen und Neutrinos in Neutronen umwandeln. Dieser Umwandlungsprozess ist eine zweite Variante des bekannten β-Zerfalls.

Wie viel Energie der Wasserstoff-Kerne wird bei der Wasserstoff-Fusion in γ-Strahlung und in kinetische Energie der Fusionsprodukte umgewandelt? Wir berechnen die umgewandelte Energie wie immer aus dem Massendefekt ΔM, der bei der Fusion auftritt. Die Masse M_1 vor der Fusion ist die Masse der vier Protonen. Die Masse M_2 nach der Fusion ist im Wesentlichen die Masse des $^{4}_{2}$He-Kerns. Wir vernachlässigen die vergleichsweise kleine Masse der beiden Positronen und Neutrinos. Der Massendefekt ΔM bei der Wasserstoff-Fusion beträgt somit:

$$\Delta M = M_1 - M_2 = 4 \cdot 1.0073 \cdot u - 4.0026 \cdot u = 0.026 \cdot u = 4.4 \cdot 10^{-29}\text{kg}$$

Für die Massenabnahme bei der Wasserstoff-Fusion gilt somit:

Gleichung 6.3

$$\Delta M = 0.006 \cdot M_1$$

Bei der Wasserstoff-Fusion nimmt die Masse um etwa 0.6 % ab.

Die Energie, die bei der Fusion von 4 Protonen zu einem Helium-Kern umgewandelt wird, beträgt:

$$E = \Delta M \cdot c^2 = 4.8 \cdot 10^{-29}\ \text{kg} \cdot (3 \cdot 10^8\ \text{m/s})^2 = 4.3 \cdot 10^{-12}\ \text{J}$$

Die Energie E, die bei der Fusion von M = 1 kg Wasserstoff zu Helium umgewandelt wird, beträgt:

$$E = \Delta M \cdot c^2 = 0.006 \cdot M_1 \cdot c^2 = 0.006 \cdot 1\ \text{kg} \cdot (3.0 \cdot 10^8\ \text{m/s})^2 = 5.4 \cdot 10^{14}\ \text{J}$$

Diese Energie ist etwa 20 Millionen Mal grösser als die Wärme, die beim Verbrennen von 1 Kilogramm Steinkohle entsteht. Selbst die Spaltung eines Kilogramms Uran liefert viel weniger Wärme.

Die Fusion von Wasserstoff lässt die Sonne für 10 Milliarden Jahre leuchten

Die Sonne strahlt jede Sekunde die Energie $3.8 \cdot 10^{26}$ J in den Weltraum ab. Diese Strahlung muss im Kerninneren durch Fusionen laufend produziert werden. Die Masse, die jede Sekunde in der Sonne verschwindet, während jede Sekunde $E = 3.8 \cdot 10^{26}$ J abgestrahlt wird, beträgt:

$$\Delta M = E / c^2 = 3.8 \cdot 10^{26}\ \text{J} / (3 \cdot 10^8\ \text{m/s})^2 = 4.2 \cdot 10^9\ \text{kg}$$

Die Masse der Sonne nimmt in jeder Sekunde um $\Delta M = 4.2 \cdot 10^9$ kg ab. Jede Sekunde wird die Sonne um etwa 4 Millionen Tonnen leichter. Obwohl diese Masse sehr gross ist, ist sie winzig im Vergleich zur Gesamtmasse der Sonne ($2 \cdot 10^{30}$ kg). Die Masse des Wasserstoffs, der jede Sekunde zu Helium verschmilzt, beträgt gemäss Gleichung 6.3:

$$M_1 = \Delta M / 0.006 = 7 \cdot 10^{11}\ \text{kg}$$

Wie lange kann die Sonne durch Wasserstoff-Fusion leuchten? Um dies abschätzen zu können, nehmen wir an, dass die Sonne im Laufe ihres Lebens etwa 10 % ihres Wasserstoffs, also etwa $2 \cdot 10^{29}$ kg, zu Helium fusioniert. In der Sekunde wandelt die Sonne $7 \cdot 10^{11}$ kg Wasserstoff in Helium um. Der Wasserstoff reicht folglich für:

$$t = 2 \cdot 10^{29}\ \text{kg} / 7 \cdot 10^{11}\ \text{kg/s} = 3 \cdot 10^{17}\ \text{s}$$

Dies sind etwa 10 Milliarden Jahre. Die Sonne scheint bereits seit etwa 5 Milliarden Jahren und wird dies für weitere 5 Milliarden Jahre tun.

Kernfusion in der Sonne: Die Sonne ist eine Gaskugel aus Wasserstoff- und Helium-Gas. Die grosse Dichte und die grosse Temperatur im Zentrum der Sonne haben zur Folge, dass dort Kernfusionen stattfinden. Die Energie des von der Sonne abgestrahlten Lichts stammt aus der Wasserstoff-Fusion: Jeweils 4 Wasserstoff-Kerne werden in 3 Schritten zu einem $^4_2$He-Kern, zu 2 Positronen, 2 Neutrinos und 2 γ-Photonen umgewandelt.

Im Zentrum der Sonne werden durch die Wasserstoff-Fusion jede Sekunde $7 \cdot 10^{11}$ kg Wasserstoff zu Helium verschmolzen, wodurch ein Teil der Kernenergie der Wasserstoff-Kerne in γ-Strahlung und kinetische Energie der Fusionsprodukte umgewandelt wird. Resultat der Umwandlung: Die Sonne sendet jede Sekunde $3.8 \cdot 10^{26}$ J in Form von Licht aus und wird jede Sekunde um $4.2 \cdot 10^9$ kg leichter. Die Sonne leuchtet durch Wasserstoff-Fusionen bereits seit 5 Milliarden Jahren und wird dies für weitere 5 Milliarden Jahre tun.

Aufgabe 69

A] Wieso wird die Sonne jede Sekunde um $4.2 \cdot 10^9$ kg leichter?

B] Aufgrund welcher Grösse kann man direkt berechnen, um wie viel die Sonne jede Sekunde leichter wird?

Exkurs: Die Entstehung der chemischen Elemente

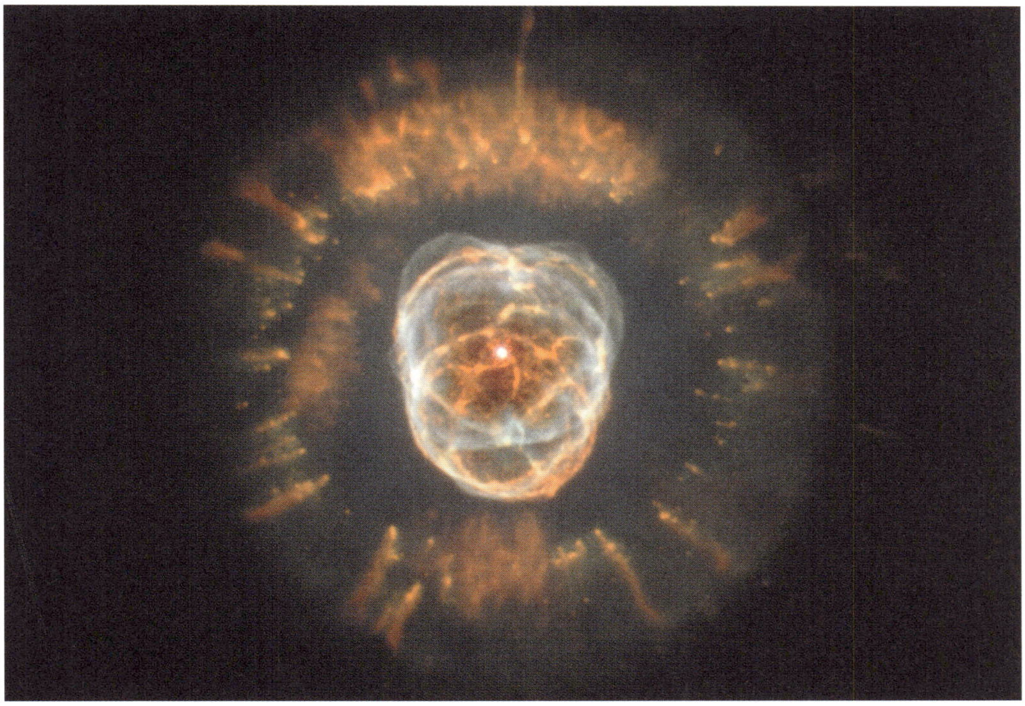

Hier hat ein Stern die chemischen Elemente, die er produziert hat, an den Weltraum abgegeben. Bild: Hubble Space Telescope / NASA, ESA

Unser Universum, wie wir es heute sehen, nahm seinen Anfang vor 13.7 Milliarden Jahren. Als Geburtsstunde wird heute allgemein der Urknall angesehen. Etwa 3 Minuten nach dem Urknall gab es drei Elemente: 92 % Wasserstoff, 8 % Helium und etwas Lithium. Woher kommen also all die anderen Elemente, die wir heute antreffen?

Sie haben gesehen, dass in der Sonne Wasserstoff zu Helium verschmolzen wird. Was passiert, wenn der Wasserstoff-Vorrat im Zentrum der Sonne zu Ende geht? Das Zentrum ist dann sehr heliumreich und die Wasserstoff-Fusion verlagert sich in eine Kugelschale um das Zentrum. Im Zentrum der Sonne selber wird keine Energie mehr erzeugt. Dort kühlt das Helium aus und der Gasdruck nimmt ab, sodass die Gravitation das Gas weiter zusammendrücken kann. Der Druck und die Temperatur steigen, bis eine andere Art von Kernfusion einsetzt: Helium-Kerne verschmelzen zu Kohlenstoff-Kernen. Die Kohlenstoff-Kerne werden teilweise durch Verschmelzen mit Helium zu Sauerstoff umgewandelt. Sterne wie die Sonne produzieren so in ihrer Spätphase im Inneren grosse Mengen von Kohlenstoff und Sauerstoff. Um noch schwerere Elemente durch Fusion zu produzieren, braucht es massereichere Sterne als die Sonne. Wenn ein Stern etwa 8-mal so schwer ist wie die Sonne, so erreichen Druck und Temperatur im Zentrum Werte, bei denen durch andere Fusionsreaktionen weitere, schwerere Elemente wie z. B. Silizium entstehen. Bei Kernen aus 56 Nukleonen ist der Massendefekt pro Nukleon maximal. Eine Fusion mit einem solchen Kern liefert keine Energie mehr. Die Fusion im Inneren von Sternen führt deshalb nur zu Elementen mit maximal 56 Nukleonen. Die noch schwereren Elemente entstehen in Sternen, wenn schwere Kerne freie Neutronen verschlucken. Man spricht dann von Neutroneneinfang.

Wenn sich die Wasserstoff-Fusion in eine Kugelschale verlagert, verändert sich der Stern auch äusserlich. Der Stern dehnt sich gewaltig aus und kühlt an der Oberfläche ab. Solche Riesensterne haben eine bemerkenswerte Eigenschaft: Von ihrer Oberfläche strömt dauernd Materie in den Weltraum. Man spricht von einem Sternwind. Diese Phase wird durch eine Art Schluckauf beendet, bei dem nochmals enorm viel Masse abgeworfen wird. Danach hat der Stern etwa 50 % seiner ursprünglichen Materie in den Weltraum geschleudert. Auch massereiche Sterne haben einen Sternwind. Statt zu einem Schluckauf kommt es hier aber am Ende zu einer Explosion (Supernova). Der grösste Teil des Sterns wird dabei zerfetzt und fliegt mit hoher Geschwindigkeit in den Weltraum hinaus. Ob sonnenähnliche oder massivere Sterne: In der Endphase seines Lebens gibt ein Stern die Elemente, die er hergestellt hat, an den interstellaren Raum ab und verändert so die chemische Zusammensetzung der Materie zwischen den Sternen. Aus dem ausgeworfenen Material können neue Sterne und Planeten entstehen, die eine andere chemische Zusammensetzung haben als die letzte Sterngeneration.

Ausser Wasserstoff und Helium sind alle chemischen Elemente, die wir hier auf der Erde finden, in Sternen hergestellt worden, anschliessend in den Weltraum geschleudert und vor etwa 5 Milliarden Jahren für den Bau der Sonne und der Planeten verwendet worden. Wenn die Sonne in 5 Milliarden Jahren die Hälfte ihrer Materie durch einen Sternwind an den Weltraum abgibt, wird auch sie zur chemischen Entwicklung des Universums beitragen.

Teil C Elektrische Energie

Einstieg und Lernziele

Einstieg

Sie betreten nun die grosse weite Welt des elektrischen Stroms. Um was handelt es sich beim Strom? Ist es so etwas wie eine Flüssigkeit, wie der Name andeutet? Der amerikanische Forscher Benjamin Franklin (1706–1790) dachte in der Tat, dass Elektrizität eine Art Flüssigkeit sei. Wenn dem so wäre, müsste der Strom sehr dünnflüssig sein, damit er auch noch durch enge Kabel fliessen kann. Ausserdem müsste man die Steckdosen zustöpseln, damit die elektrische Flüssigkeit nicht auslaufen kann, wenn sie nicht gebraucht wird. Sie sehen, dass mit dieser Vorstellung von elektrischem Strom etwas nicht stimmen kann. Was elektrischer Strom wirklich ist und weshalb er heutzutage so wichtig ist, erfahren Sie in diesem Teil.

Schlüsselfragen im Zusammenhang mit elektrischer Energie sind:

- Worum geht es bei elektrischen Strömen?
- Was bestimmt, ob ein Material den elektrischen Strom leitet?

Lernziele

Nach der Bearbeitung des Abschnitts «Worum geht es bei elektrischen Strömen?» können Sie

- illustrieren, dass elektrischer Strom elektrische Energie besitzt.
- Vor- und Nachteile der elektrische Energie angeben.
- die allgemeinen Einsatzmöglichkeiten für elektrische Energie beschreiben.
- den elektrischen Strom in Metalldrähten beschreiben.
- die elektrische Stromstärke definieren.
- erklären, wie die elektrische Stromstärke gemessen wird.

Nach der Bearbeitung des Abschnitts «Was bestimmt, ob ein Material den elektrischen Strom leitet?» können Sie

- den Unterschied zwischen Leitern und Isolatoren erklären.
- erklären, wie der elektrische Widerstand in einem Metalldraht zustande kommt.
- erklären, von was der elektrische Widerstand eines Metalldrahts abhängt.
- das Phänomen Supraleitung beschreiben.

7 Worum geht es bei elektrischen Strömen?

Die Schlüsselfragen dieses Abschnitts lauten:

- Wieso ist elektrischer Strom so wichtig?
- Was ist ein elektrischer Strom?

Ein Leben ohne elektrischen Strom ist heute kaum vorstellbar. Dabei hat der Einzug elektrischer Einrichtungen erst im späten 19. Jahrhundert begonnen. Die ersten Anwendungen dienten der Lichterzeugung. In der Schweiz wurde in St. Moritz im Jahre 1875 die erste elektrische Beleuchtungsanlage in Betrieb genommen. Ein Jahr später patentierte der Amerikaner Alexander Graham Bell das Telefon. Im Jahre 1884 wurde in der Schweiz die erste elektrische Drahtseilbahn eingeweiht. Sie führte auf den Bürgenstock. Um die Jahrhundertwende tauchten die ersten elektrischen Strassenbahnen auf. Im Ersten Weltkrieg beschloss man wegen Treibstoffmangels, die Eisenbahn zu elektrifizieren. Später wurden die ersten elektrischen Haushaltsgeräte wie Kochherde, Boiler, Backöfen und Waschmaschinen installiert. Die elektrische Energie begann das Leben der Bevölkerung in allen Bereichen zu verändern.

[Abb. 7.1] Stromleitungen

Ein Leben ohne elektrischen Strom ist kaum mehr vorstellbar.
Bild: Alan Sirulnikoff / Science Photo Library

7.1 Wieso ist elektrischer Strom so wichtig?

Nach diesem Abschnitt können Sie

- illustrieren, dass elektrischer Strom elektrische Energie besitzt.
- Vor- und Nachteile der elektrische Energie angeben.
- die allgemeinen Einsatzmöglichkeiten für elektrische Energie beschreiben.

Elektrischer Strom

Wenn Sie an einem elektrischen Gerät den Einschaltknopf drücken, damit ein *elektrischer Strom* durchs Gerät fliessen kann, so tun Sie dies, weil Sie mit dem Gerät etwas erwärmen, beleuchten oder antreiben wollen.

Beispiel 7.1

Sie schalten

- den Kochherd ein, damit eine Herdplatte heiss wird.
- den Föhn ein, um Luft zu erwärmen und zu beschleunigen.
- den Toaster ein, um das Brot im Toaster zu rösten.
- die Lampe ein, damit es hell wird.
- die Bohrmaschine an, um den Bohrer anzutreiben.
- den Elektromotor einer Lokomotive ein, damit der Zug angetrieben wird.

Elektrische Ströme haben elektrische Energie

Elektrische Energie

Damit ein Gerät Antriebsarbeit verrichten kann oder die Umgebung erwärmen oder beleuchten kann, ist gemäss dem Energieerhaltungssatz Energie notwendig. Geräte wie Bohrmaschine, Kochherd oder Lampe nutzen die Tatsache, dass elektrische Ströme Energie besitzen. Elektrischer Strom besitzt *elektrische Energie*.

Die beiden Ihnen bekannten Energiegrundformen sind die kinetische und die potenzielle Energie. Die elektrische Energie hat ihren Ursprung, wie Sie später noch sehen werden, in der elektrischen Kraft, gehört also zur Energiegrundform potenzielle Energie. Man spricht von elektrischer potenzieller Energie. Zudem hat der elektrische Strom durch seine Bewegung durch den Draht kinetische Energie.

Elektrische Energie ist vielseitig verwendbar, leicht produzier- und transportierbar

Elektrische Energie hat gegenüber anderen Energieformen eine Reihe von Vorteilen, die aus unserem Alltag nicht mehr wegzudenken sind. Elektrische Energie ist vielseitig verwendbar, effizient transportierbar und leicht zu produzieren, jedoch schlecht speicherbar:

- Verwendung: Elektrische Energie ist vielseitig einsetzbar. In Heizelementen und Elektromotoren wird elektrische Energie für die Erwärmung oder für Antriebsarbeit verwendet. In Lampen wird elektrische Energie für die Beleuchtung eingesetzt. In der Schweiz werden 45 % der elektrischen Energie für Antriebsarbeit, 42 % für Wärme- und 13 % für die Lichterzeugung verwendet.
- Transport: Ein Vorteil der elektrischen Energie wird Ihnen vielleicht bewusst, wenn Sie ein elektrisches Gerät, wie z. B. eine Lampe, verwenden wollen. Sie stecken den Stecker der Lampe in die Steckdose und die Lampe beginnt zu leuchten. Die dazu notwendige elektrische Energie wird von einem Elektrizitätswerk durch elektrische Leitungen einfach in Ihr Zimmer transportiert. Elektrische Energie lässt sich durch Leitungen, die an Hochspannungsmasten hängen oder im Boden eingegraben sind, mit geringem Verlust über grosse Distanzen an den gewünschten Ort transportieren.
- Produktion: Der Energieerhaltungssatz gilt für alle Energieformen, auch für elektrische Energie. Wenn wir also elektrische Energie haben wollen, müssen wir Energie einer anderen Energieform in elektrische Energie umwandeln. Man sagt oft etwas unpräzis: Elektrische Energie muss produziert werden. Die Energie von fliessendem Wasser oder von heissem Wasserdampf kann eine Turbine antreiben, die mit einem Stromgenerator verbunden ist. In Wasser-, Kohle- und Kernkraftwerken wird Energie aus einer anderen Energieform in elektrische Energie umgewandelt.
- Speicherung: Wenn die Energie nicht gerade für Wärme, Licht oder Arbeit gebraucht wird, muss sie gespeichert werden. Bei der chemischen Energie von Benzin ist dieses Problem mit dem Benzintank elegant gelöst. Elektrische Energie kann hingegen nicht so leicht gespeichert werden. Ströme müssen gebraucht werden, wenn sie erzeugt werden, sie können nicht leicht aufbewahrt werden.

Um das Speicherproblem zu lösen, gibt es verschiedene Methoden. Eine davon sind Stauseen in den Bergen. Im Stausee gespeichertes Wasser hat gravitationelle potenzielle Energie, die beliebig lange gespeichert werden kann. Erst bei Bedarf lässt man das Wasser für die Elektrizitätsproduktion durch die Turbinen fliessen. Ein solches Kraftwerk wird Speicherkraftwerk genannt. Flusskraftwerke produzieren hingegen ständig Strom, denn man will die kinetische Energie des Flusswassers nicht ungenutzt vorbeiziehen lassen.

Da die Vorteile der elektrischen Energie überwiegen, ist sie eine der wichtigsten Energieformen in unserem Alltag.

Beispiel 7.2

Die einheimischen Kraftwerke stellten im Jahre 2002 eine elektrische Energie von 65 Mrd. kWh (1 kWh = 3.6 10^6 J) zur Verfügung. Daran waren Wasserkraftwerke zu 56.2 % (davon 27.1 % Flusskraftwerke und 29.1 % Speicherkraftwerke), Kernkraftwerke zu 39.5 % sowie konventionelle Heizkraftwerke und andere Anlagen zu 4.3 % beteiligt.

Der Elektrizitätsverbrauch (Endverbrauch) stieg im Jahr 2002 auf 54.0 Mrd. kWh. Die Zunahme belief sich auf 0.3 Mrd. kWh oder 0.5 % gegenüber dem Vorjahr. Zum höheren Elektrizitätsverbrauch trug hauptsächlich das Bevölkerungswachstum bei.

Als Nächstes fragen wir uns, wie elektrische Ströme mit ihrer Energie die Umgebung erwärmen und beleuchten und wie sie eine Arbeit verrichten.

Kollisionen zwischen Strom und Draht erwärmen den Draht

Wenn durch einen Metalldraht ein elektrischer Strom fliesst, so erwärmt sich dieser, es entsteht Wärme. Im Metalldraht wird elektrische Energie in Wärme umgewandelt. In der Herdplatte und der Glühbirne ist dies offensichtlich, im Stromkabel ist dies hingegen nicht so leicht nachvollziehbar.

Wenn in einem Metalldraht ein elektrischer Strom fliesst, so bedeutet das auf mikroskopischer Ebene, dass sich Elektronen von einem zum anderen Ende durch den Draht bewegen. Die Fortbewegung der Elektronen wird im Abschnitt 7.2 genauer besprochen. Es wird Sie aber wahrscheinlich nicht verwundern, dass die Elektronen des Stroms auf ihrem Weg durch einen langen Metalldraht immer wieder mit den Atomen (genauer gesagt den Ionen) des Metalldrahts kollidieren.

Bei diesen Kollisionen zwischen den leichten Elektronen und den schweren Atomen wird kinetische Energie von den Elektronen des Stroms auf die Atome des Drahts übertragen. Aus der Wärmelehre wissen Sie, dass einer Zunahme der kinetischen Energie der Atome des Metalldrahts eine Zunahme der Temperatur, d. h. einer Erwärmung des Metalldrahts entspricht. Die Kollisionen erwärmen folglich den Metalldraht.

Elektrischer Widerstand

Statt von den Kollisionen der Elektronen des Stroms mit den Atomen des Drahts spricht man oft einfach vom Widerstand, dem der elektrische Strom auf seinem Weg durch den Metalldraht begegnet. Man sagt: Der elektrische Strom erfährt einen *elektrischen Widerstand*. Dieser erwärmt dabei den Draht, wie z. B. der Luftwiderstand ein fliegendes Flugzeug erwärmt. Mit elektrischen Strömen, die durch Metalldrähte fliessen, lässt sich also durch den elektrischen Widerstand direkt Wärme erzeugen. Dies ist das Funktionsprinzip von Kochplatten.

Der Strom kann einen Draht so stark erwärmen, dass er leuchtet

Wenn das Material, aus dem der Draht besteht, eine extrem hohe Schmelztemperatur hat, wie z. B. Wolfram, so kann der elektrische Strom den Draht so stark aufheizen, dass er nicht nur Wärme, sondern auch Licht aussendet. So funktionieren Glühlampen. Mit elektrischen Strömen lässt sich also Licht erzeugen und elektrische Energie für die Lichterzeugung verwenden.

Elektrischer Strom wird in Elektromotoren für Antriebsarbeit verwendet

Indem wir elektrische Energie durch Drähte mit grossem elektrischem Widerstand schicken, können wir mit elektrischem Strom einfach heizen und beleuchten. Doch wie erzeugt man mit einem Strom eine Kraft, mit der eine Antriebsarbeit verrichtet werden kann?

Im Jahre 1820 machte der Däne Hans Christian Oersted (1777–1851) eine Entdeckung, durch die elektrische Ströme für Antriebsarbeit einsetzbar wurden. Oersted erkannte, dass ein stromdurchflossener Draht magnetische Gegenstände beeinflusst.

Oersteds Experimente zeigten, dass ein elektrischer Strom ein Magnetfeld erzeugt. Man spricht von einem Elektromagneten. Dieses Magnetfeld ist es, dass auf andere magnetische Gegenstände eine magnetische Kraft ausübt.

Die magnetischen Nord- und Südpole üben anziehende und abstossende Kräfte aufeinander aus. Wie diese magnetischen Kräfte genau aussehen, erfahren Sie später. Uns interessiert im Moment nur, dass diese anziehenden und abstossenden Kräfte in Elektromotoren verwendet werden können, um eine Antriebsarbeit zu verrichten: Die Energie des elektrischen Stroms wird in Elektromotoren verwendet, um eine Arbeit zu verrichten.

Nutzen elektrischer Ströme: Elektrische Ströme besitzen elektrische Energie. Diese elektrische Energie lässt sich zur Erzeugung von Wärme, Licht und Antriebsarbeit verwenden:

- Fliesst ein elektrischer Strom durch einen Metalldraht, so wird der Draht erwärmt. Dies ist die Folge des elektrischen Widerstands des Drahts, der sich dem Strom entgegensetzt.
- Wenn ein Metalldraht durch den elektrischen Strom glühend heiss wird, so gibt er nicht nur Wärme, sondern auch Licht ab.
- Ein elektrischer Strom erzeugt ein Magnetfeld. Die magnetische Kraft verrichtet im Elektromotor die Antriebsarbeit.

Vor- und Nachteile elektrischer Energie: Elektrische Energie ist leicht von einem Ort zum anderen transportierbar, leicht verwend- und produzierbar, aber schlecht speicherbar.

Aufgabe 75 Elektrischer Strom besitzt Energie. Untermauern Sie diese Aussage mit drei Alltagssituationen.

Aufgabe 81 Die elektrische Energie lässt sich leicht in andere Energieformen umwandeln. Beschreiben Sie drei allgemeine Einsatzmöglichkeiten der elektrische Energie, die diese Aussage untermauern.

Aufgabe 87 Nennen Sie Vor- und Nachteile der elektrischen Energie.

7.2 Was ist ein elektrischer Strom?

Nach diesem Abschnitt können Sie

- den elektrischen Strom in Metalldrähten beschreiben.
- die elektrische Stromstärke definieren.
- erklären, wie die elektrische Stromstärke gemessen wird.

Von elektrischen Strömen wird im Alltag immer sehr bildlich gesprochen. Wir reden von Stromerzeugung, von Strömen, die fliessen, von Stromschlägen, von Stromunterbrüchen, von Stromzählern, von Stromstärken, von Gleichstrom, Wechselstrom usw. Trotz dieser sehr bildlichen Verwendung des Begriffs Strom stellt sich die Frage: Was ist ein elektrischer Strom? Wir sehen ja nichts, wenn ein Strom durch ein Kabel oder eine Lampe fliesst.

Elektron

Wenn ein elektrischer Strom durch ein Stromkabel fliesst, bewegen sich darin *Elektronen* in eine Richtung. Elektronen sind die elektrisch negativ geladenen Teilchen, die Sie vom Aufbau der Materie schon kennen (Abschnitt 1.1). Der elektrische Strom im Stromkabel besteht aus sich vorwärts bewegenden Elektronen.

Diese Erklärung wirft eine Reihe von Fragen auf:

- Woher kommen die Elektronen, die sich durch das Stromkabel bewegen?
- Wie viele Elektronen bewegen sich durch das Stromkabel?
- Wie schnell bewegen sich die Elektronen durch das Stromkabel?

In Metallen ist ein Teil der Elektronen nicht an die Atomhüllen gebunden

Um die obigen Fragen beantworten zu können, müssen wir uns mit dem Aufbau der Materie beschäftigen. Sie kennen bereits das Atom-Modell. Materie besteht aus Atomen, die aus einem Atomkern und einer Atomhülle zusammengesetzt sind. Der Atomkern besteht aus Neutronen und Protonen, die Atomhülle aus Elektronen. Die Protonen sind elektrisch positiv und die Elektronen elektrisch negativ geladen. Die Elektronen sind deshalb durch die elektrische Anziehungskraft an ihren Atomkern gebunden und umkreisen ihn (Abb. 7.2).

[Abb. 7.2] Atome

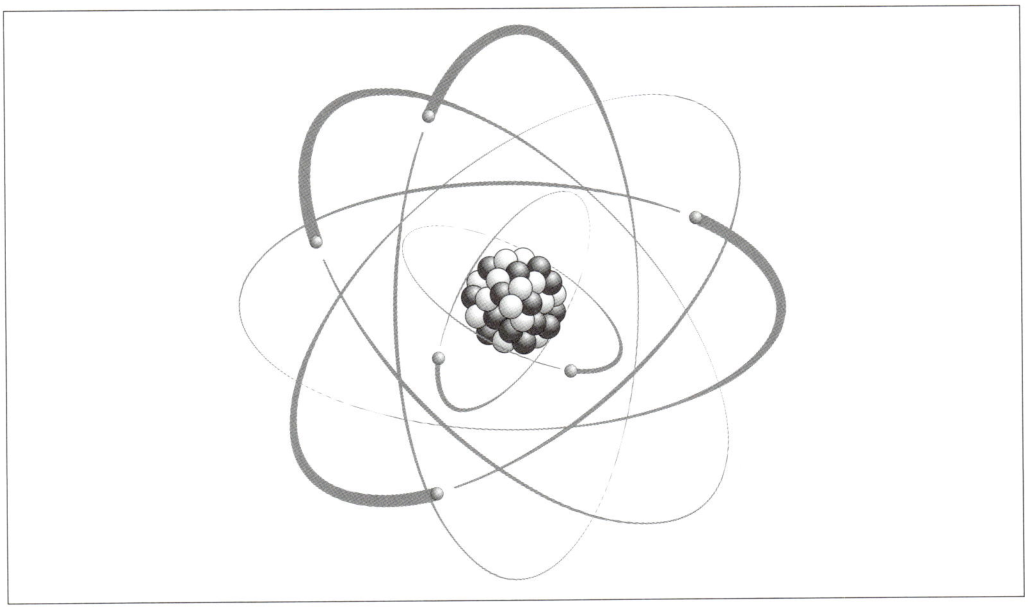

Der Atomkern besteht aus Protonen und Neutronen, die Atomhülle aus Elektronen.

Ein Metalldraht besteht somit aus Atomkernen, die von Elektronen umkreist werden. Ein elektrischer Strom, der in einem Metalldraht fliesst, besteht aus Elektronen. Beides kombiniert legt nahe, dass die Elektronen des Stroms von den Atomen des Metalldrahts stammen. Wir wollen uns überlegen, wie das möglich ist.

Fügt man Atome zu einem festen Körper zusammen, so ist es einem Atom nicht möglich, seinen Platz zu verlassen. Das äusserste Elektron in der Atomhülle jedes Atoms in diesem Gitter spürt nicht nur die Anziehung seines Atomkerns, sondern ebenso diejenige der umliegenden Kerne. Es ist damit nicht mehr nur an seinen eigenen Atomkern gebunden. Es weiss sozusagen nicht mehr genau, zu welchem Atomkern es gehört. In Metallen ist dieser Effekt so stark, dass das äusserste Elektron aus der Umklammerung seines Atomkerns befreit ist und sich frei zwischen den Atomen des Metalls bewegen kann (Abb. 7.3). Dies ist die Antwort auf unsere Frage: Woher kommen die Elektronen, die sich durch das Kabel bewegen?

[Abb. 7.3] Atom-Modell für ein Metall

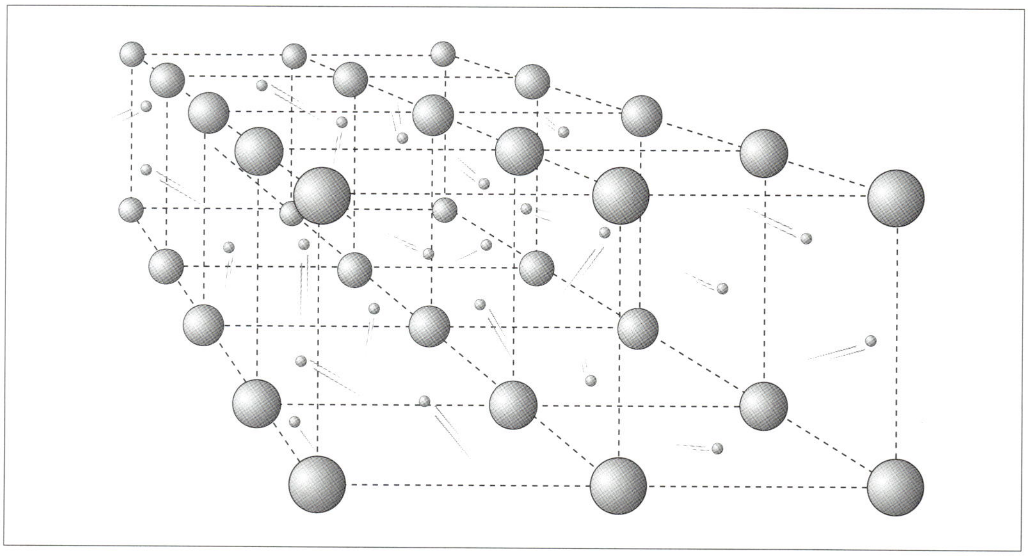

Die Elektronen, die nicht an die Atomkerne des Metalls gebunden sind, bewegen sich frei.

Den Atomen fehlen nun Elektronen. Wir sprechen dann nicht mehr von Atomen, sondern von *Ionen*. Die befreiten Elektronen können den Metalldraht nicht verlassen.

Elektrische Ströme in Metalldrähten bestehen aus freien Elektronen

Innerhalb eines Metalldrahts können sich die befreiten, negativ geladenen Elektronen fast frei zwischen den positiven Ionen bewegen. Sie können in einem Metalldraht einen elektrischen Strom bilden, falls sie sich in eine Richtung bewegen. Da in Metallen wie Eisen und Kupfer nicht mehr alle Elektronen an den Atomkern gebunden sind, können sie elektrische Ströme leiten.

Freie Elektronen

Da die Elektronen, die nicht mehr an den Atomkern gebunden sind, sich praktisch kräftefrei bewegen können, spricht man von *freien Elektronen*. Die freien Elektronen im Draht fliegen auf gerader Bahn in alle möglichen Richtungen, bis sie von einem anderen Elektron oder einem Ion abgelenkt werden, wie dies die Gasteilchen in der Luft tun. Man spricht deshalb auch von einem Elektronengas. Dieses negativ geladene Elektronengas befindet sich zwischen den Ionen des Metalls. Solange die Bewegung der Elektronen ungerichtet ist, fliesst kein Strom durch den Draht.

Wie viele freie Elektronen bewegen sich durch ein Stromkabel? Wenn von jedem Atom des Metalls ein Elektron befreit wird, ist die Anzahl freier Elektronen in einem Metall gleich gross wie die Anzahl Atome. Dies ist z. B. in Kupferdrähten der Fall. Kupfer ist ein Metall, das den elektrischen Strom sehr gut leitet. Die Dichte von Kupfer beträgt etwa 10^4 kg/m^3. Die Masse eines Kupfer-Atoms beträgt etwa 10^{-25} kg. In 1 m^3 gibt es somit 10^4 kg / 10^{-25} kg = 10^{29} Kupfer-Ionen. Da jedes Kupfer-Ion ein Elektron abgegeben hat, gibt es in 1 mm^3 Kupfer etwa 10^{20} freie Elektronen!

Elektrische Ströme fliessen nur, wenn sie im Kreis fliessen können

Wenn Sie das eine Ende eines Metalldrahts z. B. an den positiv geladenen Plus-Pol einer Batterie halten und das andere Ende an den negativ geladenen Minus-Pol, so werden die freien Elektronen vom Minus-Pol elektrisch abgestossen und vom Plus-Pol elektrisch angezogen. Folge: Die freien Elektronen bewegen sich durch den Draht in Richtung Plus-Pol. Es kommt zu einem elektrischen Strom. Die Batterie wirkt wie eine Pumpe, die das Elektronengas durch den Draht treibt.

Der Strom im Metalldraht in Abb. 7.4 besteht aus den negativ geladenen Elektronen, die sich vom Minus-Pol der Batterie in Richtung Plus-Pol bewegen. Da man früher annahm, dass der elektrische Strom durch positive Ladungen zustande kommt, legte man aber damals fest, dass der elektrische Strom vom Plus-Pol zum Minus-Pol fliesst. Bei dieser Festlegung der Stromrichtung ist man bis heute geblieben. Wenn durch einen Draht ein Strom fliesst, zeichnen wir deshalb den Stromrichtungspfeil immer so ein, dass er ausserhalb der Batterie vom Plus-Pol zum Minus-Pol zeigt (Abb. 7.4).

[Abb. 7.4] Elektrischer Stromkreis

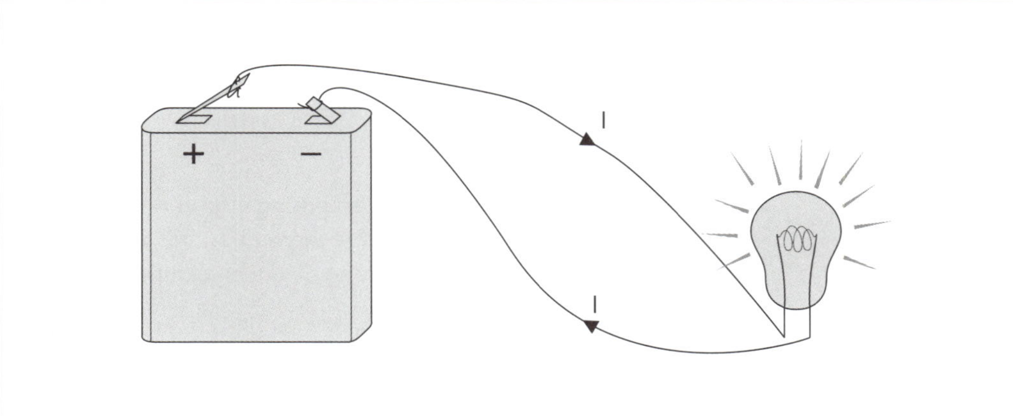

Die freien Elektronen bewegen sich vom Minus- zum Plus-Pol. Der Stromrichtungspfeil zeigt aber aus historischen Gründen vom Plus- zum Minus-Pol.

Elektrischer Stromkreis

Der Minus-Pol der Batterie liefert am einen Ende des Drahts den Nachschub an freien Elektronen, der Plus-Pol nimmt am anderen Ende die freien Elektronen auf, die den Draht verlassen. Im Inneren der Batterie werden die Elektronen zurück zum Minus-Pol gebracht. Wenn ein Strom fliesst, gibt es immer einen Kreislauf der freien Elektronen, einen *elektrischen Stromkreis*. Wichtig ist zu erkennen: Ein Strom fliesst immer nur dann, wenn es einen Stromkreislauf gibt (Abb. 7.5).

[Abb. 7.5] Stromkreislauf

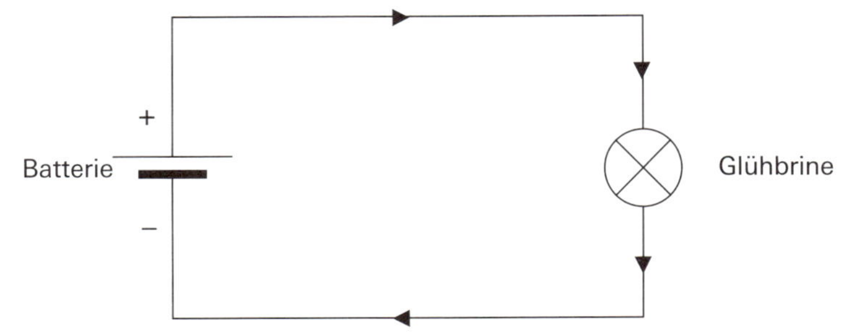

Ein Strom fliesst immer nur dann, wenn es einen Stromkreislauf gibt. Der Strom muss deshalb in der Batterie vom Minus- zum Plus-Pol zurückfliessen!

Die Stromstärke ist ein Mass für die elektrische Ladung, die vorbeifliesst

Elektrische Ströme bestehen aus freien Elektronen, die sich in eine Richtung bewegen. Wie lässt sich ein solcher Strom aus freien Elektronen quantitativ beschreiben? Ein natürliches Mass für die Stromstärke wäre die Anzahl freier Elektronen, die durch den Metalldraht fliessen. Genauer gesagt: Wie viele freie Elektronen fliessen in einer Sekunde an einer Stelle des Drahts vorbei? Die Definition der Stromstärke I lautet etwas anders.

Elektrische Ladung, Coulomb

Die Definition der Stromstärke gibt an, wie gross die *elektrische Ladung* ist, die in einem gewissen Zeitintervall vorbeifliesst. Als Formelzeichen für die elektrische Ladung eines Körpers verwenden wir den Buchstaben Q. Die Masseinheit der elektrischen Ladung nennen wir *Coulomb*, abgekürzt C:

Gleichung 7.1

$$[Q] = 1 \text{ Coulomb} = 1 \text{ C}$$

Elektrische Stromstärke

Mehr zur Definition der elektrischen Ladung erfahren Sie im Abschnitt 12.1. Als Formelzeichen für die *elektrische Stromstärke* verwenden wir den Buchstaben I. Die Stromstärke I ist ein Mass für die elektrische Ladung Q, die im Zeitintervall Δt an einer Stelle im Draht vorbeifliesst, und ist definiert als:

Gleichung 7.2

$$I = \frac{Q}{\Delta t}$$

Ampere

Da die elektrische Stromstärke I eine wichtige Grösse ist, hat ihre SI-Einheit einen eigenen Namen erhalten: *Ampere,* abgekürzt A:

Gleichung 7.3

$$[I] = 1\frac{\text{C}}{\text{s}} = 1\text{A}$$

Das Ampere ist die SI-Einheit der Stromstärke. Das Ampere ist eine Grundeinheit der Physik.

Beispiel 7.3

Durch eine 80-Watt-Glühbirne in einer Zimmerlampe, die an eine Steckdose angeschlossen ist, fliesst ein Strom mit Stromstärke I = 0.35 A.

Beispiel 7.4

Durch eine 3-Watt-Glühbirne, die an eine 6-V-Batterie angeschlossen ist, fliesst ein Strom mit Stromstärke I = 0.50 A.

Beispiel 7.5

Im Blitz fliesst ein Strom mit einer Stromstärke von 10 kA bis 50 kA.

Driftgeschwindigkeit

Wie schnell bewegen sich die Elektronen durch das Stromkabel? Die Stromstärke eines Stroms, der durch einen Metalldraht fliesst, gibt an, wie gross die elektrische Ladung Q der freien Elektronen ist, die an einer Stelle des Drahts im Zeitintervall Δt vorbeifliesst. Die Stromstärke I in einem Metalldraht hängt deshalb unter anderem von der mittleren Geschwindigkeit ab, mit der sich die freien Elektronen entlang eines Metalldrahts bewegen. Man nennt diese Geschwindigkeit, mit der sich die freien Elektronen im Metalldraht vorwärts bewegen, die *Driftgeschwindigkeit* v_D. Ein typischer Wert für die Driftgeschwindigkeit der freien Elektronen in Metalldrähten ist $v_D = 0.1$ mm/s.

Beispiel 7.6

Wie lange muss in einem Stromkabel ein elektrischer Strom fliessen, damit die freien Elektronen etwa $\Delta s = 1$ m vorwärts gekommen sind? Die Definition der Geschwindigkeit lautet allgemein $v = \Delta s/\Delta t$. Somit dauert es:

$$\Delta t = \Delta s \,/\, v_D = 1 \text{ m} \,/\, (0.0001 \text{ m/s}) = 10^4 \text{ s}$$

Es dauert fast 3 Stunden, bis die freien Elektronen in einem Stromkabel 1 m vorwärts gekommen sind!

Das letzte Beispiel könnte Sie in Staunen versetzen. Wenn sich die freien Elektronen so langsam bewegen, wie kommt es dann, dass das Licht augenblicklich angeht, wenn Sie den Lichtschalter drücken?

Der scheinbare Widerspruch klärt sich, wenn Sie sich überlegen, wie sich Wasser durch einen Gartenschlauch bewegt: Sie drehen den Wasserhahn auf und es kommt sofort Wasser am anderen Ende aus dem Schlauch heraus. Grund: Der Schlauch war schon vor dem Aufdrehen mit Wasser gefüllt. Das Wasser bewegt sich im Schlauch zwar langsam, doch die Vorwärtsbewegung des Wassers beginnt im ganzen Schlauch gleichzeitig.

In dieser Analogie entspricht der Schlauch dem Draht, und das Wasser dem Strom, also den freien Elektronen. Sie schalten den elektrischen Strom ein, es fliessen sofort freie Elektronen durch die Lampe, obwohl sie sich langsam bewegen. Grund: Der Draht ist auch ohne Strom schon mit den freien Elektronen gefüllt. Der Strom beginnt im ganzen Draht praktisch gleichzeitig zu fliessen.

Die Stromstärke kann anhand des Magnetfelds des Stroms gemessen werden

Um die Stromstärke I in einem Draht messen zu können, müsste man gemäss Definition die Ladung Q messen können, die in der Zeit Δt an einer Stelle im Draht vorbeifliesst. Da wir aber die Ladung Q nicht sehen und auch die freien Elektronen nicht zählen können, ist diese direkte Messung der Ladung Q nicht möglich. Für die Messung der elektrischen Stromstärke lässt sich der Umstand nützen, dass ein elektrischer Strom ein Magnetfeld erzeugt (Abschnitt 7.1). Zwei stromdurchflossene Drähte bilden zwei Magnete. Die beiden Magnete üben eine magnetische Kraft aufeinander aus, die unter anderem von der Stromstärke I abhängt. Wir können die Stromstärke I und somit die SI-Grundeinheit Ampere anhand der magnetischen Kraft zwischen den beiden Drähten messen (Abb. 7.6).

[Abb. 7.6] Messung der elektrischen Stromstärke

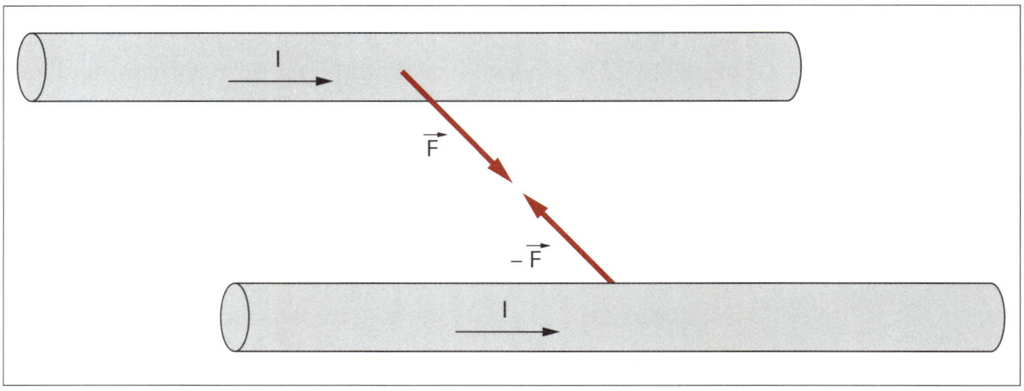

Die magnetische Kraft zwischen zwei stromdurchflossenen Metalldrähten wird dazu verwendet, um die Stromstärke 1 A zu definieren.

Amperemeter

Um die Stromstärke zu messen, verwendet man ein *Amperemeter*. Das Amperemeter wird so angeschlossen, dass der Strom, der gemessen werden soll, durch das Gerät fliesst. Man sagt: Das Amperemeter ist in Serie zum Verbraucher (Gerät) geschaltet. In Abb. 7.7 ist ein Amperemeter in Serie zu einer Glühbirne geschaltet, um die Stromstärke des Stroms zu messen, der durch die Glühbirne fliesst.

[Abb. 7.7] Amperemeter

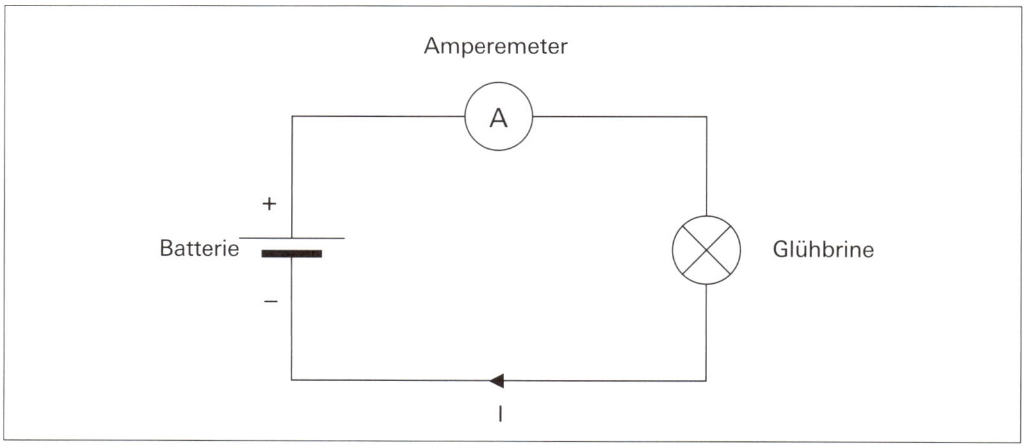

Das Amperemeter wird mit einer Glühbirne in Serie geschaltet, um die Stromstärke I zu messen.

Es ist sehr wichtig, dass das Amperemeter so gebaut ist, dass es die zu messende Stromstärke nicht verändert, d. h. den elektrischen Strom nicht behindert. Das Amperemeter darf also dem Strom keinen Widerstand entgegensetzen. Der Widerstand des Amperemeters würde die Stromstärke verkleinern und so die Messung verfälschen.

Wenn man neben der Stromstärke I noch die Zeit Δt kennt, während der der Strom geflossen ist, so kann man die durch das Gerät geflossene elektrische Ladung Q berechnen:

$$Q = I \cdot \Delta t$$

Auch im Haushalt ist die Messung der Stromstärke I wichtig. In jedem Haushalt gibt es deshalb einen Stromzähler, ein Gerät, das die Ladung Q misst, da man mit der Stromrechnung die elektrische Energie bezahlt, die durch die Leitungen des Haushalts geflossen ist.

Wechselstrom hat eine variable Stromstärke, Gleichstrom eine konstante

Gleichstrom, Wechselstrom

Zum Schluss des Abschnitts «Was ist ein elektrischer Strom?» noch eine Bemerkung zu den Begriffen *Gleichstrom* und *Wechselstrom*. Bisher haben wir nicht darüber gesprochen, dass sich die Stromstärke mit der Zeit ändern kann. Wenn die Stromstärke sich zeitlich ändert, berechnet man mit der Gleichung 7.2 die mittlere Stromstärke im Zeitintervall Δt. Wir wollen aber, wenn nichts anderes im Text erwähnt wird, immer elektrische Ströme mit konstanten Stromstärken betrachten. Solche konstanten Ströme bezeichnet man als Gleichströme. Erst später werden wir kurz auf Wechselströme zu sprechen kommen. Dies, obwohl im Alltag Wechselströme wichtig sind, da die Steckdosen im Haushalt Wechselstrom liefern.

Elektrische Ströme: Ein elektrischer Strom entsteht immer dann, wenn sich elektrische Ladungen bewegen.

Wenn sich Atome zu einem Metall zusammentun, sind die äussersten Elektronen der Atome nicht mehr an ihren Atomkern gebunden. Man spricht bei diesen ungebundenen Elektronen von freien Elektronen. Solange kein Strom fliesst, bewegen sich die freien Elektronen innerhalb eines Metalldrahts in alle Richtungen, wobei sie durch Kollisionen mit Ionen des Metalls abgelenkt werden.

Wenn die Enden eines Metalldrahts an die Pole einer Batterie gehalten werden, werden die freien Elektronen vom Minus-Pol abgestossen und vom Plus-Pol angezogen und bewegen sich trotz ständiger Kollisionen mit den Ionen in Richtung Plus-Pol. Es kommt dadurch zu einem elektrischen Strom aus freien Elektronen. Ein elektrischer Strom in einem Metalldraht besteht somit aus sich vorwärts bewegenden Elektronen.

Elektrische Stromstärke: Die Stromstärke I gibt an, wie gross die elektrische Ladung Q ist, die im Zeitintervall Δt an einer Stelle im Draht vorbeifliesst: $I = Q / \Delta t$.

Die Stromstärke ist eine der 7 Grundgrössen des SI. Die SI-Einheit der Stromstärke ist das Ampere, abgekürzt A. Die Stromstärke I in einem Metalldraht hängt von der Driftgeschwindigkeit v_D und der Anzahl der freien Elektronen im Metalldraht ab. Die Driftgeschwindigkeit beträgt etwa $v_D = 0.1$ mm / s.

Messung der Stromstärke: Um die Stromstärke I zu messen, verwendet man z. B. ein Amperemeter. Das Amperemeter wird so angeschlossen, dass der Strom, der gemessen werden soll, durch das Amperemeter fliesst. Das Amperemeter ist in Serie zum Verbraucher geschaltet. Das Amperemeter muss einen kleinen Widerstand haben, um die zu messende Stromstärke nicht zu verfälschen.

Aufgabe 93

Die elektrische Ladung eines Elektrons beträgt $Q = 1.6 \cdot 10^{-19}$ C.

A] Wie viele Elektronen haben einen Metalldraht verlassen, wenn während 60 s ein Strom von 0.50 A geflossen ist?

B] Was beschreibt die Driftgeschwindigkeit der Elektronen?

C] Was ist ein typischer Wert für die Driftgeschwindigkeit?

Aufgabe 4

Eine Knopfzelle ist eine kleine Batterie, mit der z. B. eine Armbanduhr betrieben werden kann. Eine volle Knopfzelle kann insgesamt eine Ladung von 36 C abgeben. Damit kann die Uhr 2 Jahre betrieben werden. Welcher Strom fliesst dabei durch die Uhr?

Aufgabe 10

Wieso muss der Widerstand des Amperemeters möglichst klein sein?

8 Was bestimmt, ob ein Material den Strom leitet?

Die Schlüsselfragen dieses Abschnitts lauten:

- Welche Materialien leiten den elektrischen Strom?
- Wie gut leiten Metalle den elektrischen Strom?

[Abb. 8.1] Leiter und Isolatoren

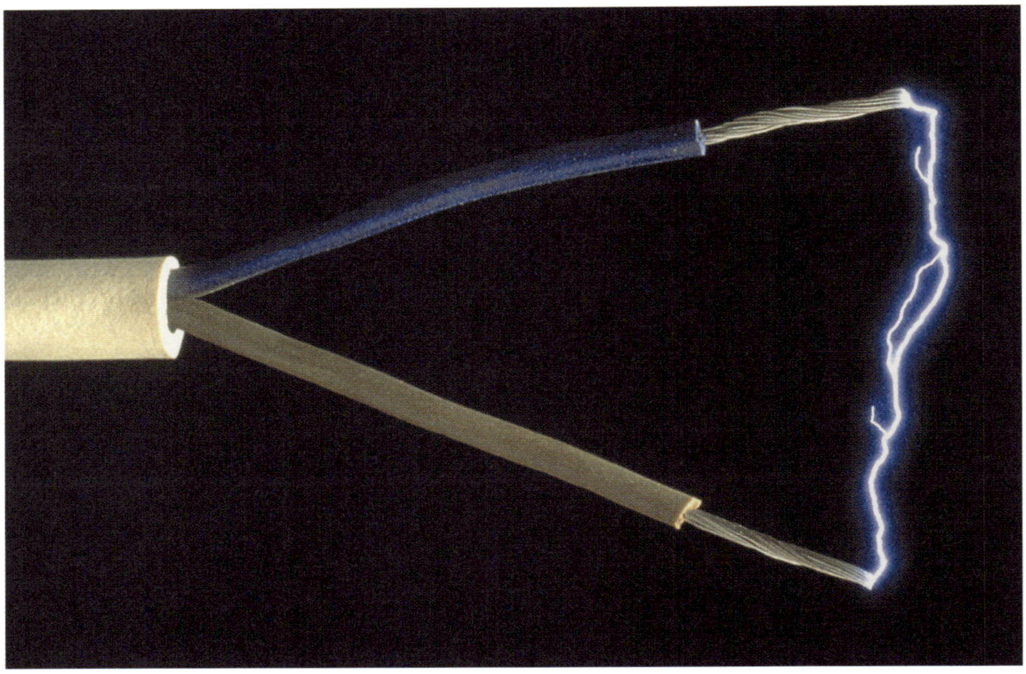

In elektrischen Einrichtungen werden gezielt leitende und isolierende Materialien verwendet. Bild: Victor Schwandberg / Science Photo Library

Metalldrähte der Hochspannungsleitungen leiten den elektrischen Strom. Die Isolatoren, an denen die Drähte hängen, leiten den elektrischen Strom nicht. Dies wirft die Frage auf: Was bestimmt, ob ein Material den elektrischen Strom leitet?

8.1 Welche Materialien leiten den elektrischen Strom?

Nach diesem Abschnitt können Sie

- den Unterschied zwischen Leitern und Isolatoren erklären.

Die Frage «Welche Materialien leiten den elektrischen Strom?» wurde schon im Abschnitt 7 angeschnitten. Sie haben gelernt, dass ein elektrischer Strom in einem Metalldraht aus den freien Elektronen des Drahts besteht, die sich mit der Driftgeschwindigkeit v_D entlang des Drahts bewegen.

Ohne freie Elektronen kein elektrischer Strom im Draht

Wenn ein Material keine freien Elektronen enthält, so kann auch kein elektrischer Strom aus freien Elektronen fliessen. In Materialien, in denen es viele freie Elektronen gibt, kann somit ein elektrischer Strom gut fliessen:

Leiter, Isolator

- Wenn ein Material den elektrischen Strom leiten kann, sprechen wir von einem *Leiter*. In guten Leitern gibt es etwa 10^{20} freie Elektronen pro 1 mm^3.
- Wenn ein Material elektrischen Strom nicht leiten kann, sprechen wir von einem *Isolator*. In Isolatoren gibt es weniger als 1 freies Elektron pro 1 mm^3.

[Abb. 8.2] Leiter, Isolator

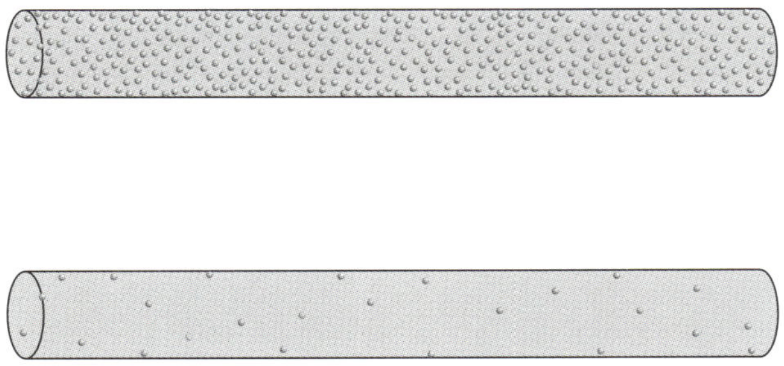

Ist die Dichte an freien Elektronen in einem Material gross, ist es ein Leiter. Ist sie gering, handelt es sich um einen Isolator.

Bekannte Leiter-Materialien sind alle Metalle, also Eisen, Kupfer, Aluminium und Silber. Bekannte Isolator-Materialien sind die meisten Kunststoffe, Keramiken, Gase, reines Wasser und Glas.

Da wir in diesem Teil am Transport von elektrischer Energie interessiert sind, gehen wir im Weiteren nur noch auf Leiter ein. Isolatoren sind z. B. dann wichtig, wenn verhindert werden soll, dass elektrische Ströme eine Abkürzung nehmen (Abb. 8.1).

Leiter und Isolatoren: Mit den Begriffen Leiter und Isolator wird beschrieben, ob in einem Material ein elektrischer Strom fliessen kann. Gibt es im Material in 1 mm^3 etwa 10^{20} freie Elektronen, so ist es ein guter Leiter, gibt es weniger als 1 freies Elektron in 1 mm^3, so ist es ein Isolator.

Aufgabe 16 Erklären Sie den Unterschied zwischen metallischen Leitern und Isolatoren.

Aufgabe 22 In einem Metalldraht kann ein elektrischer Strom fliessen, in einer Kunststoffleine nicht.

A] Woher kommt das unterschiedliche Verhalten dieser beiden Materialien?

B] Was passiert in einem Metalldraht auf mikroskopischer Ebene, wenn man die beiden Enden des Drahts an die beiden Pole einer Batterie hält?

8.2 Wie gut leiten Metalle den elektrischen Strom?

Nach diesem Abschnitt können Sie

- erklären, wie der elektrische Widerstand in einem Metalldraht zustande kommt.
- erklären, von was der elektrische Widerstand eines Metalldrahts abhängt.
- das Phänomen Supraleitung beschreiben.

Wir betrachten einen Metalldraht, dessen Enden an die beiden Pole einer Batterie angeschlossen sind. Die freien Elektronen bewegen sich dabei im Durchschnitt mit der Driftgeschwindigkeit im Draht in Richtung Plus-Pol der Batterie. Was passiert mit den Elektronen, während sie sich durch den Draht bewegen? Wir müssen uns dazu die Prozesse im Draht auf der Ebene der Atome und Elektronen anschauen.

Das Kollisions-Modell beschreibt die Bewegung der Elektronen des Stroms

Kollisions-Modell

Um eine möglichst einfache Vorstellung von der Bewegung der Elektronen im Metall zu bekommen, stellen wir uns die freien Elektronen und die Ionen als Kügelchen unterschiedlicher Masse und unterschiedlicher Grösse vor: Die Metallionen sind grosse und schwere Kügelchen, die sich nicht durch den Draht bewegen können. Sie können aber an ihrem Ort etwas hin und her schwingen (thermische Zitterbewegung). Die freien Elektronen sind kleine, leichte Kügelchen, die sich zwischen den grossen Kugeln frei bewegen können. Die freien Elektronen können mit den Metallionen kollidieren. Wir nennen dieses Modell das *Kollisions-Modell*.

Die Bewegung eines freien Elektrons ist nicht einfach eine geradlinige Bewegung entlang des Drahts, denn die freien Elektronen treffen immer wieder auf die mehrere tausendmal schwereren Ionen des Drahts und prallen ab.

Kollidiert ein freies Elektron mit einem Metallion, so wird es abgebremst. Nach dem Stoss wird das Elektron durch die elektrische Kraft der beiden Pole beschleunigt, bis es wieder mit einem Metallion kollidiert. Das Elektron wird also dauernd beschleunigt, und abgebremst, doch im Mittel bewegt es sich mit der Driftgeschwindigkeit v_D in Richtung des Plus-Pols der Batterie.

Was passiert mit der kinetischen Energie der Elektronen bei Elektron-Ion-Kollisionen? Die kinetische Energie, die das freie Elektron (leichtere Kugel) vor der Kollision hatte, wird beim Stoss teilweise auf das Ion (schwerere Kugel) übertragen. Das Ion des Drahts kann seinen Platz zwar nicht verlassen, aber der Stoss führt zu einer stärkeren thermischen Zitterbewegung (siehe Wärmelehre) des Ions (Abb. 8.3).

[Abb. 8.3] Kollisions-Modell

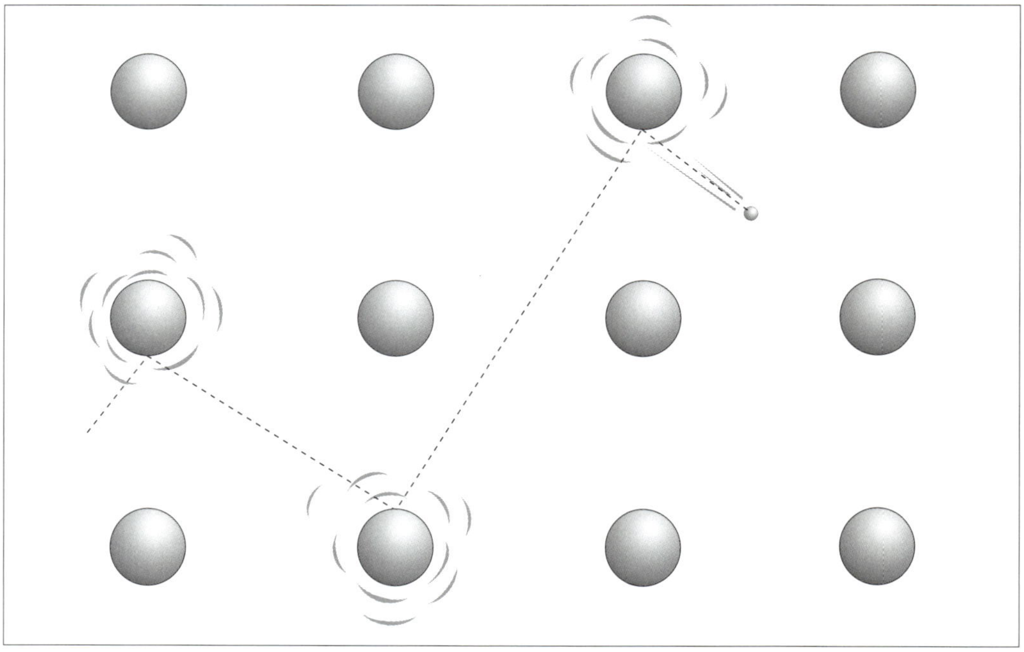

Die kinetische Energie, die das freie Elektron vor der Kollision hatte, wurde teilweise beim Stoss auf das Ion übertragen. Wegen der vielen Elektron-Ion-Kollisionen bewegen sich die freien Elektronen auf einem Zick-Zack-Weg in Richtung Batterie.

Elektronen des Stroms bewegen sich im Draht auf einem Zick-Zack-Weg

Was sind die Folgen der Elektron-Ion-Kollisionen für den Draht? Durch die vielen Elektron-Ion-Kollisionen, zu denen es überall im Draht ständig kommt, schwingen die Ionen stärker (Abb. 8.3). Somit nimmt die Temperatur des Drahts zu. Wenn durch einen Draht ein elektrischer Strom fliesst, wird er also wärmer. In der Glühbirne wird der Draht so heiss, dass er glüht.

Was sind die Folgen der Elektron-Ion-Kollisionen für den Strom? Für den Strom haben die vielen Kollisionen zur Folge, dass die Elektronen sich nicht auf dem kürzesten, geradlinigen Weg durch den Draht in Richtung Batterie bewegen, sondern auf einem viel längeren Zick-Zack-Weg (Abb. 8.3). Ausserdem werden die Elektronen immer wieder abgebremst, sodass die Batterie ständig Beschleunigungsarbeit an den Elektronen verrichten muss.

Momentangeschwindigkeit der Elektronen

Die freien Elektronen bewegen sich auf ihrem Zick-Zack-Weg mit einer *Momentangeschwindigkeit,* die viel grösser ist als die Driftgeschwindigkeit entlang des Drahts. Ein typischer Wert für die Momentangeschwindigkeit der Elektronen ist $v_M = 10^9$ mm/s. Die freien Elektronen kommen bei den Kollisionen immer wieder von ihrem *Vorwärts-Kurs* ab. Kollisionen sind wegen des kleinen Abstands zwischen den Ionen des Drahts extrem häufig. Im Durchschnitt kollidiert ein freies Elektron alle $\Delta t = 10^{-14}$ s mit einem Ion, ändert also in einer Sekunde 10^{14}-mal seine Flugrichtung! Die freien Elektronen des Drahts bewegen sich dadurch, wie schon erwähnt, mit einer Driftgeschwindigkeit von etwa $v_D = 0.1$ mm/s im Draht vorwärts.

Beschleunigungsarbeit hält die Vorwärtsbewegung der Elektronen des Stroms in Gang

Beschleunigungsarbeit der Batterie

Bei jedem Stoss verliert ein freies Elektron einen Teil seiner kinetischen Energie. Dass die freien Elektronen eines Stroms nicht stehen bleiben nach einer Reihe von Kollisionen und Energieübertragungungen, kommt daher, dass sie ständig die abstossende Kraft des Minus-Pols der Batterie und die anziehende Kraft des Plus-Pols der Batterie spüren. Die elektrische Kraft der Batterie verrichtet ständig *Beschleunigungsarbeit* an den freien Elektronen. Ein elektrischer Strom in einem Draht hört aber wegen der häufigen Elektron-Ion-Kollisionen fast augenblicklich auf zu fliessen, wenn die Batterie vom Draht getrennt wird.

Material und Temperatur bestimmen den elektrischen Widerstand

Im letzten Abschnitt haben wir zwischen Leitern und Isolatoren unterschieden. Die einen leiten den Strom und die anderen nicht. Doch auch unter den Leitern gibt es solche, die den Strom besser oder weniger gut leiten. Wie gut der Strom geleitet wird, hängt vom Material ab. Dies ist mit dem Kollisions-Modell leicht zu erklären. Je nach Häufigkeit und Heftigkeit der Kollisionen zwischen Elektronen und Ionen leitet ein Material den Strom besser oder schlechter. Leitet ein Material schlecht, so sagen wir, dass das Material einen grossen elektrischen Widerstand hat. Ein Metalldraht, in dem die Ionen wie in Abb. 8.3 ganz regelmässig angeordnet sind, hat z. B. einen kleineren Widerstand als einer, in dem die Ionen ganz unregelmässig angeordnet sind.

Ist der elektrische Widerstand klein, so wird wenig elektrische Energie in Wärme umgewandelt. Im Tauchsieder ist die Umwandlung von elektrischer Energie in Wärme erwünscht. Damit elektrische Energie in Stromkabeln über grosse Distanzen vom Kraftwerk zur Nachttischlampe transportiert werden kann, muss der elektrische Widerstand des Kabels möglichst klein sein, denn dann wird wenig elektrische Energie in Wärme umgewandelt.

Der elektrische Widerstand beschreibt die Wechselwirkung zwischen Ionen des Leiters und freien Elektronen des Stroms. Diese Wechselwirkung hängt auch von der Temperatur des Leiters ab: Bei schneller Zitterbewegung der Ionen ist die Wahrscheinlichkeit einer Elektron-Ion-Kollision gross. Eine hohe Temperatur bedeutet somit einen grossen elektrischen Widerstand, so wie beim Tischfussball der Fussball an einem Spieler abprallt. Wenn Sie Ihre Spieler langsam an der Stange hin und her bewegen, prallt der Ball seltener an einem Spieler ab, als wenn Sie die Spieler schnell mit der Stange hin und her bewegen. Die langsame Bewegung der Fussballer entspricht in dieser Analogie der tiefen Temperatur des Drahts (langsame thermische Zitterbewegung). Das Kollisions-Modell kann also die Tatsache erklären, dass eine Zunahme der Temperatur eine Zunahme des elektrischen Widerstands bedeutet.

Grenzen des Kollisions-Modells: Supraleitung

Das Kollisions-Modell kann den Widerstand, den ein elektrischer Strom erfährt, und die Umwandlung von elektrischer Energie des Stroms in Wärme recht gut erklären. Das Modell hat aber wie jedes physikalische Modell seine Grenzen. Die Grenzen des Kollisions-Modells sind bei der Erklärung der so genannten Supraleitung spätestens erreicht.

Supraleitung, kritische Temperatur

Im Jahre 1911 entdeckte der Physiker Heike Kamerlingh Onnes (1853–1926), dass das Metall Quecksilber unter einer Temperatur von 4.2 K überhaupt keinen elektrischen Widerstand mehr hat. Es wird dann keine elektrische Energie in Wärme umgewandelt. Die widerstandsfreie Leitung des elektrischen Stroms bezeichnet man als *Supraleitung*. Die Temperatur, unterhalb der dieses Phänomen auftritt, heisst die *kritische Temperatur* T_c.

Neben Quecksilber zeigen auch viele andere Elemente Supraleitung. Typische Werte für die kritische Temperatur reiner Elemente reichen von $T_c = 0.1$ K für Hafnium bis $T_c = 9.2$ K für Niob. Um aber ein Material so weit abkühlen zu können, dass es den elektrischen Strom verlustfrei leitet, braucht es als Kühlmittel flüssiges Helium (Siedetemperatur 4.2 K). Die Herstellung von flüssigem Helium ist aber recht teuer. Die Herstellung von flüssigem Stickstoff (Siedetemperatur 77 K) als Kühlmittel ist wesentlich preisgünstiger. Es war deshalb ein viel versprechender Erfolg, als im Jahre 1986 die Physiker Georg Bednorz (*1950) und Alexander Müller (*1927) entdeckten, dass das bei Raumtemperatur nicht leitende keramische Lanthan-Barium-Kupfer-Oxid schon bei $T_c = 30$ K supraleitend wird. Man spricht von Hochtemperatur-Supraleitung. Yttrium-Barium-Kupfer-Oxid wird sogar schon bei $T_c = 92$ K supraleitend.

Materialien, die den Strom verlustfrei transportieren, sind von technischem Interesse. In einem supraleitenden ringförmigen Draht fliesst ein Strom weiter, auch wenn die Batterie nicht mehr angeschlossen ist.

Das einfache Kollisions-Modell kann das Phänomen der Supraleitung nicht erklären. Dass der spezifische elektrische Widerstand kleiner wird, wenn die Temperatur abnimmt, können wir mit dem Bild des Tischfussballs erklären. Doch selbst mit ruhenden Ionen ($T = 0$ K) werden die freien Elektronen immer wieder mit diesen kollidieren und abgebremst. Selbst Leiter mit der Temperatur $T = 0$ K haben gemäss dem Kollisions-Modell einen elektrischen Widerstand. Erklärungen der Supraleitung beruhen unter anderem darauf, dass sich die freien Elektronen gegenseitig beeinflussen, während sie sich durch das Ionen-Labyrinth im Draht bewegen.

Kollisions-Modell für Ströme: Wenn ein Strom aus freien Elektronen durch einen Draht fliesst, kommt es ständig zu Elektron-Ion-Kollisionen:

- Bei jeder Elektron-Ion-Kollision wird das freie Elektron langsamer und vom geraden Weg abgebracht. Die freien Elektronen des Stroms bewegen sich wegen der Kollisionen auf einem Zick-Zack-Weg durch den Draht. Dass die freien Elektronen eines Stroms nach einer Reihe von Elektron-Ion-Kollisionen nicht stehen bleiben, kommt daher, dass die Batterie ständig Beschleunigungsarbeit an den Elektronen verrichtet.
- Bei jeder Elektron-Ion-Kollision wird die thermische Zitterbewegung des Ions schneller, also der Draht wärmer.

Elektrischer Widerstand: Je nach Häufigkeit und Heftigkeit der Kollisionen zwischen Elektronen und Ionen leitet ein Material den Strom besser oder schlechter. Leitet ein Material schlecht, so sagen wir, dass es einen grossen Widerstand hat. Der elektrische Widerstand hängt vom Material ab, aus dem der Leiter besteht. Zudem bewirkt bei Leitern eine Zunahme der Temperatur eine Zunahme des elektrischen Widerstands.

Um elektrische Energie ohne grosse Verluste über grosse Distanzen zu transportieren, braucht es Stromkabel, die einen möglichst kleinen Widerstand haben. Um mit elektrischer Energie zu heizen, braucht es hingegen Leiter, die einen grossen Widerstand haben.

Supraleitung: Die Grenzen des Kollisions-Modells sind bei der Erklärung der Supraleitung erreicht. Supraleitung tritt in gewissen Materialien auf, wenn sie extrem kalt sind. Bei Supraleitung ist der elektrische Widerstand null. Dies ist mit dem Kollisions-Modell nicht erklärbar.

Aufgabe 28

Beschreiben Sie die Wirkung, die Elektron-Ion-Kollisionen auf den elektrischen Strom und auf die Ionen haben.

Aufgabe 34

Erklären Sie, weshalb der Widerstand eines Metalls mit steigender Temperatur zunimmt.

Aufgabe 40

A] Was bedeutet die kritische Temperatur eines Supraleiters?

B] Wieso lässt sich Supraleitung nicht mit dem Kollisions-Modell erklären?

Exkurs: Welt ohne Strom – ein Szenario

Mehr als ein technischer Defekt mit wirtschaftlichen Folgen: Der Stromausfall ist ein totales soziales Ereignis.

Wenn das Stromnetz zusammenbricht, ist das mehr als nur ein technischer Defekt. Das Zusammenleben der Menschen ist schon bei kurzem Totalausfall stark betroffen. Wie erst würde es sein, wenn der Ausnahmezustand andauern würde? Der Soziologe Wolfgang Sofsky beschreibt ein mögliches Szenario in der NZZ vom 6.10.2003 (mit freundlicher Genehmigung des Autors):

Morgens ist es in dem Mietshaus merkwürdig still. Der Wecker klingelt nicht, kein Radio, kein Fernseher tönt durch die Wände. Aus der Dusche kommen kalte Wasserstrahlen; Toaster, Kaffeemaschine und Elektroherd funktionieren nicht. Der Kühlschrank surrt nicht, die Uhr zeigt die Zeit nicht mehr an. In den Zimmern herrscht Dämmerlicht, die Fenster gegenüber sind alle dunkel. Die Telefonleitung ist tot, auch mit dem Handy ist niemand zu erreichen. Offenbar ist der Vermittlungsrechner für das Funknetz ausgefallen. Im Treppenhaus flüstern die Menschen leise, als müssten sie ihre Lautstärke dämpfen.

Unversehens sind viele Menschen von der Aussenwelt abgeschnitten. Die Medien schweigen. Der Pfad ins Internet ist versperrt. Nur wenige haben für das alte Kofferradio Batterien in Reserve. Die Welt zieht sich zusammen, auf das Haus, die Wohnung. Aber im Interieur ist nichts, wie es war. Die Haustechnik ist vollständig ausgefallen. Sie ist ohne Wert und Funktion. Vergeblich versucht man, die Geräte einzuschalten, aufzudrehen, anzustellen.

Zunächst vermuten die Menschen eine Panne. In wenigen Minuten dürfte der Spuk vorüber sein. Es ist beruhigend, dass auch die Nachbarn betroffen sind. Der Kontakt zu Verwandten und Freunden jedoch ist abgerissen. Elektrizität sichert den Fortbestand sozialer Beziehungen über weite Entfernungen. Nach einer halben Stunde machen sich die Menschen mit gemischten Gefühlen auf den Weg zur Arbeit.

An den Bahnhöfen, Metro- und Tramstationen herrscht ungewohntes Gedränge. Kein Zug kommt an, und keiner fährt ab. Die Lautsprecher bleiben stumm. Unschlüssig stehen die Passagiere herum und warten. Die Arbeitskräfte gelangen nicht zu ihren Plätzen, Termine verstreichen. Einige machen sich zu Fuss auf den Weg. Andere halten Autos an. Die Hilfsbereitschaft ist unerwartet hoch. Menschen, die sonst niemals ein Wort wechseln würden, reden plötzlich miteinander. Der Ausfall der Elektrizität wirkt wie ein Treibstoff für spontane Vergesellschaftung.

Wer zum Zeitpunkt des Blackouts unterwegs war, steckt nun irgendwo fest. Die automatischen Wagentüren sind nicht zu öffnen. Man muss die Fenster von innen zerschlagen, damit die Atemluft nicht knapp wird. In Zwangsgemeinschaften schmelzen die Abstände in dem Masse zusammen, wie die Ausdünstungen zunehmen. So versucht jeder, sich für die nächste Zeit ein kleines Terrain zu sichern.

Das Transportsystem ist zusammengebrochen. Die Strassen sind verstopft, auch auf den bekannten Schleichwegen bewegt sich nichts mehr. Sämtliche Ampeln sind ausgefallen. Von der Obrigkeit ist nichts zu sehen. Von einer Minute zur anderen ist auf den Kreuzungen die Verkehrsordnung aufgehoben. Die mobile Gesellschaft ist zum Stillstand gekommen.

In den Büros wissen die Angestellten nichts Rechtes mit der Arbeit anzufangen. Computer und Telefon sind nicht zu gebrauchen. In den Fertigungshallen verzögert sich die Arbeit. Die Notfallaggregate produzieren einen Höllenlärm. Aber sie sind zu schwach, um alle Prozesse wie geplant in Gang zu halten. In den Schlachthöfen ist die Arbeit ebenfalls unterbrochen. Millionen Rinder, Schweine und Hühner verdanken dem Stromausfall die Verlängerung ihres Lebens. In den Krankenhäusern sind alle Generatoren angestellt. Der Sprit reicht jedoch nur für ein paar Stunden.

Am Nachmittag sind Batterien, Kerzen und Gasflaschen überall ausverkauft. In den Supermärkten bilden sich lange Schlangen. An der Kasse behilft man sich mit Taschenrechnern, Handzetteln und Kugelschreibern. Quittungen gibt es nicht. Käufe mit Kreditkarten sind unmöglich. Das Bargeld beginnt knapp zu werden. Viele Banken haben geschlossen, die Geldautomaten sind ausser Betrieb.

Am Abend treffen sich einige Bekannte in einer Küche mit Gasherd. Die Stimmung ist aufgekratzt. Jeder hat etwas zu erzählen. Gerüchte werden ausgetauscht, erörtert, verworfen oder weiter ausgesponnen. Man weiss nicht, was man glauben soll, und man weiss nicht, was man am nächsten Tag tun soll. Die Nachrichten sind noch immer widersprüchlich. Fernsehbilder gibt es nicht. Trotzdem wird niemand diesen Tag vergessen.

In der Nacht herrscht triste Dunkelheit. Keine Strasse, kein Fenster ist beleuchtet, nirgendwo grellbunte Neonschilder oder Werbeflächen. Die Menschen meiden den öffentlichen Raum. Kinos, Theater, Restaurants, sogar die Bordelle sind geschlossen. Es ist, als sei die Welt in eine frühere Zeit zurückversetzt worden. Hier und da sieht man hinter den Vorhängen flackernde Kerzen oder den wandernden Lichtkegel einer Taschenlampe. Am Morgen darauf bleiben die meisten Menschen zu Hause. Lautsprecherwagen fordern die Anwohner dazu auf, Ruhe zu bewahren. Nicht Angst bestimmt die kollektive Gemütslage, sondern Verstörung.

Am vierten Tag sieht man die ersten offenen Feuer an den Strassenecken. Flinke Köche haben ohne Gewerbeschein Grillgeräte und Gaskocher aufgestellt. Manche kaufen sich die erste warme Mahlzeit seit Tagen. Wenige Schritte weiter bietet ein Schwarzhändler Batterien an. Die Preise sind exorbitant. Mittlerweile ist die Stimmung umgeschlagen. Die Hilfsbereitschaft der ersten Stunden ist einer allgemeinen Reizbarkeit gewichen. Manche flüchten sich in Galgenhumor. Niemand will den Wandzeitungen an den öffentlichen Gebäuden glauben. Keiner weiss, wie lange dieser Zustand noch dauern wird.

Der Zusammenbruch des Stromnetzes ist weit mehr als ein technischer Defekt mit wirtschaftlichen Folgen. Er betrifft die Struktur der Kommunikation, den Austausch der Gesten und Güter, die Bedeutung materieller Objekte, die Ordnung des Raums, die Bewegung der Körper und die Gegenwart der Macht. Der Stromausfall ist ein totales soziales Ereignis. Bis in die Verästelungen der Seele und Sinne wirkt sich die banale Begebenheit aus, bis in die sozialen Gefühle und kollektiven Stimmungen. Es ist eine Katastrophe des Alltags. Gewohnte Bewegungen, Zeitpläne und Ortswechsel sind plötzlich unmöglich. Die Normalität ist ausser Kraft gesetzt. Von einer Sekunde zur anderen sind die Menschen in eine andere Welt katapultiert, eine Welt mit allen Errungenschaften der modernen Zivilisation, aber ohne deren Lebenselixier, die Elektrizität.

Teil D Elektrische Stromkreise

Einstieg und Lernziele

Einstieg

Wo geht der Strom hin, wenn er aus der Glühbirne wieder herauskommt? Die Lampe brennt nur, wenn der Strom nicht nur der Lampe zugeführt wird, sondern auch wieder aus ihr abfliessen kann. Es braucht also zwei Leitungen zum Betrieb eines elektrischen Geräts, die mit den Polen einer Spannungsquelle verbunden sind. Man nennt diese Anordnung einen elektrischen Stromkreis. Der Strom fliesst vom einen Pol der Spannungsquelle durch den Verbraucher, z. B. eine Glühbirne, zum anderen Pol der Spannungsquelle. Ein Stromkreis besteht also aus Spannungsquelle, Leitungen und einem Verbraucher.

Um die elektrischen Eigenschaften eines Stromkreises zu beschreiben, gibt es mehrere Grössen. Die elektrische Stromstärke haben Sie schon im letzten Teil kennen gelernt. In diesem Teil lernen Sie die elektrische Spannung und die elektrische Leistung kennen. Die Einheit dieser Grössen sind Volt und Watt.

Die Stärke des Stroms, der durch ein Gerät fliesst, die angeschlossene Spannung und die Leistung des Geräts hängen voneinander ab. Für den Fall von elektrischen Leitern wird der Zusammenhang durch das so genannte Ohm'sche Gesetz beschrieben.

Schlüsselfragen im Zusammenhang mit elektrischen Stromkreisen sind:

- Was bedeuten Volt- und Watt-Angaben auf elektrischen Geräten?
- Wie funktionieren Spannungsquellen?
- Wie berechnet man elektrische Stromkreise?

Lernziele

Nach der Bearbeitung des Abschnitts «Was bedeuten Volt- und Watt-Angaben auf elektrischen Geräten?» können Sie

- die elektrische Spannung definieren und berechnen.
- beschreiben, wie die elektrische Spannung gemessen wird.
- die elektrische Leistung definieren und berechnen.
- den Ohm'schen Widerstand eines Leiters berechnen.
- für Leiter den Zusammenhang zwischen Spannung und Stromstärke angeben.
- die Heizleistung eines Ohm'schen Widerstands berechnen.

Nach der Bearbeitung des Abschnitts «Wie funktionieren Spannungsquellen?» können Sie

- die Entstehung der Spannung der Alkali-Mangan-Batterie erklären.
- die Spannung mehrerer seriell verbundener Batterien berechnen.
- beschreiben, was Wechselspannung ist.
- die Stromstärke im Falle von Wechselspannung beschreiben.
- die Leistung im Falle von Wechselspannung beschreiben.
- den Vorteil von Wechselspannung gegenüber Gleichspannung erklären.

Nach der Bearbeitung des Abschnitts «Wie berechnet man Stromkreise?» können Sie

- die Leistung eines von mehreren parallel angeschlossenen Geräten berechnen.
- die Gesamtleistung aller parallel angeschlossener Geräte berechnen.
- die Leistung eines von mehreren seriell angeschlossenen Geräten berechnen.
- die Gesamtleistung aller seriell angeschlossener Geräte berechnen.
- einige Gefahren und Sicherheitsvorkehrungen bei Stromkreisen angeben.

9 Was bedeuten Volt- und Watt-Angaben auf elektrischen Geräten?

Die Schlüsselfragen dieses Abschnitts lauten:

- Was bedeutet die Volt-Angabe auf einem Gerät?
- Was bedeutet die Watt-Angabe auf einem Gerät?
- Wie lautet für Leiter der Zusammenhang zwischen Stromstärke und Spannung?

Auf elektrischen Geräten stehen Watt- und Volt-Angaben. In diesem Abschnitt geht es darum, die physikalische Bedeutung dieser beiden Angaben, Leistung und Spannung, kennen zu lernen. Zudem werden wir den Zusammenhang zwischen Stromstärke und Spannung erläutern.

[Abb. 9.1] Angaben auf elektrischen Geräten

Typenschild eines 1.5-L-Wasserkochers: 220–240 V beschreibt die anzuschliessende Spannung,1850–2200 W beschreibt die dann vom Gerät erbrachte Leistung. Die Angabe ~50/60 Hz bedeutet, dass das Gerät für eine Wechselspannung mit einer Frequenz von etwa 50/60 Hz vorgesehen ist. Bild: Thomas Dumm

9.1 Was bedeutet die Volt-Angabe auf einem Gerät?

Nach diesem Abschnitt können Sie

- die elektrische Spannung definieren und berechnen.
- beschreiben, wie die elektrische Spannung gemessen wird.

Wenn Sie eine Batterie genauer anschauen, so finden Sie auf ihr verschiedene Angaben. Die wichtigste Angabe ist dabei die Spannung. Eine kleine Taschenlampen-Batterie hat z. B. meist eine Spannung zwischen 1.5 V und 9 V. Steckdosen haben, wie Sie vielleicht wissen, eine Spannung von 230 V. Was beschreibt die elektrische Spannung? Betrachten wir dazu eine Batterie, an der eine Glühbirne angeschlossen ist.

Die Spannung einer Spannungsquelle beschreibt ihr Arbeitsvermögen

Die Batterie ist dazu da, Beschleunigungsarbeit an freien Elektronen zu verrichten, sodass ein Strom zuerst einmal überhaupt zustande kommt und dann auch aufrechterhalten wird. Eine Batterie hat dazu einen Plus-Pol und einen Minus-Pol. Der Minus-Pol stösst freie Elektronen mit der elektrischen Kraft von sich weg, der Plus-Pol zieht sie zu sich hin. Wenn sich freie Elektronen wegen der elektrischen Kraft der beiden Pole vom Minus- zum Plus-Pol bewegen, wird Arbeit an den Elektronen verrichtet.

Spannung der Batterie

Wenn eine Batterie an der Ladung Q die Arbeit W verrichtet, während sie vom Minus-Pol durch den Verbraucher, z. B. eine Glühbirne, zum Plus-Pol gelangt, beträgt die elektrische *Spannung U der Batterie:*

Gleichung 9.1

$$U = \frac{W}{Q}$$

Volt

Gleichung 9.1 ist die Definition der elektrischen Spannung. Die SI-Einheit der elektrischen Spannung ist gemäss dieser Definition Joule / Coulomb. Da die Spannung eine so wichtige Grösse ist, hat ihre Einheit einen eigenen Namen erhalten, nämlich *Volt,* abgekürzt V:

Gleichung 9.2

$$[U] = \frac{\mathrm{J}}{\mathrm{C}} = \mathrm{V}$$

Spannungsquelle

Die Spannung gibt an, wie stark die Batterie ist: Die Spannung beschreibt die Arbeit W, die die Batterie an der Ladung Q verrichtet. Die Spannung von Batterie und Steckdose beschreibt ihr Arbeitsvermögen. Man nennt Batterien und Steckdosen auch *Spannungsquellen*.

Batterien haben eine konstante Spannung zwischen den beiden Polen. Batterien sind Gleichspannungsquellen. Steckdosen sind Wechselspannungsquellen. Sie haben eine zeitlich veränderliche Spannung zwischen den beiden Polen, weil die Pole der Steckdose ständig aufgeladen und entladen werden. Wir betrachten vorerst nur Gleichspannungsquellen.

Beispiel 9.1

Eine Glühbirne ist an eine Batterie angeschlossen. Wenn die Batterie an der Ladung $Q = 0.1$ C die Arbeit $W = 0.15$ J verrichtet, während die Ladung vom negativ geladenen Minus-Pol der Batterie durch die Glühbirne zum positiv geladenen Plus-Pol der Batterie gebracht wird, beträgt die elektrische Spannung U der Batterie:

$$U = \frac{W}{Q} = \frac{0.15\ \mathrm{J}}{0.1\ \mathrm{C}} = 1.5\ \mathrm{V}$$

Batterien haben meist eine Spannung zwischen 1.5 V und 12 V. Die Steckdose hat bei uns eine Spannung von 230 V. In den USA sind es nur 115 V. In Hochspannungsleitungen beträgt in der Schweiz die Spannung 380 kV. Kurz bevor es zu einem ordentlichen Blitz kommt, beträgt die Spannung zwischen Gewitterwolke (Minus-Pol) und Erdboden (Plus-Pol) etwa 100 MV.

Wenn wir die Spannung U einer Spannungsquelle kennen, können wir gemäss Gleichung 9.2 die Arbeit W berechnen, die sie an der Ladung Q verrichtet, während sich die Ladung vom Minus-Pol durch den Verbraucher zum Plus-Pol bewegt:

$$W = Q \cdot U$$

Beispiel 9.2

Betrachten wir nochmals eine Glühbirne. Sie wird an eine 1.5-V-Batterie angeschlossen. Wenn die Ladung $Q = 0.2$ C vom Minus-Pol durch die Glühbirne zum Plus-Pol gebracht wird, verrichtet die Batterie die Arbeit:

$$W = Q \cdot U = 0.2\ \mathrm{C} \cdot 1.5\ \mathrm{V} = 0.3\ \mathrm{J}$$

Eine Glühbirne ist an eine Batterie angeschlossen und leuchtet. Die Batterie verrichtet Arbeit an den freien Elektronen des Glühdrahts. Die Arbeit wird gebraucht, um die Vorwärtsbewegung der freien Elektronen trotz der Kollisionen mit den Ionen des Glühdrahts aufrechtzuerhalten. Es braucht die Arbeit der Batterie, weil kinetische Energie der freien Elektronen in Wärme umgewandelt wird. Die Arbeit der Batterie bewirkt, dass die Birne glüht. Die Batterie kann diese Arbeit verrichten, solange sie elektrische Energie besitzt.

Die Spannung zwischen zwei Punkten eines Stromkreises beschreibt die Arbeit, die dazwischen an der Ladung verrichtet wird

Oft haben wir mehrere Geräte in einem Stromkreis. Beispiel: Sie schliessen zwei Glühbirnen hintereinander an eine Batterie mit der Spannung $U = 1.5$ V an (Abb. 9.2). Sie können die Arbeit W berechnen, die an der Ladung $Q = 1$ C verrichtet wird, wenn sie vom Minus-Pol der Batterie durch die beiden Glühbirnen zum Plus-Pol der Batterie gebracht wird:

$$W = Q \cdot U = 1\,\text{C} \cdot 1.5\,\text{V} = 1.5\,\text{J}$$

Es wäre aber auch interessant zu wissen, wie gross die Arbeit W_{AB} ist, die die Batterie verrichten muss, um die Ladung durch die erste Glühbirne zu bringen, und wie gross die Arbeit W_{BC} ist, die die Batterie verrichten muss, um die Ladung anschliessend noch durch die zweite Glühbirne zu bringen.

[Abb. 9.2] Arbeit zwischen zwei Punkten des Stromkreises

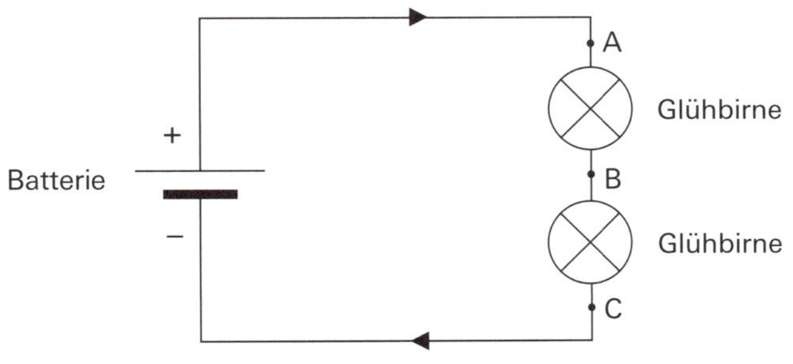

Die Arbeit W der Batterie setzt sich aus den zwei Teilarbeiten W_{AB} und W_{BC} zusammen.

Um Situationen wie diejenige in Abb. 9.2 besser beschreiben zu können, fassen wird den Begriff der Spannung etwas allgemeiner: Die Spannung U_{AB} beschreibt die Teilarbeit W_{AB}, die verrichtet wird, während die Ladung Q vom Punkt A zum Punkt B gebracht wird:

Gleichung 9.3

$$U_{AB} = \frac{W_{AB}}{Q}$$

Spannung zwischen zwei Punkten

Wir sagen: Die *Spannung zwischen zwei Punkten* A und B des Stromkreises beträgt U_{AB}.

Die Arbeit W_{AB} muss verrichtet werden, weil zwischen dem Punkt A und dem Punkt B elektrische Energie in eine andere Energieform umgewandelt wird. Somit ist die Spannung U_{AB} ein Mass für die elektrische Energie, die zwischen dem Punkt A und dem Punkt B in eine andere Energieform umgewandelt wird.

Verbraucher

Wenn an eine Spannungsquelle mit der Spannung U nur ein Gerät *(Verbraucher),* z. B. eine Glühbirne, angeschlossen ist, ist gemäss Energieerhaltungssatz die Spannung U des Geräts gleich der Spannung U_{AB} zwischen den beiden Anschlüssen des Geräts. Wenn wir die Spannung U_{AB} kennen, können wir gemäss Gleichung 9.3 die Arbeit W_{AB} berechnen, die an der Ladung Q verrichtet wird, während sie vom Punkt A zum Punkt B gebracht wird:

$$W_{AB} = Q \cdot U_{AB}$$

Beispiel 9.3

Eine Weihnachtsbaumkette wird an eine Spannung von $U = 12$ V angeschlossen. Die Arbeit, die an der Ladung $Q = 1$ C verrichtet werden muss, um sie durch die 24 identischen Glühbirnen zu bringen, setzt sich aus 12 identischen Teilarbeiten zusammen und beträgt:

$$W = Q \cdot U = 1\,\text{C} \cdot 12\,\text{V} = 12\,\text{J}$$

Die Arbeit, die an der Ladung $Q = 1$ C verrichtet werden muss, um sie durch eine der 12 identischen Glühbirnen zu bringen, beträgt somit 12 J / 12 = 1 J. Die Spannung an jeder der 12 Glühbirnen beträgt folglich:

$$U_{AB} = \frac{W_{AB}}{Q} = \frac{1\,\text{J}}{1\,\text{C}} = 1\,\text{V}$$

Das Voltmeter misst die Spannung zwischen zwei Punkten eines Stromkreises

Voltmeter

Um die Spannung U_{AB} zwischen den Punkten A und B eines Stromkreises zu messen, verwendet man ein so genanntes *Voltmeter*. Dieses wird so angeschlossen, dass es mit den beiden Punkten A und B verbunden ist (Abb. 9.3). Man sagt: Das Voltmeter ist parallel zum Verbraucher geschaltet. Es ist sehr wichtig, dass das Voltmeter so gebaut ist, dass es die zu messende Spannung nicht verfälscht. Ein Voltmeter verfälscht die Spannung zwischen den Punkten A und B stark, wenn ein starker Strom durch das Voltmeter fliesst. Der sehr grosse Widerstand des Voltmeters bewirkt jedoch, dass nur ein sehr kleiner Strom durch es fliesst.

[Abb. 9.3] Voltmeter

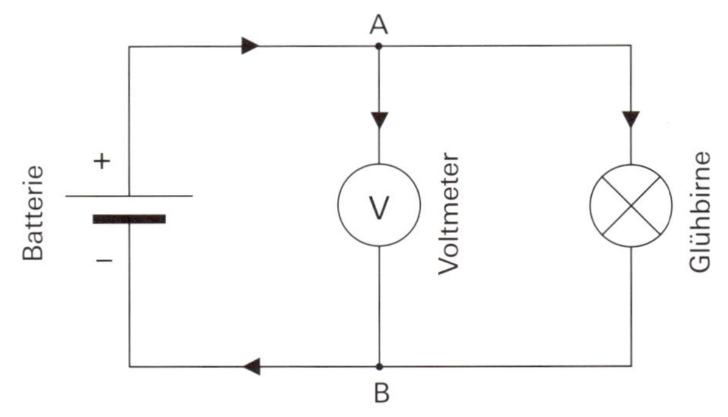

Die Spannung zwischen zwei Punkten des Stromkreises wird mit einem Voltmeter gemessen.

Spannung einer Batterie: Die SI-Einheit der Spannung ist das Volt. Die Spannung U einer Batterie gibt an, wie viel Arbeit W die Batterie verrichtet, während sie die Ladung Q von ihrem Minus-Pol durch ein elektrisches Gerät zu ihrem Plus-Pol bewegt:

$$U = \frac{W}{Q}$$

Spannung zwischen zwei Punkten: Wenn an der elektrischen Ladung Q die Arbeit W_{AB} verrichtet werden muss, um sie vom Punkt A zum Punkt B zu bewegen, so beträgt die elektrische Spannung zwischen den beiden Punkten:

$$U_{AB} = \frac{W_{AB}}{Q}$$

Messung der Spannung: Um die Spannung zwischen den Punkten A und B eines Leiters zu messen, verwendet man ein Voltmeter. Das Voltmeter wird dazu mit den beiden Punkten des Leiters verbunden (Parallelschaltung des Voltmeters). Der sehr grosse Widerstand des Voltmeters verhindert, dass ein wesentlicher Strom durchs Voltmeter fliesst, der die Messung der Spannung verfälschen würde.

Aufgabe 46

Eine Taschenlampe enthält eine Glühbirne, die an eine Batterie angeschlossen ist.

A] Was beschreibt die Spannung einer Batterie?

B] Wie gross ist die Arbeit, die an der Ladung $Q = 1.0$ C verrichtet wird, wenn sie von einer 6-V-Batterie durch eine Glühbirne bewegt wird.

C] Wie viel Arbeit wird von einer 6-V-Batterie an einem freien Elektron verrichtet, wenn es von ihr durch eine Glühbirne bewegt wird?

Aufgabe 52

A] Wie muss ein Voltmeter angeschlossen werden, um die Spannung zwischen zwei Punkten eines Stromkreises zu messen?

B] Warum muss der elektrische Widerstand des Voltmeters möglichst gross sein, damit mit ihm die Spannung zwischen zwei Punkten fehlerfrei gemessen werden kann?

9.2 Was bedeutet die Watt-Angabe auf einem Gerät?

Nach diesem Abschnitt können Sie

- die elektrische Leistung definieren und berechnen.

Die elektrische Leistung ist ein Mass für die Geschwindigkeit, mit der eine Arbeit verrichtet wird. Wie gross ist die elektrische Leistung eines elektrischen Geräts?

Die elektrische Leistung beschreibt, wie schnell elektrische Arbeit verrichtet wird

Die Leistung P ist definiert als Arbeit W geteilt durch die Zeit Δt, die dafür gebraucht wurde:

Gleichung 9.4

$$P = \frac{W}{\Delta t}$$

Die SI-Einheit der Leistung ist J / s und hat den Namen Watt erhalten, abgekürzt W:

Gleichung 9.5

$$[P] = \frac{\text{J}}{\text{s}} = \text{W}$$

Beachten Sie, dass das kursive W für die Arbeit steht und das gerade W für Watt.

Was bedeutet die Definition der Leistung im Zusammenhang mit elektrischer Energie und elektrischen Strömen? Die Arbeit, die die Spannungsquelle mit der Spannung U verrichtet, während die Ladung Q durch das Gerät fliesst, beträgt:

$$W = Q \cdot U$$

Die Ladung, die mit dem Strom der Stärke I während der Zeit Δt durch das Gerät fliesst, beträgt:

$$Q = I \cdot \Delta t$$

Einsetzen der Arbeit und der Ladung in die Definition der Leistung ergibt:

$$P = \frac{W}{\Delta t} = \frac{Q \cdot U}{\Delta t} = \frac{I \cdot \Delta t \cdot U}{\Delta t} = U \cdot I$$

Elektrische Leistung

Die allgemein gültige Gleichung für die *elektrische Leistung P* lautet:

Gleichung 9.6

$$P = U \cdot I$$

Die elektrische Leistung eines elektrischen Geräts ist das Produkt aus angeschlossener Spannung und resultierender Stromstärke.

Die Leistung eines elektrischen Geräts ist das Produkt aus der angeschlossenen Spannung und der Stärke des Stroms, der durch das Gerät fliesst. Die Leistung einer Batterie ist das Produkt aus der Spannung der Batterie und der Stärke des Stroms, der aus der Batterie fliesst.

Beispiel 9.4

Die Wagen der Pilatus-Zahnradbahn werden von einer elektrischen Lokomotive gezogen. Die Spannung an der Lokomotive beträgt U = 1 550 V, an der steilsten Stelle beträgt die Stärke des Stroms, der durch die Lokomotive fliesst, I = 110 A. Dies bedeutet, dass an der steilsten Stelle die Leistung der Lokomotive $P = U \cdot I$ = 170 kW beträgt.

Beispiel 9.5

In Tab. 9.1 werden technische Angaben einiger Geräte und Maschinen aufgelistet. Die Angaben erfüllen innerhalb der Rechengenauigkeit alle die Gleichung $P = U \cdot I$.

[Tab. 9.1] Leistung, Spannung und Stromstärke einiger Geräte und Maschinen

	Leistung in Watt	Spannung in Volt	Stromstärke in Ampere
Taschenrechner	0.0003	3	0.0001
Taschenlampe	0.9	3	0.3
Fernseher	60	230	0.26
Leselampe	100	230	0.43
Haarföhn	1 000	230	4.4
Autoanlasser	1 200	12	100
ICE-Lokomotive	8 000 000	15 000	530

Auf den meisten elektrischen Geräten ist eine Spannung U und eine Leistung P aufgedruckt. Was sagen diese beiden Angaben über das Gerät aus? Sie bedeuten: Wenn das Gerät an eine Spannungsquelle mit der vorgesehenen Spannung U (Sollspannung) angeschlossen wird, so erbringt es die Leistung $P = U \cdot I$.

Beispiel 9.6 Wenn ein Elektromotor an eine Spannungsquelle mit Spannung U angeschlossen ist und ein Strom mit Stromstärke I fliesst, wird vom Motor die Antriebsleistung $P = U \cdot I$ erbracht.

Beispiel 9.7 Ein Föhn ist an eine 230-V-Steckdose angeschlossen, wodurch ein 5.0-A-Strom fliesst. Der Föhn erbringt eine Heizleistung von $P = U \cdot I = 1150$ W.

Wenn ein Gerät an eine Spannungsquelle mit der Spannung U angeschlossen wird und dadurch die Leistung P bringt, so fliesst im Gerät gemäss Gleichung 9.6 ein Strom mit der Stromstärke:

$$I = \frac{P}{U}$$

Beispiel 9.8 Wenn eine Glühbirne mit der Aufschrift 60 W, 230 V an eine 230-V-Steckdose angeschlossen ist, so fliesst durch den Glühfaden der Glühbirne ein Strom von:

$$I = \frac{P}{U} = \frac{60\ \text{W}}{230\ \text{V}} = 0.26\ \text{A}$$

Dieser Strom heizt den Glühfaden so stark auf, dass er leuchtet. Wenn dieselbe Glühbirne statt an eine Sollspannung von 230 V fälschlicherweise an eine andere Spannung angeschlossen wird, so erbringt die Glühbirne die 60-W-Leistung nicht. Sie leuchtet nur schwach oder gar nicht, denn die Stromstärke ist viel kleiner als 0.26 A.

Die elektrische Energie wird oft in Kilowattstunden gemessen

Der Stromzähler in Ihrer Wohnung misst die elektrische Energie ΔE, die Sie bezogen haben, um die elektrischen Geräte Ihres Haushalts zu betreiben.

Wenn Sie ein Gerät mit der elektrischen Leistung P während der Zeit Δt betreiben, so braucht es dazu die Energie:

Gleichung 9.7

$$\Delta E = W = P \cdot \Delta t$$

Beispiel 9.9 Ist die 1 000-W-Herdplatte während einer Stunde eingeschaltet, liefert die Steckdose die Energie:

$$\Delta E = W = P \cdot \Delta t = 1\,000\ \text{W} \cdot 3600\ \text{s} = 3.6 \cdot 10^6\ \text{W} \cdot \text{s} = 3.6 \cdot 10^6\ \text{J}$$

Beispiel 9.10 Ist ein 1 000-W-Elektromotor während einer Stunde eingeschaltet, liefert die Steckdose die Energie:

$$\Delta E = W = P \cdot \Delta t = 1\,000\ \text{W} \cdot 3600\ \text{s} = 3.6 \cdot 10^6\ \text{W} \cdot \text{s} = 3.6 \cdot 10^6\ \text{J}$$

Kilowattstunde

Stromzähler messen die elektrische Energie in kWh. 1 *Kilowattstunde* ist die Energie, die bei einer Leistung von 1 kW (1 000 W) in einer Stunde gebraucht wird. Die Umrechnung der Einheit kWh in die SI-Einheit J lautet:

Gleichung 9.8

$$1\ \text{kWh} = 1\,000\ \text{W} \cdot 3\,600\ \text{s} = 3.6 \cdot 10^6\ \text{J}$$

Beispiel 9.11

Eine 60-W-Glühbirne leuchtet während einer Stunde. Wie gross ist die elektrische Energie, die der Glühbirne während dieser Stunde zugeführt werden musste?

$$\Delta E = P \cdot \Delta t = 60\ \text{W} \cdot 1\ \text{h} = 0.06\ \text{kW} \cdot 1\ \text{h} = 0.06\ \text{kWh}$$

Eine 60-W-Glühbirne braucht jede Stunde 0.06 kWh elektrische Energie. 1 kWh elektrische Energie kostet tagsüber, d. h. zum Hochtarif, etwa 20 Rappen. Zum Niedertarif, z. B. nachts, kostet 1 kWh elektrische Energie etwa 5 Rappen.

Elektrische Leistung: Wenn an ein Gerät die Spannung U angeschlossen ist und dadurch ein Strom mit Stromstärke I fliesst, beträgt die Leistung P des Geräts:

$$P = U \cdot I$$

Die SI-Einheit der Leistung ist das Watt.

Aufgabe 58

Auf dem Ladegerät eines Mobiltelefons stehen die Angaben: Gleichspannung, 3.7 V, 355 mA.

A] Was bedeuten die Angaben auf dem Ladegerät?

B] Was lässt sich aufgrund der Angaben auf dem Ladegerät berechnen?

C] Mit dem Ladegerät wird die Batterie des Mobiltelefons aufgeladen. Wie viel elektrische Energie (in Joule und kWh) braucht es dazu in einer Stunde?

9.3 Wie lautet für Leiter der Zusammenhang zwischen Stromstärke und Spannung?

Nach diesem Abschnitt können Sie

- den Ohm'schen Widerstand eines Leiters berechnen.
- für Leiter den Zusammenhang zwischen Spannung und Stromstärke angeben.
- die Heizleistung eines Ohm'schen Widerstands berechnen.

Es braucht eine elektrische Spannung, damit ein Strom fliesst. Die Spannung sorgt dafür, dass der Strom trotz des elektrischen Widerstands nicht aufhört zu fliessen. Als Nächstes fragen wir uns, wie gross die Stromstärke I ist, wenn eine Spannungsquelle mit Spannung U an ein Gerät angeschlossen ist.

Leiter

Wir beschränken uns dabei auf Situationen, bei denen der Strom nur durch einen *Leiter,* z. B. durch Metalldrähte fliesst. So genannte Halbleiter, die in elektronischen Geräten häufig vorkommen, zeigen einen ganz anderen Zusammenhang zwischen Spannung und Stromstärke.

Für elektrische Ohm'sche Widerstände gilt das Ohm'sche Gesetz

An einem leitenden Draht werden nacheinander Spannungsquellen mit unterschiedlichen Spannungen angeschlossen. Die Spannung der Spannungsquelle wird mit einem Voltmeter, der Strom, der im Draht fliesst, mit einem Amperemeter gemessen. Das Ergebnis der Messung ist im Spannungs-Stromstärke-Diagramm in Abb. 9.4 dargestellt.

[Abb. 9.4] Spannungs-Stromstärke-Diagramm

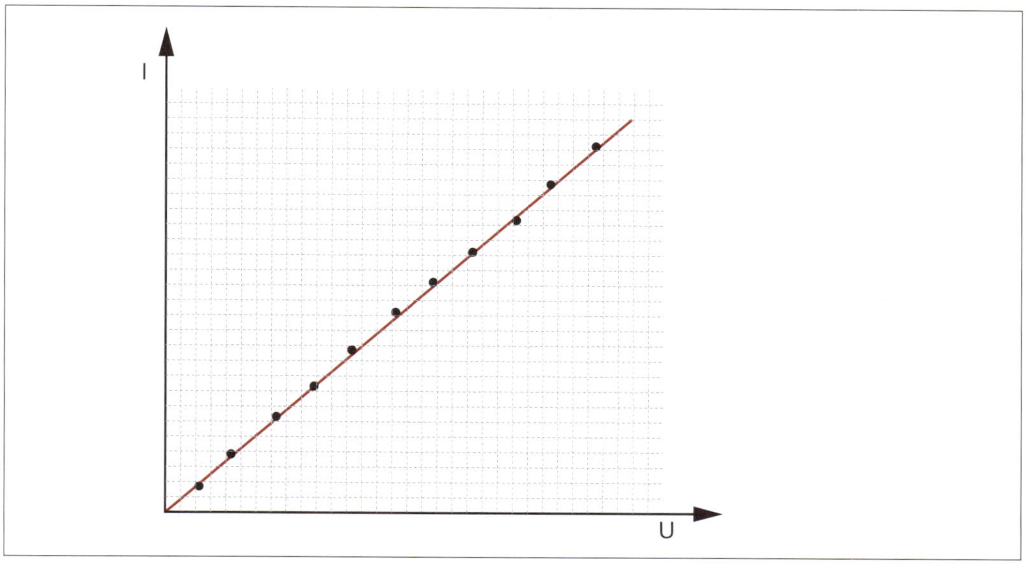

Wenn eine Spannungsquelle mit Spannung U an den Leiter angeschlossen wird, fliesst ein Strom mit Stromstärke I.

Ohm'scher Widerstand

Abb. 9.4 zeigt: Bei einem elektrischen Leiter ist die Stromstärke proportional zur Spannung. Zwischen Spannung und Stromstärke besteht ein linearer Zusammenhang.

Die Steigung der Geraden in Abb. 9.4 ist ein Mass für den elektrischen Widerstand des Leiters: Ist die Steigung steil, so führt schon eine kleine Spannung zu einer grossen Stromstärke, der Widerstand des Leiters ist folglich klein. Das Verhältnis aus Spannung U und Stromstärke I ist immer gleich gross. Wir definieren deshalb den *Ohm'schen Widerstand R* (kurz Widerstand) als:

Gleichung 9.9

$$R = \frac{U}{I}$$

Ohm

Die SI-Einheit des Ohm'schen Widerstands ist Volt / Ampere, abgekürzt V / A. Die Einheit des Ohm'schen Widerstands hat einen eigenen Namen bekommen: *Ohm,* abgekürzt Ω (grosser griechischer Buchstabe Omega). Ohm ist die SI-Einheit des Ohm'schen Widerstands:

Gleichung 9.10

$$[R] = \frac{\text{V}}{\text{A}} = \Omega$$

Wenn wir die Definition des Ohm'schen Widerstands nach der Spannung auflösen, so erhalten wir:

Gleichung 9.11

$$U = R \cdot I$$

Ohm'sches Gesetz

Die Gleichung 9.11 zwischen der Spannung U, der Stromstärke I und dem Ohm'schen Widerstand R nennt man das *Ohm'sche Gesetz*. Wenn sich ein elektrisches Gerät gemäss dem Ohm'schen Gesetz verhält, so nennt man es einen Ohm'schen Widerstand.

Wenn der Ohm'sche Widerstand R eines Geräts bekannt ist, lässt sich mithilfe des Ohm'schen Gesetzes aus der am Draht angelegten Spannung die Stromstärke berechnen.

Beispiel 9.12

Der Ohm'sche Widerstand eines leitenden Drahts beträgt $R = 20\ \Omega$. Wenn eine 9-V-Batterie angeschlossen wird, fliesst ein Strom mit Stromstärke:

$$I = \frac{U}{R} = \frac{9\,\text{V}}{20\,\Omega} = 0.45\,\text{A}$$

Das Ohm'sche Gesetz ist nicht, wie der Name erwarten lässt, ein universelles Gesetz. Das Ohm'sche Gesetz beschreibt den Zusammenhang zwischen Spannung und Stromstärke bei Leitern zwar recht gut. Es gibt aber auch elektrische Geräte, bei denen es nicht gilt. Ein Beispiel dafür sind elektronische Geräte, die so genannte Halbleiter enthalten, also z. B. Computer und Leuchtdioden. Wie Sie gleich sehen werden, gilt das Ohm'sche Gesetz auch für Glühbirnen nicht.

Der Ohm'sche Widerstand eines Metalldrahts nimmt mit steigender Temperatur zu

Im Abschnitt 8.2 haben Sie gelernt, dass der elektrische Widerstand von der Temperatur des Leiters abhängt. Der Ohm'sche Widerstand *R* ist somit von der Temperatur des Leiters abhängig. Eine höhere Temperatur bedeutet einen höheren Ohm'schen Widerstand *R*. Das heisst, dass die Stromstärke *I* nicht linear mit der Spannung *U* zunimmt (Abb. 9.5).

[Abb. 9.5] Spannungs-Stromstärke-Diagramm

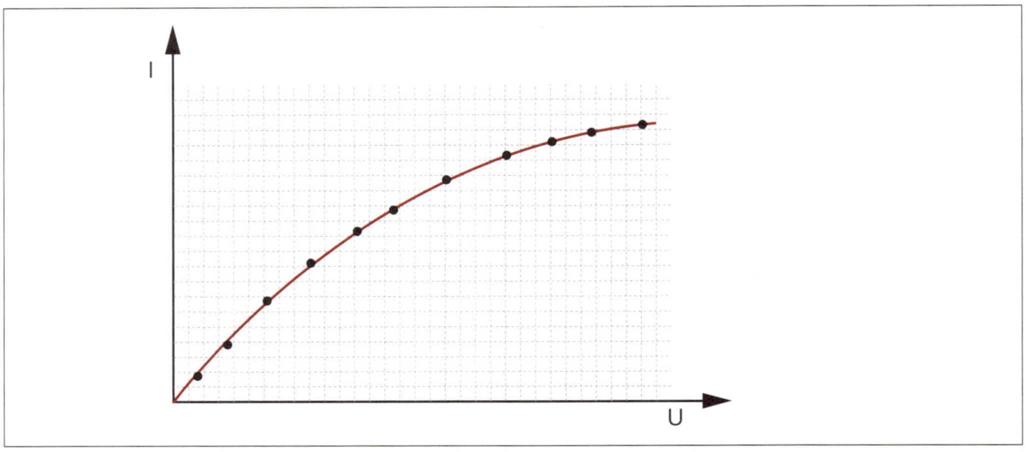

Die Stromstärke ist nicht proportional zur Spannung, wenn die Temperatur des Leiters durch die heizende Wirkung des Stroms zunimmt.

Beispiel 9.13 Da die Temperatur einen Einfluss auf den elektrischen Widerstand hat, kann der elektrische Widerstand eines Materials zur Temperaturmessung verwendet werden.

Mit dem Ohm'schen Gesetz lässt sich aus der Spannung und dem Ohm'schen Widerstand nur dann die Stromstärke berechnen, wenn die Temperatur und somit der Ohm'sche Widerstand konstant sind.

Beispiel 9.14 Der Ohm'sche Widerstand *R* des Glühfadens einer Glühbirne ist in heissem Zustand erheblich grösser als in kaltem. Das Ohm'sche Gesetz gilt deshalb für Glühbirnen nicht.

Beispiel 9.15 Eine Glühbirne wird an eine 9-V-Batterie angeschlossen. Mit einem Amperemeter misst man, dass durch die Glühbirne ein Strom mit 0.3 A Stromstärke fliesst. Der Ohm'sche Widerstand des heissen Glühfadens beträgt:

$$R = \frac{U}{I} = 30\frac{\text{V}}{\text{A}} = 30\,\Omega$$

Wenn die Glühbirne an eine Batterie mit einer kleineren Spannung angeschlossen wird, so fliesst ein kleinerer Strom. Der Glühfaden wird dann weniger stark aufgeheizt, wodurch der Ohm'sche Widerstand kleiner als 30 Ω wird. Es ist deshalb nicht möglich, mit dem Ohm'schen Gesetz vorherzusagen, wie gross die Stärke des Stroms durch die Glühbirne ist, wenn sie an eine Batterie mit kleinerer Spannung angeschlossen wird.

Die Heizleistung des Leiters lässt sich mit dem Ohm'schen Gesetz berechnen

Heizleistung

Wenn der Ohm'sche Widerstand R eines Geräts bekannt ist, so lässt sich seine Heizleistung $P = U \cdot I$ berechnen. Je nach Situation ersetzen wir in der Gleichung $P = U \cdot I$ die Spannung $U = R \cdot I$ oder die Stromstärke $I = U / R$. Für die *Heizleistung P* eines Geräts mit Ohm'schem Widerstand R, durch das ein Strom mit Stromstärke I fliesst, erhalten wir so:

$$P = U \cdot I = R \cdot I \cdot I$$

Gleichung 9.12

$$P = R \cdot I^2$$

Für Heizleitung P eines Geräts mit Ohm'schem Widerstand R, an dem die Spannung U angeschlossen ist, erhalten wir:

$$P = U \cdot I = U \cdot \frac{U}{R}$$

Gleichung 9.13

$$P = \frac{U^2}{R}$$

Ohm'sche Wärme

Die Abwärme, die von einem Ohm'schen Widerstand erzeugt wird, nennt man *Ohm'sche Wärme*.

Beispiel 9.16

Durch einen Ohm'schen Widerstand von 30 Ω fliesst ein Strom von 0.4 A. Die Heizleistung des Widerstands beträgt:

$$P = R \cdot I^2 = 30\Omega \cdot (0.4\text{A})^2 = 4.8\text{W}$$

Der Ohm'sche Widerstand wandelt jede Sekunde 4.8 J elektrische Energie in Ohm'sche Wärme um.

Beispiel 9.17

Ein Wasserkocher ist an eine 230-V-Steckdose angeschlossen. Im heissen Zustand hat der Wasserkocher einen Ohm'schen Widerstand von 25 Ω. Die Heizleistung des Wasserkochers beträgt:

$$P = \frac{U^2}{R} = \frac{(230\text{ V})^2}{25\ \Omega} = 2.1 \cdot 10^3\text{ W} = 2.1\text{ kW}$$

Der Wasserkocher wandelt jede Sekunde 2.1 kJ elektrische Energie in Ohm'sche Wärme um.

Der Ohm'sche Widerstand eines leitenden Drahts lässt sich berechnen

Mithilfe von Experimenten lässt sich herausfinden, wie der Ohm'sche Widerstand R eines Metalldrahts von der Länge L, der Querschnittsfläche A und vom Material abhängt. Man findet so die folgende Gleichung für den Ohm'schen Widerstand R eines Metalldrahts:

Gleichung 9.14

$$R = \frac{\rho \cdot L}{A}$$

Spezifischer elektrischer Widerstand

Der *spezifische elektrische Widerstand* ρ (griechische Buchstabe rho) hängt vom Material ab. In Tab. 9.2 ist für einige Materialien der spezifische elektrische Widerstand ρ angegeben. Tabelle 9.2 gibt einen Eindruck davon, wie gut (Silber) oder schlecht (Konstantan, eine Legierung aus Kupfer, Nickel und Mangan) ein Material den Strom leitet. Der spezifische elektrische Widerstand ρ hängt mehr oder weniger stark von der Temperatur des Materials ab. Wenn die Temperatur des Materials zunimmt, so nimmt auch der spezifische elektrische Widerstand ρ des Materials zu. Dies ist an den Werten des spezifischen Widerstands von Wolfram erkennbar (Tab. 9.2).

[Tab. 9.2] Spezifischer elektrischer Widerstand

Material	Temperatur in Grad Celsius	Spezifischer Widerstand in $\Omega \cdot m$
Silber	20	$1.6 \cdot 10^{-8}$
Kupfer	20	$1.7 \cdot 10^{-8}$
Aluminium	20	$2.7 \cdot 10^{-8}$
Eisen	20	$9.7 \cdot 10^{-8}$
Konstantan	20	$49 \cdot 10^{-8}$
Wolfram	20	$5.3 \cdot 10^{-8}$
Wolfram	1 000	$33 \cdot 10^{-8}$
Wolfram	2 000	$70 \cdot 10^{-8}$
Wolfram	2 500	$90 \cdot 10^{-8}$
Wolfram	3 000	$113 \cdot 10^{-8}$

Beispiel 9.18

Der Draht eines elektrischen Viehzauns besteht aus Kupfer. Er hat eine Gesamtlänge von L = 100 m und eine Querschnittsfläche von A = 1.8 mm². Der Ohm'sche Widerstand des Drahts beträgt:

$$R = \frac{\rho \cdot L}{A} = \frac{1.7 \cdot 10^{-8}\,\Omega \cdot m \cdot 100\,m}{1.8 \cdot 10^{-6} m^2} = 0.94\,\Omega$$

Der Ohm'sche Widerstand des 100 m langen Kupferdrahts beträgt rund 1 Ω. Bei sehr langen Stromkabeln, wie z. B. bei Kabelrollen, kann durchaus so viel Ohm'sche Wärme im Kabel entstehen, dass bei grossen Stromstärken und aufgerolltem Kabel durch Wärmestau eine Überhitzungsgefahr besteht.

Der Ohm'sche Widerstand eines Stromkabels ist im Vergleich zum Ohm'schen Widerstand des angeschlossenen Geräts meist vernachlässigbar klein.

Beispiel 9.19

Mit der Verpackung gewisser Batterien werden manchmal Batterieteststreifen mit geliefert. Hält man die Enden eines Streifens an die Pole einer Batterie, dann verfärbt er sich teilweise von Dunkelbraun nach Gelb. Je besser der Zustand der Batterie ist, desto länger ist der sich gelb färbende Teil des Streifens. Dreht man den Teststreifen um, dann sieht man auf seiner Rückseite eine keilförmige Leiterbahn (Abb. 9.6). Ihre grösste Breite beträgt etwa 5 mm, die kleinste 1 mm. An der Oberseite des Batterietesters befindet sich ein Flüssigkristall. Die Farbe des Flüssigkristalls wechselt bei etwa 45 °C von Dunkelbraun zu Gelb.

[Abb. 9.6] Batterietester

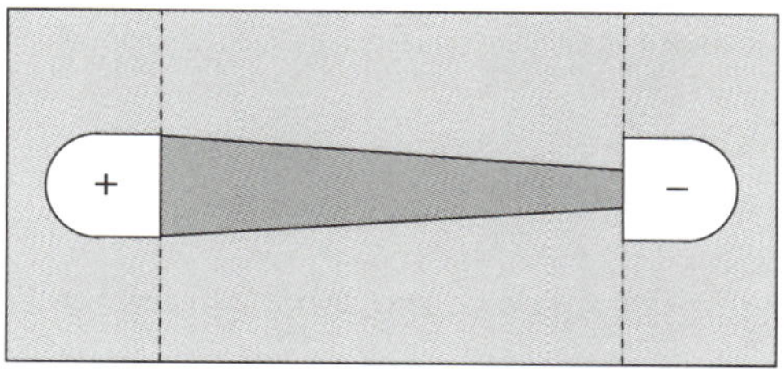

Hält man die Enden der keilförmigen Leiterbahn an die Pole der Batterie, fliesst ein Strom hindurch.

Hält man die Enden der keilförmigen Leiterbahn an die Pole einer Batterie, so fliesst durch die Leiterbahn ein Strom, dessen Stärke I längs der Leiterbahn konstant ist. Der Ohm'sche Widerstand $R = \rho \cdot L / A$ der Leiterbahn ist aber an den engen Stellen grösser als an den breiten, da an den engen Stellen die Querschnittsfläche A kleiner ist als an breiten. An den engen Stellen ist demnach auch die Heizleistung ($P = R \cdot I^2$) des Batteriestroms grösser als an den breiten Stellen. Die engen Stellen werden folglich von der Ohm'schen Wärme stärker erwärmt als die breiten. Dort, wo die Erwärmung gross genug ist, wechselt der Flüssigkristallstreifen auf der Vorderseite des Batterietesters von Dunkelbraun zu Gelb.

Bei einer verbrauchten Batterie ist die Stromstärke durch die Leiterbahn klein. Daher ist die Erwärmung nur an den engen Stellen mit grossem Ohm'schen Widerstand stark genug, um den Teststreifen zu verfärben. Bei einer vollen Batterie ist die Stromstärke so gross, dass auch an den breiten Stellen mit kleinem Widerstand die Erwärmung zu einer Verfärbung führt. Daher kann man aus der Länge des verfärbten Teststreifens den Zustand der Batterie ablesen.

Legierung

Der spezifische elektrische Widerstand hängt stark davon ab, wie regelmässig die Anordnung der Ionen im Metall ist. Extrem regelmässige Anordnungen der Ionen haben einen kleineren spezifischen elektrischen Widerstand als unregelmässige. Grund: Bei unregelmässig angeordneten Ionen kommt es häufiger zu Elektron-Ion-Kollisionen. Wenn ein Material nicht nur aus einem Element besteht, sondern Verunreinigungen durch ein anderes Element enthält, ist eine regelmässige Anordnung der Ionen oft nicht möglich. Verunreinigungen führen meist zu einem grösseren spezifischen elektrischen Widerstand. Dies ist der Grund, weshalb *Legierungen,* Mischungen aus verschiedenen Metallen wie Messing oder Konstantan einen grossen spezifischen Widerstand haben.

Definition des Ohm'schen Widerstands: Der Ohm'sche Widerstand R ist das Verhältnis aus angeschlossener Spannung U und resultierender Stromstärke I:

$$R = \frac{U}{I}$$

Die SI-Einheit des Ohm'schen Widerstands ist das Ohm, abgekürzt Ω.

Ohm'sches Gesetz: Die Definition des Ohm'schen Widerstands R lässt sich nach der Spannung U auflösen, wodurch man das Ohm'sche Gesetz erhält:

$$U = R \cdot I$$

Der Ohm'sche Widerstand R eines Drahts mit Länge L, Querschnittsfläche A und spezifischem elektrischem Widerstand ρ beträgt:

$$R = \frac{\rho \cdot L}{A}$$

Der spezifische elektrische Widerstand ρ hängt von der Temperatur des Materials ab.

Heizleistung: Die durch den Ohm'schen Widerstand R entstehende Wärme nennt man die Ohm'sche Wärme. Die Heizleistung P eines Geräts mit dem Ohm'schen Widerstand R lässt sich aus der durch das Gerät fliessenden Stromstärke I oder der am Gerät angeschlossenen Spannung U berechnen:

$$P = U \cdot I = R \cdot I^2 = \frac{U^2}{R}$$

Aufgabe 64

Um den Ohm'schen Widerstand eines langen Drahts zu messen, wurde die Stromstärke bei verschiedenen Spannungen gemessen (Tab. 9.3). Berechnen Sie den Ohm'schen Widerstand des Drahts.

[Tab. 9.3] Spannung und Stromstärke

Spannung in Volt	1.0	2.0	3.0	4.0	5.0
Stromstärke in Ampere	0.101	0.198	0.302	0.399	0.504

Aufgabe 70

Ein elektrisches Gerät mit Ohm'schem Widerstand R ist an eine Batterie angeschlossen.

A] Die Spannung der Batterie beträgt 4.5 V, durch das Gerät fliesst ein Strom von 0.35 A. Wie gross ist der Ohm'sche Widerstand des Geräts?

B] Die 4.5-V-Batterie wird durch eine 9-V-Batterie ersetzt. Wie gross ist jetzt die Stromstärke?

C] Wie gross ist die Spannung einer Batterie, wenn bei einem Ohm'schen Widerstand von 9.0 Ω ein Strom von 650 mA fliesst?

Aufgabe 76

Auf einem Bügeleisen stehen die Angaben 1500 W, 230 V.

A] Was sagen diese beiden Angaben aus?

B] Wie viel Wärme gibt das Bügeleisen ab, wenn es 15 min lang auf der höchsten Stufe betrieben wird?

C] Wie gross ist die Stromstärke, die bei einer Leistung von 1500 W durch das Bügeleisen fliesst?

D] Wie gross ist die elektrische Ladung, die durch das Bügeleisen geflossen ist, wenn es 15 min auf der höchsten Stufe betrieben wurde?

E] Wie gross ist der Ohm'sche Widerstand des Bügeleisens?

F] Wie gross ist die Heizleistung des Bügeleisens, wenn man es im Ausland an eine 115-V-Steckdose anschliesst?

Aufgabe 82

Der Ohm'sche Widerstand eines 600 m langen Metalldrahts mit einer Querschnittsfläche von 1.0 mm^2 beträgt 10 Ω.

A] Bestimmen Sie den spezifischen Widerstand des Materials, aus dem der Draht hergestellt ist.

B] Auf welches Material deutet der spezifische Widerstand des Drahts hin?

10 Wie funktionieren Spannungsquellen?

Die Schlüsselfragen dieses Abschnitts lauten:

- Wie funktioniert eine Batterie?
- Was kommt aus einer Steckdose?

Es gibt verschiedene Arten von Spannungsquellen, die sich verschiedene physikalische oder chemische Mechanismen zunutze machen. Eine oft verwendete Spannungsquelle ist die Batterie. Es gibt sie von ganz kleinen Knopfzellen bis hin zu schweren Autobatterien. Auch unsere Steckdosen sind Spannungsquellen. Allerdings erzeugen sie die Spannung nicht selber, sondern geben nur die Spannung des Elektrizitätswerks möglichst verlustfrei weiter. Andere Spannungsquellen sind der Dynamo oder die Solarzelle. Allen Spannungsquellen ist gemein, dass elektrische Energie auf Abruf zur Verfügung gestellt wird. Die elektrische Energie ihrerseits muss aus einer anderen Energieform geholt werden. Im Falle des Dynamos ist dies mechanische Energie und bei der Solarzelle ist es Sonnenenergie. Im Folgenden wollen wir genauer betrachten, wo die Energie von Batterien herkommt.

[Abb. 10.1] Röntgenbild einer Taschenlampe

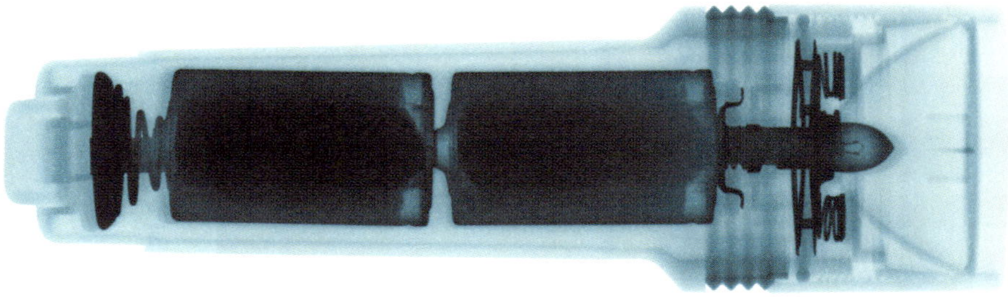

Batterien sind Speicher für elektrische Energie. Bild: Gusto / Science Photo Library

Für die Steckdose wollen wir uns anschliessend überlegen, was die Folgen und die Vorteile einer zeitlich variablen Spannung sind.

10.1 Wie funktioniert eine Batterie?

Nach diesem Abschnitt können Sie

- die Entstehung der Spannung der Alkali-Mangan-Batterie erklären.
- die Spannung mehrerer seriell verbundener Batterien berechnen.

Eine Batterie erzeugt aufgrund chemischer Reaktionen in ihrem Inneren eine konstante elektrische Spannung, d. h. konstant geladene Pole. Wie macht sie das?

Batterien wandeln chemische Energie in elektrische Energie um

Batterietyp

Es gibt verschiedene Batterietypen. Sie unterscheiden sich unter anderem durch die Chemikalien, mit denen sie gefüllt sind und in den chemischen Reaktionen, die in ihnen ablaufen. Alle Batterietypen haben gemeinsam, dass sie chemische in elektrische Energie umwandeln. Die chemischen Reaktionen führen dazu, dass der eine Anschluss (Minus-Pol) der Batterie elektrisch negativ aufgeladen ist, während der andere Anschluss (Plus-Pol) elektrisch positiv aufgeladen ist.

Gängige Batterietypen sind die Alkali-Mangan-Batterie, die Nickel-Cadmium-Batterie und die Lithium-Ionen-Batterie und die Brennstoffzelle. Jeder dieser Batterietypen hat gewisse Vor- und Nachteile, sodass jeder Batterietyp für bestimmte Einsätze geeignet ist. Eine gute Batterie sollte möglichst

- lange die ursprüngliche Spannung beibehalten,
- klein sein und trotzdem viel Energie gespeichert haben,
- lange lagerbar sein, ohne dass sie sich selbst entleert,
- keine umweltbelastenden Chemikalien wie Quecksilber und Cadmium enthalten,
- schnell wieder aufgeladen sein, wenn die Batterie aufladbar ist,
- billig in der Herstellung sein.

Da nicht alle diese Punkte unter einen Hut zu bringen sind, hat jeder Batterietyp spezifische Einsatzgebiete.

[Abb. 10.2] Die Batterie für den Herzschrittmacher

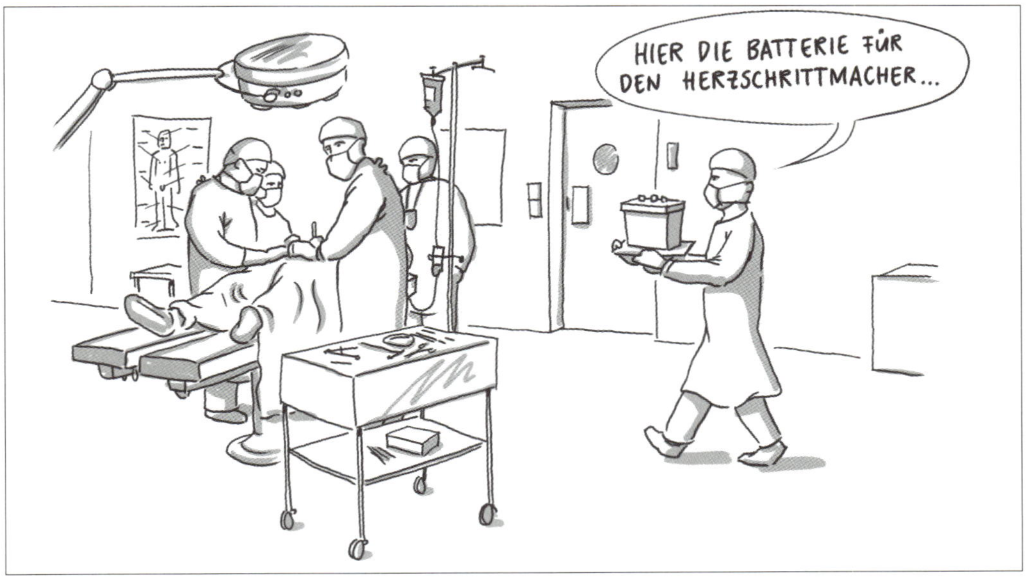

Da nicht alle Anforderungen an eine Batterie unter einen Hut zu bringen sind, hat jeder Batterietyp spezifische Einsatzgebiete.

Oxidation, Reduktion

Alle Batterientypen haben gemeinsam, dass in ihnen die chemischen Reaktionen *Oxidation* und *Reduktion* ablaufen. Batterien werden deshalb oft in der Chemie als Beispiel von Oxidationsreaktionen und Reduktionsreaktionen besprochen. Wir wollen hier nur grob das Funktionsprinzip von Batterien besprechen. Dazu gehen wir auf den Aufbau der Batterie, die chemischen Reaktionen an den beiden Polen der Batterie, die Spannung der Batterie sowie den Stromkreislauf durch die Batterie ein. Wir tun dies am Beispiel der Alkali-Mangan-Batterie.

Alkali-Mangan-Batterien bestehen im Wesentlichen aus drei Komponenten

Alkali-Mangan-Batterie

Die *Alkali-Mangan-Batterie* enthält drei wichtige Komponenten: Mangandioxid (MnO_2), Zink (Zn) und eine Mischung aus Wasser (H_2O), Kalium-Ionen (K^+) und Hydroxid-Ionen (OH^-). Das Mangandioxid (MnO_2) ist ein Salz und liegt in Form von Mn^{4+}-Ionen und O_2^{4-}-Ionen vor.

[Abb. 10.3] Schematischer Aufbau einer Alkali-Mangan-Batterie

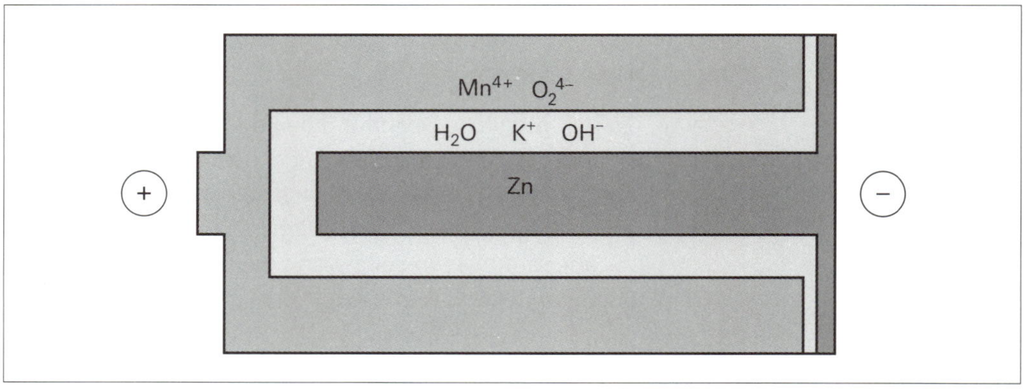

Die Alkali-Mangan-Batterie enthält Mangandioxid, Zink und eine Mischung von Wasser, Kalium-Ionen und Hydroxid-Ionen.

Am Zink der Alkali-Mangan-Batterie laufen chemische Reaktionen ab, welche es negativ aufladen

Wenn sich ein Zink-Atom von der Oberfläche des Zinks ablöst, bleiben 2 Elektronen des Zink-Atoms auf dem Zink zurück. Diese Elektronenabgabe nennt man Oxidation. Von der Oberfläche lösen sich also nicht Zink-Atome, sondern Zn^{2+}-Ionen ab. Die Zn^{2+}-Ionen reagieren mit OH^--Ionen im Wasser zum Endprodukt Zinkhydroxid $Zn(OH)_2$.

Minus-Pol der Batterie

Bilanz der Ablösung von Zink-Ionen: Auf dem Zink befinden sich negativ geladene Elektronen. Der Überschuss an negativer Ladung übt eine elektrische Kraft auf die Umgebung aus. Das Zink bildet den *Minus-Pol der Batterie*.

Am Manganhydroxid der Alkali-Mangan-Batterie laufen chemische Reaktionen ab, welche es positiv aufladen

Wenn sich ein Mn^{4+}-Ion von der Oberfläche des Manganhydroxids ablöst, nimmt es 2 Elektronen mit. Diesen Elektroneneinfang nennt man Reduktion. Es lösen sich also keine Mn^{4+}-Ionen vom Manganhydroxid ab, sondern Mn^{2+}-Ionen. Die Mn^{2+}-Ionen reagieren mit OH^--Ionen im Wasser zum Endprodukt Manganhydroxid $Mn(OH)_2$.

Plus-Pol der Batterie

Bilanz der Ablösung von Mangan-Ionen vom Mangandioxid: Auf dem Mangandioxid fehlen Elektronen, das Mangandioxid ist dadurch elektrisch positiv aufgeladen. Der Überschuss an positiver Ladung übt eine elektrische Kraft auf die Umgebung aus. Das Mangan bildet den *Plus-Pol der Batterie*.

In der Batterie fliesst ein Strom aus negativen Ionen vom Plus- zum Minus-Pol

Das bei der Ablösung eines Mn^{2+}-Ions zurückbleibende O_2^{4-}-Ion des Mangandioxids geht ins Wasser über und reagiert mit zwei H_2O-Molekülen zu vier OH^--Ionen. Zwei dieser entstehenden OH^--Ionen bilden den Nachschub für die Reaktion der Mn^{2+}-Ionen. Die anderen zwei dieser OH^--Ionen sind Nachschub für die Reaktion der Zn^{2+}-Ionen. Dazu müssen die beiden OH^--Ionen erst zurück zum Zink wandern.

Stromkreis

Bisher war ein Strom für uns immer eine gerichtete Bewegung der elektrisch negativ geladenen Elektronen. Bei der Bewegung der OH^--Ionen vom Manganhydroxid zum Zink haben wir es mit einer gerichteten Bewegung von negativ geladenen OH^--Ionen zu tun. Auch die bewegten OH^--Ionen bilden einen elektrischen Strom, denn auch hier wird Ladung von einem Ort zum anderen transportiert. Der Strom der negativen geladenen OH^--Ionen vom Mangandioxid zum Zink schliesst den *Stromkreis* (Ladungskreislauf) durch einen an die Batterie angeschlossenen Verbraucher.

Die Spannung einer einzelnen Alkali-Mangan-Batterie beträgt 1.5 V

Wenn das Zink und das Mangandioxid durch einen Verbraucher miteinander verbunden werden, kann die elektrische Kraft des Minus- und Plus-Pols an den freien Elektronen im Verbraucher Arbeit verrichten und einen elektrischen Strom erzeugen.

Die Spannung der Batterie hängt davon an, wie stark Plus- und Minus-Pol aufgeladen sind. Dies wiederum hängt davon ab, wie stark sich die beiden Pole der Batterie durch Oxidationen und Reduktionen aufladen können, bevor die umgekehrte Reaktion eine weitere Aufladung der Pole verhindert. Die Pole einer Alkali-Mangan-Batterie sind so stark aufgeladen, dass die Alkali-Mangan-Batterie eine Spannung von $U = 1.5$ V zwischen den Polen hat.

Serienschaltung

Wenn man eine Batterie mit einer grösseren Spannung als 1.5 V haben will, muss man mehrere Batterien miteinander verbinden. Verbindet man zwei 1.5-V-Batterien seriell *(Serienschaltung),* d. h., verbindet man den Minus-Pol der einen Batterie mit dem Plus-Pol der anderen Batterie, so addieren sich die Spannungen der einzelnen Batterien. Die Gesamtspannung der beiden Batterien beträgt dann 3 V (Abb. 10.4). In einer 4.5-V-Batterie oder eine 9-V-Batterie sind so, ohne dass man dies von aussen sehen würde, 3 respektive 6 kleine 1.5-V-Batterien seriell miteinander verbunden.

[Abb. 10.4] Seriell verbundene Batterien

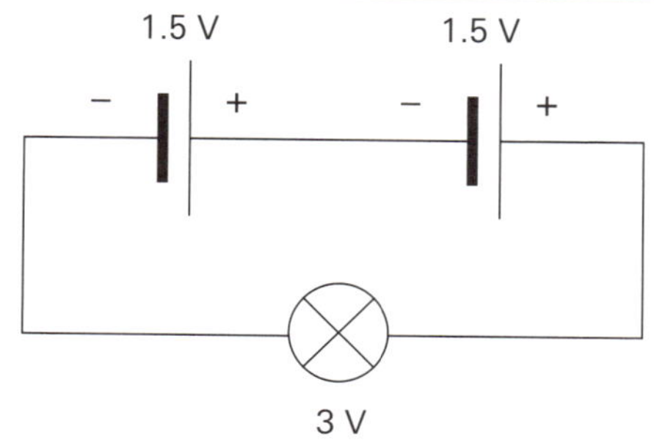

Verbindet man Batterien seriell, addieren sich die Spannungen der einzelnen Batterien.

Energie der Batterie

Wenn Mangandioxid und Zink in Manganhydroxid und Zinkhydroxid umgewandelt sind, ist die Batterie entladen. Die Betriebsdauer der Batterie ist somit durch die Mangandioxid- und Zink-Menge, und somit durch die Grösse der Batterie bestimmt. Die elektrische *Energie* ΔE respektive die Arbeit W einer vollen Batterie lässt sich aus der Spannung U der Batterie und der insgesamt abgegebenen Ladung Q ausrechnen, denn gemäss Gleichung 9.1 gilt:

$$\Delta E = W = Q \cdot U$$

Amperestunde

Die Ladung Q, die eine volle Batterie insgesamt abgeben kann, gibt man nicht in Coulomb (C), sondern in Amperestunden (Ah) oder Milliampere-Stunden (mAh) an:

$$1 \text{ Ah} = 3600 \text{ C}$$

$$1 \text{ mAh} = 3.6 \text{ C}$$

Beispiel 10.1

Die Ladung, die eine volle 12-V-Blei-Autobatterie abgeben kann, beträgt 100 Ah. Die lieferbare elektrische Energie beträgt:

$$\Delta E = W = Q \cdot U$$

$$\Delta E = 100 \text{ Ah} \cdot 12 \text{ V} = 3.6 \cdot 10^5 \text{ C} \cdot 12 \text{ V} = 4.3 \cdot 10^6 \text{ J} = 4.3 \text{ MJ} = 1.2 \text{ kWh}$$

Funktionsprinzip von Batterien: Eine Batterie erzeugt aufgrund chemischer Reaktionen zwischen ihren Polen eine konstante elektrische Spannung. Die verschiedenen Batterietypen unterscheiden sich vor allem in den in ihnen ablaufenden chemischen Reaktionen.

Aufbau der Alkali-Mangan-Batterie: Die Alkali-Mangan-Batterie enthält Zink und Mangandioxid und dazwischen eine Mischung aus Wasser-, Kalium- und Hydroxid-Ionen.

Pole der Alkali-Mangan-Batterie: Am Zink der Alkali-Mangan-Batterie laufen Oxidationsreaktionen ab, die dazu führen, dass das Zink sich negativ auflädt. Das elektrisch negativ geladene Zink bildet den Minus-Pol der Batterie. Am Mangandioxid laufen Reduktionsreaktionen ab, die dazu führen, dass es sich positiv auflädt. Das elektrisch positiv geladene Mangandioxid bildet den Plus-Pol der Batterie.

Leere Batterien: Wenn Mangandioxid und Zink durch Oxidationen und Reduktionen in Manganhydroxid und Zinkhydroxid umgewandelt sind, hat die Batterie keine Energie mehr.

Spannung einer Batterie: Die Spannung zwischen dem Plus- und Minus-Pol der Alkali-Mangan-Batterie hängt davon ab, wie stark die beiden Pole aufgeladen sind. Eine einzelne Alkali-Mangan-Batterie hat eine Spannung von U = 1.5 V zwischen den beiden Polen.

Verbindet man Batterien seriell, addieren sich ihre Spannungen zu einer grösseren Gesamtspannung.

Aufgabe 88

Beschreiben Sie die chemischen Reaktionen, von denen die Ladung auf den Polen einer Alkali-Mangan-Batterie herrührt.

Aufgabe 5

Auf einer Alkali-Mangan-Batterie stehen die Angaben 1.5 V, 3400 mAh.

A] Welche beiden Messgrössen werden hier angegeben?

B] Berechnen Sie daraus den Energiegehalt der Batterie in J und kWh.

C] Wie kann man mit 1.5-V-Batterien eine Spannung von 3.0 V erzeugen?

D] Eine 1.5-V-Batterie kostet CHF 1.50. Wie viel kostet dann 1 kWh an der Batterie?

10.2 Was kommt aus einer Steckdose?

Nach diesem Abschnitt können Sie

- beschreiben, was Wechselspannung ist.
- die Stromstärke im Falle von Wechselspannung beschreiben.
- die Leistung im Falle von Wechselspannung beschreiben.
- den Vorteil von Wechselspannung gegenüber Gleichspannung erklären.

Bisher haben wir uns auf Spannungsquellen mit konstanter Spannung U beschränkt, so genannte Gleichspannungsquellen. Eine konstante Spannung hat eine konstante Stromstärke (Gleichstrom) und eine konstante Leistung zur Folge.

Wechselspannungsquelle

Neben Gleichspannungsquellen gibt es auch Wechselspannungsquellen. Bei *Wechselspannungsquellen* ist die Spannung zeitlich nicht konstant. Wichtigstes Beispiel für Wechselspannungsquellen sind die Steckdosen in jedem Haushalt. Interessante Aspekte im Zusammenhang mit Wechselspannungsquellen sind:

- Zeitlicher Verlauf der Spannung der Spannungsquelle
- Zeitlicher Verlauf der Stromstärke und Leistung des Stroms im Leiter.
- Vorteile von Wechselspannung gegenüber Gleichspannung

Bei Wechselspannung variiert die Spannung sinusförmig

Die 230-V-Spannung, die im Haushalt an Steckdosen zur Verfügung steht, wird in Elektrizitätswerken mithilfe von Generatoren erzeugt. Diese liefern keine Gleichspannung an ihren Polen, sondern eine mit der Zeit sinusförmig variierende Wechselspannung. An den beiden Polen einer Steckdose herrscht somit eine sinusförmig variierende Wechselspannung (Abb. 10.5).

[Abb. 10.5] Wechselspannung

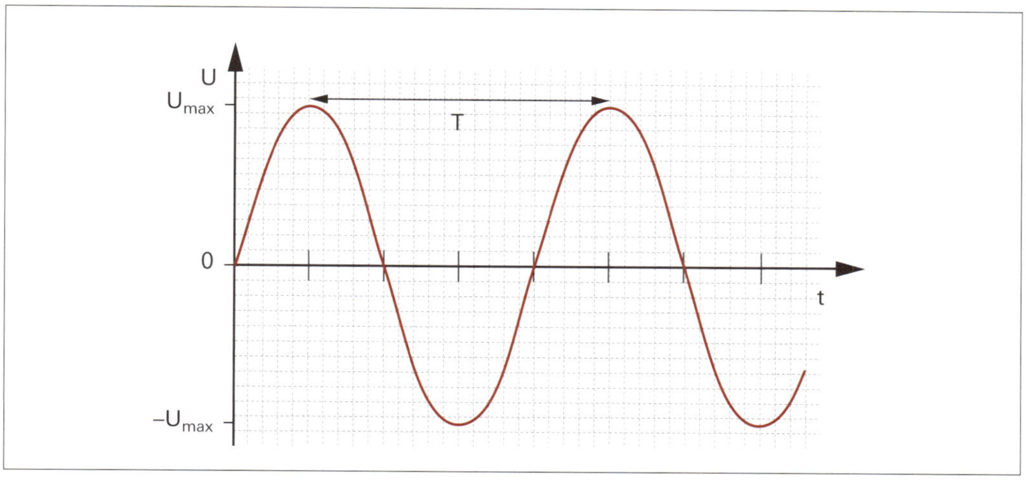

Bei der Wechselspannung an Steckdosen variiert die Spannung sinusförmig mit der Zeit.

Eine zeitlich variable Spannung bedeutet, dass die Stärke der elektrischen Kraft der beiden Pole der Steckdose ändert. Ein Wechsel des Vorzeichens der Spannung in Abb. 10.5 bedeutet, dass die Richtung der elektrischen Kraft der beiden Pole ändert. Bei einem Vorzeichenwechsel der Spannung wird der Plus- zum Minus-Pol und der Minus- zum Plus-Pol.

Periode, Frequenz, Hertz

Die Zeit zwischen zwei maximalen positiven Spannungen bezeichnet man als die *Periode T* der Wechselspannung. Die SI-Einheit der Periode ist die Sekunde. Wie oft die Spannung während einer Sekunde den maximalen positiven Wert erreicht, wird mit der Frequenz *f* angegeben. Die SI-Einheit der Frequenz ist Sekunde^{-1} und hat einen eigenen Namen, *Hertz,* abgekürzt Hz. Zwischen der Periode *T* und der *Frequenz f* der Wechselspannung gilt die Beziehung:

Gleichung 10.1

$$T = \frac{1}{f}$$

Beispiel 10.2

Die Wechselspannung im öffentlichen Stromnetz hat die folgende Frequenz:

$$f = 50\ \text{Hz} = 50\ \text{s}^{-1}$$

50-mal pro Sekunde erreicht die Spannung der Steckdose den positiven Maximalwert. Die Periode der Wechselspannung der Steckdose beträgt:

$$T = \frac{1}{f} = \frac{1}{50\ \text{Hz}} = 0.02\ \text{s} = 20\,\text{ms}$$

TEIL D ELEKTRISCHE STROMKREISE

Es vergehen 20 ms, bis ein maximal positiv geladener Pol wieder maximal positiv geladen ist.

Wenn die Spannung sinusförmig mit der Zeit t variiert, so beträgt die Spannung zur Zeit t gemäss Abb. 10.5:

Gleichung 10.2

$$U = U_{max} \cdot \sin\left(\frac{2 \cdot \pi}{T} \cdot t\right) = U_{max} \cdot \sin(2 \cdot \pi \cdot f \cdot t)$$

Beispiel 10.3

Wenn die Frequenz der Wechselspannung $f = 50\ \text{Hz} = 50\ \text{s}^{-1}$ und die maximale Spannung 325 V betragen, dann gilt für die Spannung U zum Zeitpunkt t:

$$U = 325\,\text{V} \cdot \sin(2 \cdot \pi \cdot f \cdot t) = 325\,\text{V} \cdot \sin(2 \cdot \pi \cdot 50\,\text{s}^{-1} \cdot t)$$

Eine Wechselspannung bewirkt einen Wechselstrom

Was bedeutet eine Wechselspannung für den Strom, der durch ein angeschlossenes Gerät fliesst? Bei einer Gleichspannungsquelle, wie z. B. der Batterie, zieht der Plus-Pol die Elektronen ständig mit der elektrischen Kraft an, während der Minus-Pol die Elektronen ständig abstösst. Folge: Die Elektronen bewegen sich vom Minus- zum Plus-Pol.

Wechselstrom

Bei der Wechselspannung ändert das Vorzeichen der Ladung auf den beiden Polen nach der Zeit $t = T / 2$. Die Wechselspannung der Steckdose zieht die freien Elektronen abwechselnd in die eine und die andere Richtung des Drahts. Dadurch fliesst der Strom abwechselnd in die eine und dann in die andere Richtung. Wir sprechen deshalb von Wechselstrom. Eine Wechselspannung bewirkt einen *Wechselstrom*.

Wenn die Periode der Wechselspannung $T = 20$ ms beträgt, bewegen sich die freien Elektronen im Verbraucher abwechselnd 10 ms in die eine Richtung und 10 ms in die andere Richtung. Die Elektronen kommen so immer wieder an den gleichen Ort zurück!

Die Stärke des Wechselstroms variiert gleich wie die Wechselspannung, d. h., sie variiert sinusförmig:

Gleichung 10.3

$$I = I_{max} \cdot \sin\left(\frac{2 \cdot \pi}{T} \cdot t\right) = I_{max} \cdot \sin(2 \cdot \pi \cdot f \cdot t)$$

Das Vorzeichen der Stromstärke (Gleichung 10.3, Abbildung 10.6) erlaubt es, die momentane Bewegungsrichtung der freien Elektronen zu unterscheiden. Ein Wechsel des Vorzeichens der Stromstärke bedeutet jeweils einen Wechsel der Bewegungsrichtung der freien Elektronen.

[Abb. 10.6] Wechselstromstärke

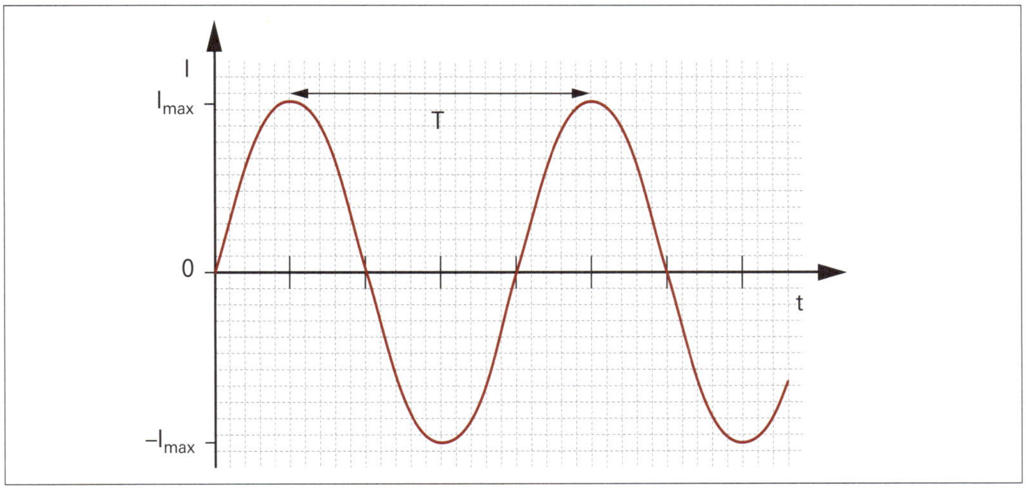

Die Stromstärke ändert sich ständig, die Stromrichtung hingegen erst nach einer halben Periode.

Wechselspannung und Wechselstrom bewirken eine variable Leistung

Die elektrische Leistung P des Stroms berechnet sich auch im Fall von Wechselspannung und Wechselstrom gemäss:

$$P = U \cdot I$$

Leistung des Wechselstroms

Das Einsetzen der Wechselspannung (Gleichung 10.2) und Stromstärke des Wechselstroms (Gleichung 10.3) ergibt für die elektrische *Leistung P des Wechselstroms:*

Gleichung 10.4

$$P = U_{max} \cdot I_{max} \cdot \left[\sin\left(\frac{2 \cdot \pi}{T} \cdot t\right)\right]^2 = U_{max} \cdot I_{max} \cdot [\sin(2 \cdot \pi \cdot f \cdot t)]^2$$

Die Leistung variiert zeitlich zwischen maximaler Leistung $P = U_{max} \cdot I_{max}$ und $P = 0$. Mithilfe trigonometrischer Umformungen lässt sich übrigens zeigen: Die elektrische Leistung P des Wechselstroms variiert ebenfalls sinusförmig, ist aber immer positiv! Die Periode der Leistung ist halb so gross wie diejenige der Spannung bzw. der Stromstärke (Abb. 10.7).

[Abb. 10.7] Leistung des Wechselstroms

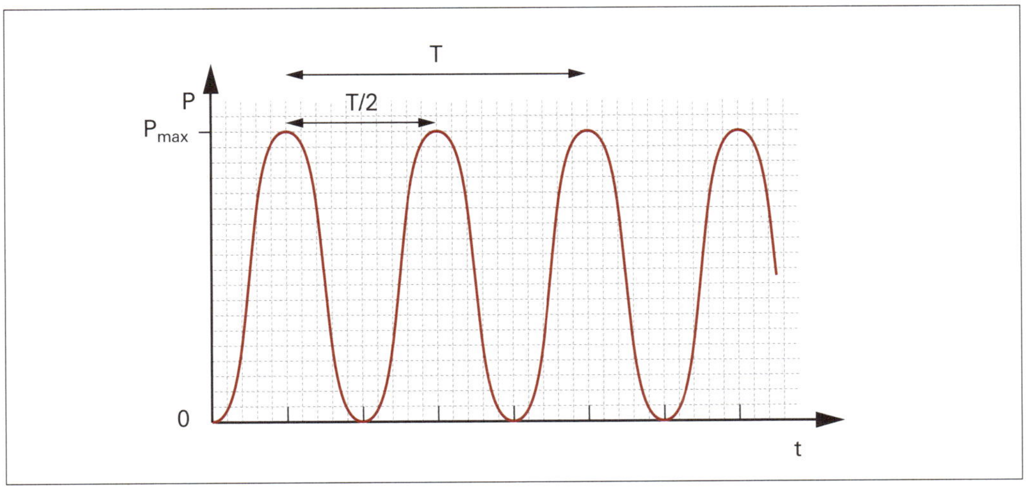

Die Leistung variiert zeitlich zwischen maximaler Leistung P_{max} und null.

Beispiel 10.4

Die Frequenz der Wechselspannung muss so gross sein, dass man nicht mehr wahrnehmen kann, dass die Glühbirne eine zeitlich variable Leistung, also eine unterschiedliche

Helligkeit hat. Dies ist bei einer Spannung mit einer Frequenz von 50 Hz gewährleistet. Die Frequenz der Leistung ist dann 100 Hz, sodass man das Flackern der Glühbirne nicht mehr wahrnimmt.

Der Effektivwert ist der zeitliche Mittelwert des Betrags

Effektivwert

Oft interessiert uns nicht der genaue Verlauf der Spannung, Stromstärke und Leistung, sondern nur ein Mittelwert dieser Grössen. Sozusagen der Wert, den man erhält, wenn man das ständige Auf und Ab ausglättet. Man nennt die Mittelwerte, die man so erhält, *Effektivwerte.* Zwischen den Effektivwerten und den Maximalwerten von Spannung, Stromstärke und Leistung gelten folgende Beziehungen:

Gleichung 10.5

$$U_{eff} = \frac{1}{\sqrt{2}} \cdot U_{max}$$

Gleichung 10.6

$$I_{eff} = \frac{1}{\sqrt{2}} \cdot I_{max}$$

Gleichung 10.7

$$P_{eff} = \frac{1}{2} \cdot P_{max}$$

Beispiel 10.5

Die effektive Spannung der normalen Steckdosen im Haushalt beträgt U_{eff} = 230 V. Der Maximalwert dieser Wechselspannung beträgt:

$$U_{max} = \sqrt{2} \cdot U_{eff} = 325\text{Volt}$$

Wechselströme sind effizienter transportierbar als Gleichströme

Elektrizitätskraftwerke produzieren die elektrische Energie selten an dem Ort, wo sie später gebraucht wird. Die elektrische Energie muss deshalb erst über grosse Distanzen hinweg zum Verbraucher, z. B. zum privaten Haushalt, transportiert werden. Die langen elektrischen Leitungen zwischen dem Elektrizitätskraftwerk und dem Verbraucher haben einen gewissen Ohm'schen Widerstand. Es wird deshalb unterwegs ein Teil der elektrischen Energie in Ohm'sche Wärme umgewandelt. Schätzen wir als Nächstes ab, wie viel elektrische Energie beim Transport in Form von Wärme verloren geht.

Eine Stadt benötigt eine elektrische Leistung $P_{Nutzen} = 10^7$ W. Diese Leistung wird vom Kraftwerk durch eine elektrische Leitung zur Stadt geliefert. Wenn diese Leistung durch eine Spannung von U_{Nutzen} = 100 V zustande kommt, so muss eine Stromstärke von $I = P_{Nutzen} / U_{Nutzen} = 10^5$ A durch die Leitung fliessen. Die Ohm'sche Heizleistung der Stromleitung zwischen Kraftwerk und Stadt beträgt $P_{Verlust} = R_{Kabel} \cdot I^2$. Der Ohm'sche Widerstand einer 100 km langen Leitung vom Kraftwerk zur Stadt und zurück ins Kraftwerk beträgt etwa $R_{Kabel} = 100\ \Omega$. Eine Stromstärke von $I = 10^5$ A bewirkt folglich eine Heizleistung der Transportleitung von $P_{Verlust} = 100\ \Omega \cdot (10^5\ \text{A})^2 = 10^{12}$ W!

[Abb. 10.8] Übertragung elektrischer Energie

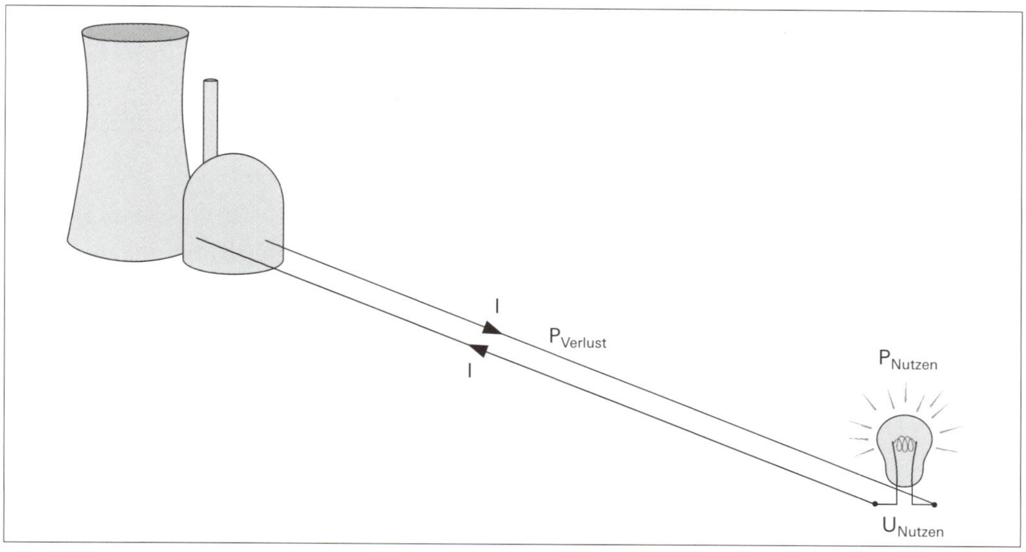

Bei der Übertragung von elektrischer Energie vom Kraftwerk zu den Steckdosen wird elektrische Energie unerwünschterweise in Ohm'sche Wärme umgewandelt.

Wirkungsgrad der Energieübertragung

Die Übertragung von elektrischer Energie wäre auf diese Art äusserst unwirtschaftlich. Der *Wirkungsgrad bei der Energieübertragung* durch eine 100 km lange Leitung beträgt:

$$\eta = \frac{P_{Nutzen}}{P_{Aufwand}} = \frac{P_{Nutzen}}{P_{Nutzen} + P_{Verlust}} = \frac{10^7\ \mathrm{W}}{10^{12}\ \mathrm{W} + 10^7\ \mathrm{W}} = 10^{-5}$$

Dies ist ein extrem kleiner Wirkungsgrad η. Bei der Übertragung der elektrischen Energie wird hunderttausendmal mehr elektrische Energie in der Leitung in Wärme umgewandelt, als in der Stadt genutzt wird.

[Abb. 10.9] Der Grossteil der elektrischen Energie kommt nicht am Ziel an

Des einen Verlust bei der Stromübertragung ist des anderen Nutzen ...

Eine effiziente Übertragung von elektrischer Energie über grosse Distanzen bedingt kleine Stromstärken, denn dann ist die Ohm'sche Heizleistung $P_{Verlust} = R_{Kabel} \cdot I^2$ des Übertragungskabels klein. Wenn z. B. die Spannung $U_{Nutzen} = 10^5$ V beträgt, muss die Stromstärke nur $I = 100$ A betragen, damit die elektrische Leistung den gewünschten

$P_{Nutzen} = U_{Nutzen} \cdot I = 10^7$ W erbringt. Eine Stromstärke von $I_{Nutzen} = 100$ A bewirkt nun eine Heizleistung von $P_{Verlust} = 100\ \Omega \cdot (100\ \text{A})^2 = 10^6$ W. Der Wirkungsgrad bei der Energieübertragung durch eine 100 km lange Leitung beträgt jetzt:

$$\eta = \frac{P_{Nutzen}}{P_{Aufwand}} = \frac{P_{Nutzen}}{P_{Nutzen} + P_{Verlust}} = \frac{10^7\ \text{W}}{10^6\ \text{W} + 10^7\ \text{W}} = 0.91$$

Hochspannung

Etwa 91 % der elektrischen Energie, die vom Kraftwerk in die Leitung gehen, kommen in der Stadt an. Um elektrische Energie effizient zu übertragen, braucht es *Hochspannung*. Da aber eine Hochspannung von $U_{eff} = 10^5$ V im Haushalt viel zu gefährlich wäre, ist es nötig, diese möglichst nahe beim Verbraucher in eine niedrigere Spannung umzuwandeln.

Transformator

Dies ist nun der Grund, warum Wechselspannung grosse Vorteile gegenüber Gleichspannung besitzt: Bei Wechselspannung lässt sich die Spannung leicht verändern. Dies geschieht mit Transformatoren. Man sagt: Die Hochspannung wird durch einen *Transformator* in eine niedrige Spannung transformiert. Mit Gleichspannung ist dies nicht so leicht möglich.

In der Schweiz gibt es etwa 6 000 km Hochspannungsleitungen, die entweder eine Spannung von 400 kV oder 230 kV im Transformator erzeugen. Dort wird die Spannung auf niedrigere Spannungen transformiert. Im Haushalt haben wir dann an der Steckdose 230 V und für Gröberes wie Kochherde und Waschmaschinen 400 V.

Wechselspannung: Generatoren im Elektrizitätswerk erzeugen sinusförmige Wechselspannungen. Dadurch ist auch die Spannung an der Steckdose eine sinusförmige Wechselspannung. Die Spannung U zum Zeitpunkt t beträgt:

$$U = U_{max} \cdot \sin(2 \cdot \pi \cdot f \cdot t)$$

Die Frequenz f der Wechselspannung an Haushaltssteckdosen beträgt $f = 50$ Hz. Die Maximalspannung der gewöhnlichen Haushaltssteckdose beträgt $U_{max} = 325$ V.

Wechselstrom: Ist ein Stromkreis an eine Wechselspannung angeschlossen, so werden die freien Elektronen des Stromkreises abwechselnd in die eine und dann in die andere Richtung bewegt, wodurch der Strom abwechselnd vor- und rückwärts fliesst. Die sinusförmige Wechselspannung bewirkt einen sinusförmigen Wechselstrom.

Zwischen der Spannung und der Stromstärke gilt auch bei Wechselspannung das Ohm'sche Gesetz $U = R \cdot I$.

Leistung von Wechselspannung und Wechselstrom: Bei Wechselspannung und Wechselstrom variiert auch die elektrische Leistung $P = U \cdot I$ sinusförmig.

Effektivwerte von Wechselspannung und Wechselstrom: Den zeitlichen Mittelwert des Betrags einer Grösse nennt man den Effektivwert. Die Effektivspannung an gewöhnlichen Haushaltssteckdosen beträgt $U_{eff} = 230$ V.

Vorteile von Wechsel- gegenüber Gleichspannung: Mit grossen Spannungen und kleinen Stromstärken kann elektrische Energie über grosse Distanzen übertragen werden, ohne dass es in den Übertragungskabeln zu grossen Ohm'schen Heizverlusten kommt. Nur im Fall von Wechselspannung können die grossen Spannungen und kleinen Stromstärken in der Nähe des Verbrauchers mit Transformatoren leicht in weniger gefährliche und praktische kleine Spannungen und grosse Stromstärken umgewandelt werden.

Aufgabe 11

Die effektive Spannung an Haushaltssteckdosen beträgt 230 V, die Frequenz 50 Hz.

A] Wie gross sind maximale Spannung und Periode der Wechselspannung?

B] Zeichnen Sie in einem Zeit-Spannungs-Diagramm den zeitlichen Verlauf der Spannung. Zeichnen Sie die maximale Spannung und die Periode ein.

C] Beschreiben Sie mit Worten den zeitlichen Verlauf der Spannung bei Wechselspannung.

Aufgabe 17

A] Wechselspannung bewirkt einen Wechselstrom. Erklären Sie mit eigenen Worten, was mit dieser Aussage gemeint ist.

B] Wie lautet der Zusammenhang zwischen der effektiven Spannung, die an einen Toaster angeschlossen wird, und der effektiven Stromstärke, die durch den Toaster fliesst?

C] Ein Toaster wird an die effektive Spannung 230 V angeschlossen. Der Ohm'sche Widerstand des Toasters beträgt 50 Ω. Wie gross ist die effektive Stromstärke und wie gross ist die effektive Heizleistung?

Aufgabe 23

Ein Haarföhn hat auf seinem Typenschild folgende Angaben: 230 V, 50 Hz, 1300 W.

A] Geben Sie die Namen der drei Grössen an.

B] Wie gross ist die effektive Stromstärke, die durch das Gerät fliesst?

C] Wie gross ist der Ohm'sche Widerstand des Föhns?

Aufgabe 29

Der Ohm'sche Widerstand der Stromleitung vom Transformator zu einem entlegenen Haus und zurück zum Transformator beträgt 10 Ω.

A] Wie gross ist der Wirkungsgrad bei der elektrischen Energieübertragung vom Transformator zum Haus, wenn im Haus ein Föhn mit effektiver Spannung 230 V und effektiver Leistung 1 000 W läuft?

B] Was ist der Vorteil von Wechselspannung gegenüber Gleichspannung?

11 Wie berechnet man Stromkreise?

Die Schlüsselfragen dieses Abschnitts lauten:

- Wie berechnet man Parallelschaltungen?
- Wie berechnet man Serienschaltungen?
- Welche Sicherheitsvorkehrungen gibt es bei Stromkreisen?

Sie haben jetzt schon ein recht vollständiges Bild von der Ausbreitung und der Wirkung der elektrischen Energie. Sie wissen, dass die elektrische Energie durch den elektrischen Strom transportiert wird und dass ein elektrischer Strom, der durch ein Kabel fliesst, aus freien Elektronen besteht. Sie wissen auch, dass der Strom mit seiner elektrischen Energie in Widerständen Wärme und Licht erzeugen und in Elektromotoren Arbeit verrichten kann.

Verzweigter Stromkreis

Die bisher angetroffenen Stromkreise zeichnen sich dadurch aus, dass die Elektronen nirgends auf Abzweigungen stossen können. Wir sprechen von einem unverzweigten Stromkreislauf. In vielen Geräten trifft der Strom aber früher oder später auf eine Verzweigung und teilt sich in mehrere Teilströme auf. Wir sprechen von *verzweigten Stromkreisen*.

[Abb. 11.1] Verzweigter Stromkreis

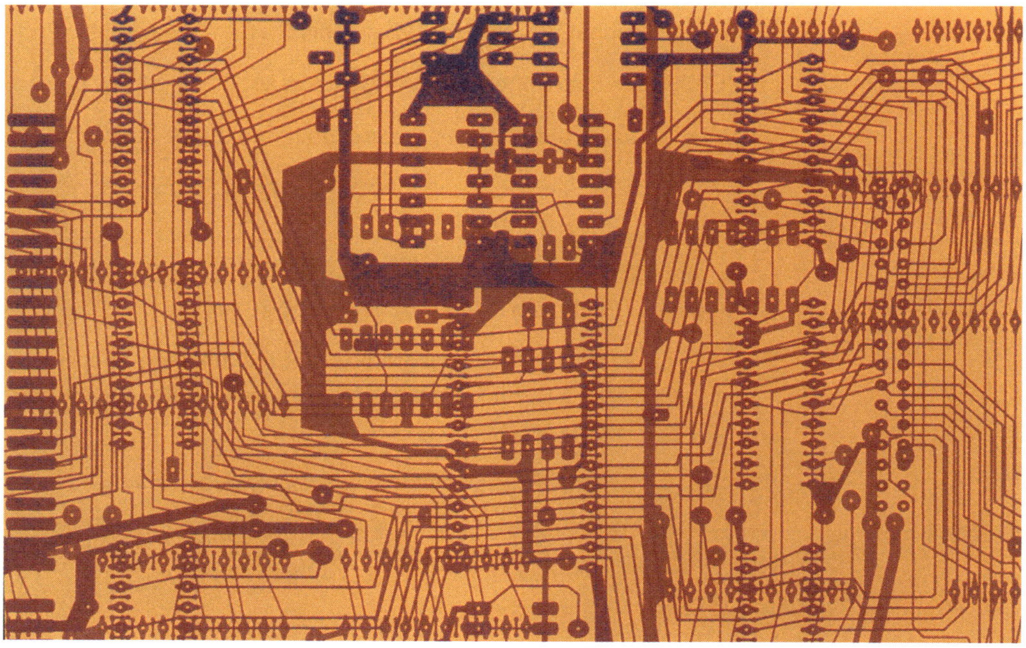

Wie stark sind die Ströme, die durch die verschiedenen Bauteile fliessen? Wie viel elektrische Energie wird zu den verschiedenen Bauteilen transportiert? Bild: Mehau Kulyk / Science Photo Library

In Abbildung 11.1 teilt sich der Strom an jeder Verzweigung auf mehrere Teilströme auf. Wie gross ist die Stromstärke der Teilströme? Wie viel elektrische Energie besitzt jeder der Teilströme?

Begriffe wie Kurzschluss oder Stromschlag erinnern uns daran, dass der elektrische Strom auch auf unangenehme Abwege geraten kann. Was dabei passiert und wie so etwas verhindert werden kann, lernen Sie nicht zuletzt zu Ihrer eigenen Sicherheit.

11.1 Wie berechnet man Parallelschaltungen?

Nach diesem Abschnitt können Sie

- die Leistung eines von mehreren parallel angeschlossenen Geräten berechnen.
- die Gesamtleistung aller parallel angeschlossener Geräte berechnen.

Sie haben wahrscheinlich auch schon mehrere Geräte gleichzeitig angeschlossen. Wenn die Geräte für eine 230-V-Steckdose vorgesehen sind, brauchen Sie dazu z. B. eine Mehrfachsteckdose oder einen Mehrfachstecker.

Parallel verbundene Geräte spüren alle dieselbe Spannung

Parallelschaltung

Wir wollen uns als Nächstes überlegen, wie die elektrische Energie an einer Mehrfachsteckdose auf die verschiedenen Geräte verteilt wird. Das Charakteristische dieser elektrischen Schaltung: Alle Geräte sind an dieselbe Spannung U angeschlossen. Man spricht bei dieser Art von Zusammenschluss von einer *Parallelschaltung*. Parallel an eine Spannungsquelle angeschlossene Geräte lassen sich durch das Schema in Abb. 11.2 darstellen.

[Abb. 11.2] Parallelschaltung von Widerständen

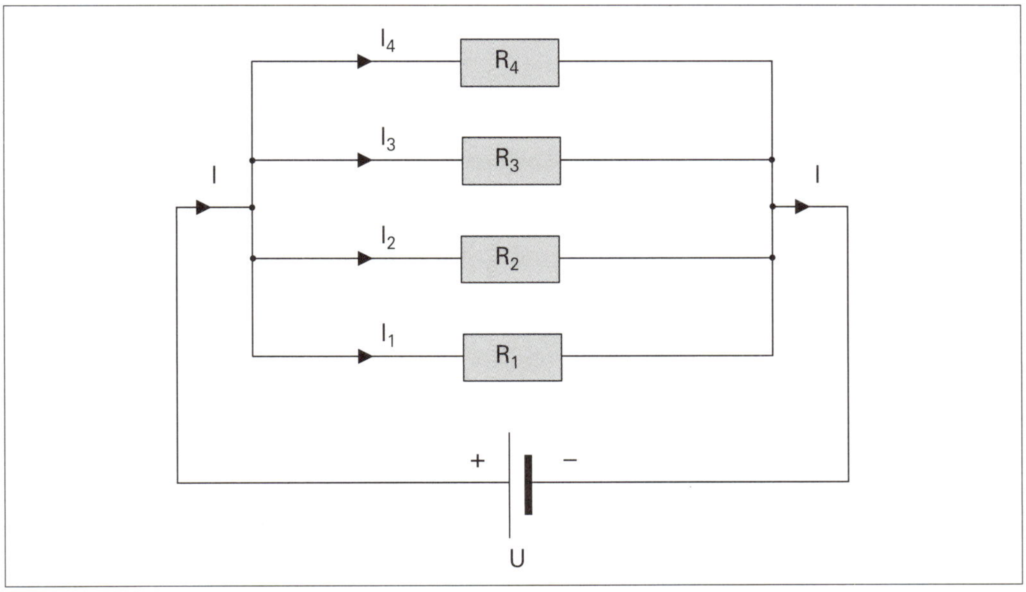

Parallel verbundene Widerstände spüren alle dieselbe Spannung.

Bis jetzt hatten wir es mit Stromkreisen zu tun, die keine Verzweigungen hatten. Bei Parallelschaltungen ist dies nicht mehr so. Der Strom in Abb. 11.2 verzweigt sich in mehrere Äste, geht durch verschiedene Geräte hindurch (z. B. Ohm'sche Widerstände) und wird wieder zusammengeführt. Es stellt sich die Frage: Was passiert mit dem Strom an einer Verzweigung?

Elektronen können nicht einfach verschwinden oder aus dem Nichts auftauchen. Bei einer Verzweigung muss deshalb die Anzahl Elektronen, die sich auf eine Verzweigung zubewegt, gleich der Anzahl Elektronen sein, die sich nach der Verzweigung in den verschiedenen Leitern wegbewegt. Die Summe der Ströme nach der Verzweigung ist somit gleich dem Strom vor der Verzweigung. In gleicher Weise muss die Anzahl Elektronen, die sich in verschiedenen zusammenführenden Leitungen bewegt, gleich sein der Anzahl Elektronen, die sich im wegführenden einzelnen Leiter wegbewegt. Die Summe der Ströme vor der Vereinigung ist gleich dem Strom nach der Vereinigung.

1. Kirchhoff'sches Gesetz, Knotenregel

Wenn sich also ein elektrischer Strom, wie in Abb 11.2 dargestellt, in N Ströme aufteilt oder N Ströme zu einem einzigen vereinigt werden, so gilt das *1. Kirchhoff'sche Gesetz (Knotenregel):*

Gleichung 11.1

$$I = I_1 + I_2 + \dots + I_N$$

Das 1. Kirchhoff'sche Gesetz gilt für alle elektrischen Verzweigungen und besagt nichts anderes, als dass Ströme nicht aus dem Nichts auftauchen können und nicht einfach verschwinden können.

Diese Situation kann mit Wasser verglichen werden, das aus vielen Bächen in einen Fluss zusammenfliesst. Genauso wie elektrische Ladung kann Wasser nicht einfach verschwinden, und deswegen ist die Menge des aus den Bächen zufliessenden Wassers gleich der Menge des im Fluss fliessenden Wassers.

Die Gesamtleistung paralleler Geräte ist die Summe der Einzelleistungen

Gesamtleistung der Parallelschaltung

Eine Frage, die sich bei parallel verbundenen elektrischen Geräten stellt, lautet: Wie gross ist die Gesamtleistung aller Geräte? Die *Gesamtleistung* mehrerer parallel angeschlossener Geräte beträgt:

$$P = P_1 + P_2 + \dots + P_N$$

Die elektrische Leistung P eines stromdurchflossenen Geräts ist immer das Produkt aus angelegter Spannung U und Stromstärke I. Wir wissen, dass bei der Parallelschaltung an allen Geräten die Spannung U der Spannungsquelle wirkt. Wenn wir N Geräte parallel an die Spannung U anschliessen, so beträgt die Gesamtleistung P aller Geräte:

Gleichung 11.2

$$P = U \cdot I = U \cdot I_1 + U \cdot I_2 + \dots + U \cdot I_N = U \cdot (I_1 + I_2 + \dots + I_N)$$

Die Leistung jedes einzelnen Geräts ist das Produkt aus Spannung der Spannungsquelle und Stromstärke, die durch das entsprechende Gerät fliesst.

Die einzelnen Heizleistungen paralleler Widerstände werden mit dem Ohm'schen Gesetz berechnet

Um die Leistung der parallel angeschlossenen Geräten weiter betrachten zu können, beschränken wir uns auf Geräte, für die das Ohm'sche Gesetz gilt, also auf Ohm'sche Widerstände. Für die Stromstärken durch die N parallel verbundenen Geräte in Abb. 11.2 gilt dann:

Gleichung 11.3

$$I_1 = \frac{U}{R_1}, \quad I_2 = \frac{U}{R_2}, \quad \dots, \quad I_N = \frac{U}{R_N}$$

Einzelleistungen bei Parallelschaltungen

Wenn der Ohm'sche Widerstand eines Geräts klein ist, ist der Strom gross, der durch ihn fliesst. Die *einzelnen Heizleistungen* der N parallel verbundenen Ohm'schen Widerstände betragen somit:

Gleichung 11.4

$$P_1 = U \cdot I_1 = \frac{U^2}{R_1}, \quad P_2 = U \cdot I_2 = \frac{U^2}{R_2}, \quad \dots, \quad P_N = U \cdot I_N = \frac{U^2}{R_N}$$

Die Gesamtheizleistung (Gleichung 11.2) der N parallel verbundenen Ohm'schen Widerstände lässt sich dann schreiben als:

$$P = \frac{U^2}{R_1} + \frac{U^2}{R_2} + \dots + \frac{U^2}{R_N}$$

Gleichung 11.5

$$P = U^2 \cdot \left(\frac{1}{R_1} + \frac{1}{R_2} + \ldots + \frac{1}{R_N}\right)$$

Beispiel 11.1

Zwei Ohm'sche Widerstände werden parallel mit einer 4.5-V-Batterie verbunden. Der eine Ohm'sche Widerstand beträgt 10 Ω, der andere 12 Ω. Die Heizleistung der beiden parallel angeschlossenen Widerstände beträgt:

$$P = U^2 \cdot \left(\frac{1}{R_1} + \frac{1}{R_2}\right) = (4.5\,\text{V})^2 \cdot \left(\frac{1}{10\,\Omega} + \frac{1}{12\,\Omega}\right) = 3.7\,\text{W}$$

Die Stärken der Ströme durch die beiden Widerstände lassen sich mit dem Ohm'schen Gesetz berechnen, wenn man berücksichtigt, dass die Spannung an beiden Widerständen 4.5 V beträgt:

$$I_1 = \frac{U}{R_1} = \frac{4.5\,\text{V}}{10\,\Omega} = 0.45\,\text{A}$$

$$I_2 = \frac{U}{R_2} = \frac{4.5\,\text{V}}{12\,\Omega} = 0.38\,\text{A}$$

Die Heizleistungen der beiden Ohm'schen Widerstände lassen sich ebenfalls berechnen, wenn man berücksichtigt, dass die Spannung an beiden Widerständen 4.5 V beträgt:

$$P_1 = \frac{U^2}{R_1} = \frac{(4.5\,\text{V})^2}{10\,\Omega} = 2.0\,\text{W}$$

$$P_2 = \frac{U^2}{R_2} = \frac{(4.5\,\text{V})^2}{12\,\Omega} = 1.7\,\text{W}$$

Die gesamte Heizleistung paralleler Widerstände wird mit dem Ersatzwiderstand berechnet

Ersatzwiderstand der Parallelschaltung

Wenn wir das Verhalten mehrerer paralleler Ohm'scher Widerstände berechnen wollen, so kann es von Vorteil sein, alle Widerstände durch einen einzigen Ohm'schen Widerstand zu ersetzen. Man spricht vom *Ersatzwiderstand der Parallelschaltung*.

Wie gross muss der Ersatzwiderstand R sein, damit durch den Ersatzwiderstand bei gleicher Spannungsquelle U der gleiche Strom I fliesst und somit die gleiche Ohm'sche Heizleistung P erbracht wird wie die N parallel an die Spannung U angeschlossenen Widerstände R_1, R_2, ..., R_N zusammen?

Die Heizleistung des an die Spannung U angeschlossenen Ersatzwiderstands R beträgt:

Gleichung 11.6

$$P = U \cdot I = \frac{U^2}{R} = U^2 \cdot \frac{1}{R}$$

Wenn wir Gleichung 11.5 mit Gleichung 11.6 vergleichen, erhalten wir den Zusammenhang zwischen dem Ersatzwiderstand R und den Widerständen R_1, R_2, ..., R_N:

Gleichung 11.7

$$\frac{1}{R} = \frac{1}{R_1} + \frac{1}{R_2} + \ldots + \frac{1}{R_N}$$

Beachten Sie, dass Sie mit Gleichung 11.7 nicht den Ersatzwiderstand R, sondern den Kehrwert $1 / R$ berechnen. Den Ersatzwiderstand R erhalten Sie, indem Sie den Kehrwert davon nehmen.

Beispiel 11.2 Zwei Ohm'sche Widerstände werden parallel mit einer Batterie verbunden. Der eine Ohm'sche Widerstand beträgt 10 Ω, der andere 12 Ω. Der Ersatzwiderstand für die beiden parallel verbundenen Widerstände beträgt:

$$\frac{1}{R} = \frac{1}{R_1} + \frac{1}{R_2} = \frac{1}{10\,\Omega} + \frac{1}{12\,\Omega}$$

$$R = 5.5\,\Omega$$

Durch einen 5.5-Ω-Widerstand fliesst die gleiche Stromstärke. Er hat die gleiche Heizleistung wie der parallel verbundene 10-Ω- und 12-Ω-Widerstand.

Das letzte Beispiel zeigt eine besondere Eigenschaft des Ersatzwiderstands: Der Ersatzwiderstand R paralleler Widerstände ist kleiner als der kleinste der parallel verbundenen Widerstände. Dies mag auf den ersten Blick erstaunen. Sie können sich diesen Umstand jedoch anschaulich machen, indem Sie zwei gleiche parallel verbundene Drähte mit Ohm'schem Widerstand R betrachten. Gemäss der Gleichung für den Ohm'schen Widerstand eines Drahts $R = \rho \cdot L / A$ ist ein Ohm'scher Widerstand umgekehrt proportional zur Querschnittsfläche A des Drahts. Wenn Sie zwei Widerstände parallel verbinden, verdoppeln Sie die Querschnittsfläche, während Länge L und spezifische elektrischer Widerstand ρ gleich bleiben. Eine Verdoppelung der Querschnittsfläche A bedeutet aber eine Halbierung des Ohm'schen Widerstands R. Der Ersatzwiderstand der beiden parallel verbundenen Drähte ist somit halb so gross wie der Ohm'sche Widerstand eines Drahts.

Beispiel 11.3 Der Ersatzwiderstand von N identischen Geräten, jedes mit Widerstand R, beträgt:

$$\frac{1}{R_{Ersatz}} = N \cdot \frac{1}{R}, \text{ also } R_{Ersatz} = \frac{R}{N}$$

1. Kirchhoff'sches Gesetz: Für einen Strom mit Stromstärke I, der sich auf N Teilströme aufteilt, gilt das 1. Kirchhoff'sche Gesetz:

$$I = I_1 + I_2 + \ldots + I_N$$

Parallelschaltung von Geräten: Parallel verbundene Geräte spüren alle dieselbe Spannung U, werden aber von unterschiedlichen Stromstärken durchflossen. Wenn N Geräte parallel mit der Spannung U verbunden sind, beträgt die Gesamtleistung P der N Geräte:

$$P = U \cdot I = U \cdot I_1 + U \cdot I_2 + \ldots + U \cdot I_N = U \cdot (I_1 + I_2 + \ldots + I_N)$$

Parallelschaltung von Ohm'schen Widerständen: Wenn es sich bei den N parallel verbundenen Geräten um Ohm'sche Widerstände handelt, können die einzelnen Stromstärken und Heizleistungen mithilfe des Ohm'schen Gesetzes berechnet werden.

Ersatzwiderstand parallel verbundener Ohm'scher Widerstände: Die Gesamtleistung P der N parallel an die Spannung U angeschlossenen Widerstände $R_1, R_2, \ldots, R_N$ kann mit einem Ersatzwiderstand R berechnet werden, für den gilt:

$$\frac{1}{R} = \frac{1}{R_1} + \frac{1}{R_2} + \ldots + \frac{1}{R_N}$$

Aufgabe 35

Die drei parallel verbundenen Ohm'schen Widerstände von 3.0 Ω, 4.0 Ω und 5.0 Ω sind an eine Spannungsquelle von 12 V angeschlossen.

A] Wie gross ist der Ersatzwiderstand der drei Widerstände?

B] Welche Spannungen wirken an den drei Widerständen?

C] Wie gross sind die Stromstärken der Ströme, die durch die drei Widerstände fliessen?

D] Wie gross ist der Strom, der aus der Spannungsquelle fliesst?

E] Wie gross sind die einzelnen Heizleistungen der drei Widerstände?

F] Wie gross ist die gesamte Heizleistung der drei Widerstände?

Aufgabe 41

Ein Starkstromkabel besteht aus vielen dünnen Drähten. Ein Starkstromkabel bestehe aus 60 Drähten, von denen jeder einen Ohm'schen Widerstand von 3 Ω hat.

A] Sind die dünnen Drähte parallel verbunden?

B] Wie gross ist der Ohm'sche Widerstand dieses Starkstromkabels?

Aufgabe 47

Warum fühlt sich der Vogel rechts viel weniger wohl als der Vogel links? Tipp: Der Ohm'sche Widerstand eines Vogels ist kleiner ist als derjenige der Lampe.

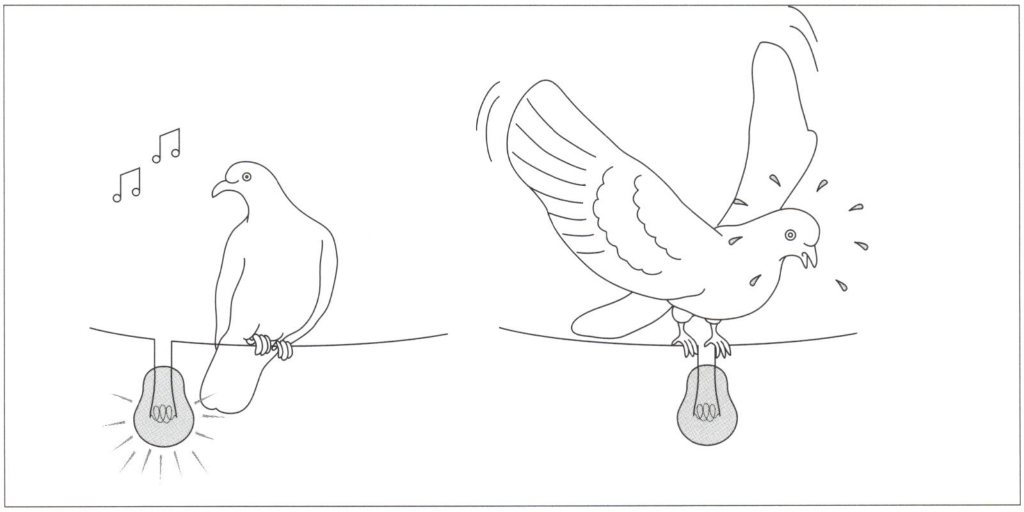

11.2 Wie berechnet man Serienschaltungen?

Nach diesem Abschnitt können Sie

- die Leistung eines von mehreren seriell angeschlossenen Geräten berechnen.
- die Gesamtleistung aller seriell angeschlossener Geräte berechnen.

Serienschaltung

Bei Steckdosen haben wir es mit Parallelschaltungen zu tun. Es gibt aber auch Situationen, bei denen Geräte in Serie miteinander verbunden sind, der Strom also zunächst durch das eine Gerät fliesst, dort einen Teil seiner elektrischen Energie an das Gerät abgibt und dann erst ins nächste Gerät fliesst, usw. Man spricht hier von einer *Serienschaltung*. Ein Beispiel dafür wäre eine Lichterkette.

Seriell verbundene Geräte werden alle vom selben Strom durchflossen

Seriell an eine Spannungsquelle angeschlossene Geräte lassen sich durch das Schema in Abb. 11.3 darstellen. Gemäss dem 1. Kirchhoff'schen Gesetz werden bei der Serienschaltung in Abb. 11.3 alle Geräte vom selben Strom mit Stromstärke *I* durchflossen.

[Abb. 11.3] Serienschaltung von Widerständen

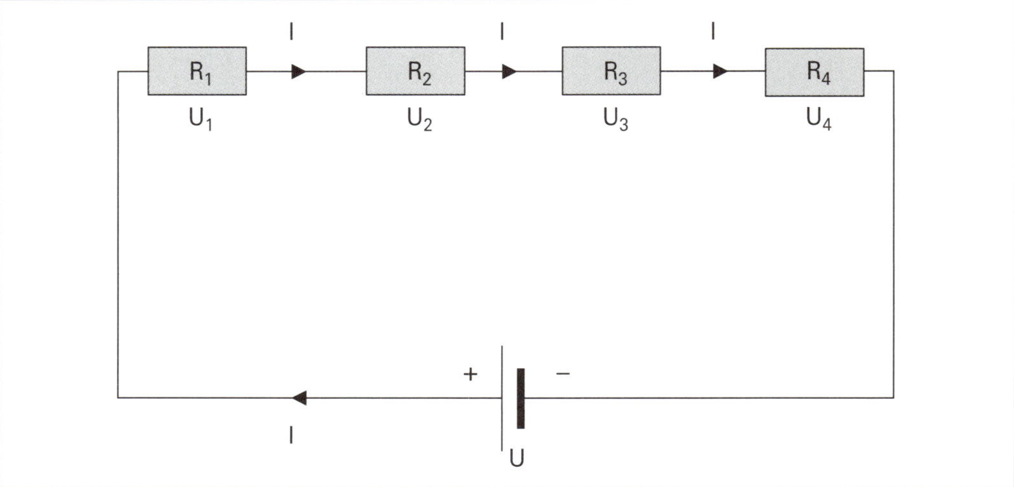

Alle seriellen Widerstände werden von demselben Strom durchflossen.

Die Gesamtleistung serieller Geräte ist die Summe der Einzelleistungen

Gesamtleistung der Serienschaltung

Wie schon bei der Parallelschaltung fragen wir uns auch bei der Serienschaltung: Wie gross ist die Gesamtleistung von N seriell verbundenen Geräten? Die *Gesamtleistung der Serienschaltung* ist die Summe der Leistungen der N Geräte:

$$P = P_1 + P_2 + \ldots + P_N$$

Die elektrische Leistung P jedes Geräts ist wie immer das Produkt aus angelegter Spannung U und Stromstärke I. Bei seriell verbundenen Geräten fliesst durch alle Geräte derselbe Strom mit Stromstärke I.

$$P = U \cdot I = U_1 \cdot I + U_2 \cdot I + \ldots + U_N \cdot I$$

Was lässt sich über die N Spannungen sagen, die an den N Geräten wirken? Die Spannung an einem Gerät gibt an, wie gross die Arbeit W ist, die an der Ladung Q verrichtet werden muss, damit sie durch das Gerät kommt. Bei jedem der N seriellen Geräte muss am Strom eine Arbeit verrichtet werden. Die gesamte Arbeit W, die die Spannungsquelle am Strom beim Durchfliessen der N Geräte verrichten muss, setzt sich deshalb aus den N Arbeiten zusammen:

$$U = \frac{W}{Q} = \frac{W_1 + W_2 + \ldots + W_N}{Q} = \frac{W_1}{Q} + \frac{W_2}{Q} + \ldots + \frac{W_N}{Q}$$

2. Kirchhoff'sches Gesetz

Die Spannung, die am ersten Gerät wirkt, beträgt somit $U_1 = W_1 / Q$, diejenige am zweiten Gerät $U_2 = W_2 / Q$, usw. Sind N Geräte seriell an eine Spannungsquelle angeschlossen, so teilt sich gemäss Energieerhaltungssatz die Spannung U der Spannungsquelle auf die Spannungen U_1, U_2, ... U_N auf (Abb. 11.3). Dies ist als das *2. Kirchhoff'sche Gesetz* bekannt:

Gleichung 11.8

$$U = U_1 + U_2 + \ldots + U_N$$

Bei N Geräten, die seriell an eine Spannungsquelle angeschlossen sind, wirkt an jedem Gerät nur ein Teil der Spannung U der Spannungsquelle. Zum Vergleich: Bei Geräten, die parallel an eine Spannungsquelle angeschlossen sind, wirkt an allen Geräten die ganze Spannung U der Spannungsquelle!

Die einzelnen Heizleistungen serieller Widerstände werden mit dem Ohm'schen Gesetz berechnet

Um die Leistung von seriell geschalteten Geräten weiter betrachten zu können, beschränken wir uns auf Geräte, deren Leistung darin besteht, dass sie mit ihrem elektrischen Widerstand heizen. Solche Geräte lassen sich vollständig durch ihren Ohm'schen Widerstand R beschreiben.

Wie gross sind die Spannungen, die an den N Ohm'schen Widerständen in Abb. 11.3 wirken, wenn sie vom Strom I durchflossen werden? Das Ohm'sche Gesetz liefert die Antwort:

Gleichung 11.9

$$U_1 = R_1 \cdot I, \quad U_2 = R_2 \cdot I, \quad \ldots, \quad U_N = R_N \cdot I$$

Einzelleistungen bei Serienschaltung

Die Heizleistungen der einzelnen seriellen Ohm'schen Widerstände betragen somit:

Gleichung 11.10

$$P_1 = U_1 \cdot I = R_1 \cdot I^2, \quad P_2 = U_2 \cdot I = R_2 \cdot I^2, \quad \ldots, \quad P_N = U_N \cdot I = R_N \cdot I^2$$

Wir sind damit in der Lage, die Gesamtleistung P aller N seriell verbundenen Ohm'schen Widerstände zu berechnen:

$$P = U_1 \cdot I + U_2 \cdot I + \ldots + U_N \cdot I$$

$$P = R_1 \cdot I^2 + R_2 \cdot I^2 + \ldots + R_N \cdot I^2$$

Gleichung 11.11

$$P = (R_1 + R_2 + \ldots + R_N) \cdot I^2$$

Beispiel 11.4

Zwei Ohm'sche Widerstände werden seriell mit einer Batterie verbunden, wodurch ein Strom von 0.4 A durch sie fliesst. Der eine Ohm'sche Widerstand beträgt 10 Ω, der andere 12 Ω. Die Heizleistung der beiden seriell verbundenen Widerstände beträgt:

$$P = (R_1 + R_2) \cdot I^2 = (10\ \Omega + 12\ \Omega) \cdot 0.4\ \text{A} = 8.8\ \text{W}$$

Die gesamte Heizleistung serieller Widerstände wird mit dem Ersatzwiderstand berechnet

Ersatzwiderstand der Serienschaltung

Wenn wir das Verhalten mehrerer seriell verbundener Ohm'scher Widerstände berechnen wollen, so kann es von Vorteil sein, alle Widerstände durch einen einzigen Ohm'schen Widerstand zu ersetzen. Man spricht vom *Ersatzwiderstand der Serienschaltung*.

Wie gross muss der Ersatzwiderstand R sein, damit durch ihn bei gleicher Spannungsquelle U der gleiche Strom I fliesst und somit die gleiche Ohm'sche Heizleistung P erbracht wird wie die N seriell an die Spannung U angeschlossenen Widerstände R_1, R_2, ..., R_N zusammen?

Die Heizleistung des an die Spannung U angeschlossenen Ersatzwiderstands R beträgt:

Gleichung 11.12

$$P = U \cdot I = R \cdot I^2$$

Wenn wir Gleichung 11.11 mit Gleichung 11.12 vergleichen, so erhalten wir den Zusammenhang zwischen dem Ersatzwiderstand R und den Widerständen R_1, R_2, ..., R_N:

Gleichung 11.13

$$R = R_1 + R_2 + \ldots + R_N$$

Gleichung 11.13 zeigt, dass wir die Ohm'schen Widerstände von seriell verbundenen Geräten einfach zusammenzählen können, um den Ersatzwiderstand zu berechnen. Den Ersatzwiderstand von Serienschaltungen zu berechnen ist somit viel einfacher und anschaulicher als denjenigen von Parallelschaltungen zu ermitteln (Gleichung 11.7).

Beispiel 11.5

Zwei Ohm'sche Widerstände werden seriell mit einer Batterie verbunden. Der eine Ohm'sche Widerstand beträgt 10 Ω, der andere 12 Ω. Der Ersatzwiderstand für die beiden seriellen Widerstände beträgt:

$$R = R_1 + R_2 = 10\ \Omega + 12\ \Omega = 22\ \Omega$$

Ein 22-Ω-Widerstand hat die gleiche Heizleistung und wird vom selben Strom durchflossen wie der seriell verbundene 10-Ω- und 12-Ω-Widerstand, vorausgesetzt sie werden an die gleiche Spannung angeschlossen.

Durch Einsetzen des Ersatzwiderstands ins Ohm'sche Gesetz lässt sich sofort die Stärke des Stroms berechnen, der durch die seriell verbundenen Ohm'schen Widerstände fliesst, wenn sie an die Spannung U angeschlossen werden:

Gleichung 11.14

$$I = \frac{U}{R} = \frac{U}{R_1 + R_2 + \ldots + R_N}$$

Beispiel 11.6

Zwei Ohm'sche Widerstände werden seriell mit einer 4.5-V-Batterie verbunden. Der eine Ohm'sche Widerstand beträgt 10 Ω, der andere 12 Ω. Durch die beiden Widerstände fliesst ein Strom von:

$$= \frac{U}{R} = \frac{U}{R_1 + R_2} = \frac{4.5\ \text{V}}{10\ \Omega + 12\ \Omega} = 0.20\ \text{A}$$

Die gesamte Heizleistung mehrerer seriell an die Spannung U angeschlossener Widerstände ist mithilfe des Ersatzwiderstands ebenfalls direkt berechenbar:

$$P = \frac{U^2}{R} = \frac{U^2}{R_1 + R_2 + \ldots + R_N}$$

Beispiel 11.7

Zwei Ohm'sche Widerstände werden seriell mit einer 4.5-V-Batterie verbunden. Der eine Ohm'sche Widerstand beträgt 10 Ω, der andere 12 Ω. Die Heizleistung der beiden Widerstände beträgt:

$$P = \frac{U^2}{R} = \frac{U^2}{R_1 + R_2} = \frac{(4.5\ \text{V})^2}{10\ \Omega + 12\ \Omega} = 0.92\ \text{W}$$

Serienschaltung von Geräten: Seriell verbundene Geräte werden alle vom selben Strom mit der Stromstärke I durchflossen, spüren aber unterschiedliche Spannungen. Wenn N Geräte seriell an eine Spannungsquelle mit Spannung U angeschlossen und dadurch von einem Strom I durchflossen werden, so beträgt die Gesamtleistung P der Geräte:

$$P = U \cdot I = U_1 \cdot I + U_2 \cdot I + \ldots + U_N \cdot I = (U_1 + U_2 + \ldots U_N) \cdot I$$

2. Kirchhoff'sches Gesetz: Für die Spannungen an den N seriell verbundenen Geräten, die an eine Spannungsquelle mit Spannung U angeschlossen sind, gilt das 2. Kirchhoff'sche Gesetz:

$$U = U_1 + U_2 + \ldots + U_N$$

Serienschaltung von Ohm'schen Widerständen: Wenn es sich bei den N seriell verbundenen Geräten um Ohm'sche Widerstände handelt, können die einzelnen Spannungen und Heizleistungen mithilfe des Ohm'schen Gesetzes berechnet werden.

Ersatzwiderstand serieller Ohm'scher Widerstände: Die Gesamtleistung P von N seriell an die Spannung U angeschlossenen Widerständen $R_1, R_2, \ldots, R_N$ kann mit einem Ersatzwiderstand R der Serienschaltung berechnet werden, für den gilt:

$$R = R_1 + R_2 + \ldots + R_N$$

Aufgabe 53

Drei seriell verbundene Ohm'sche Widerstände von 3.0 Ω, 4.0 Ω und 5.0 Ω sind an eine Spannungsquelle von 12 V angeschlossen.

A] Wie gross ist der Ersatzwiderstand der drei Widerstände?

B] Wie gross sind die Ströme, die durch die drei Widerstände fliessen?

C] Welche Spannungen wirken an den drei Widerständen?

D] Wie gross sind die einzelnen Heizleistungen der drei Widerstände?

E] Wie gross ist die gesamte Heizleistung der drei Widerstände?

Aufgabe 59

Eine Lichterkette hat 20 Lampen, die seriell verbunden sind. Jede Lampe hat eine Leistung von 4 W. Die Kette wird an eine 230-V-Steckdose angeschlossen. Die Lampen dürfen als Ohm'sche Widerstände betrachtet werden.

A] Wie gross ist die Gesamtleistung der Lichterkette?

B] Wie gross ist der Strom durch die Lichterkette?

C] Wie gross ist der Ohm'sche Widerstand einer Lampe?

D] Wie gross ist die Spannung an jeder der 20 Lampen?

E] Was geschieht, wenn eine Lampe kaputt ist?

11.3 Welche Sicherheitsvorkehrungen gibt es bei Stromkreisen?

Nach diesem Abschnitt können Sie

- einige Gefahren und Sicherheitsvorkehrungen bei Stromkreisen angeben.

Ob ein Gegenstand unter Spannung steht, ist für den Menschen nicht sichtbar. Wird ein Gegenstand, der unter Spannung steht, von einem Menschen berührt, so fliesst ein Strom durch seinen Körper, denn dieser leitet den elektrischen Strom. Das ist gefährlich und führt zu Verletzungen. Ausschlaggebend ist dabei die Stromstärke und die Dauer, während der der Strom durch den Körper fliesst. Die Stromstärke hängt von der Spannung und dem Ohm'schen Widerstand des Körpers ab.

Ströme können Körperverletzungen und Brände verursachen

Der menschliche Körper ist ein sehr heterogenes Gebilde, bestehend aus Gewebe, Knochen, Flüssigkeiten, Hohlräumen etc. Alle diese Strukturen haben verschieden elektrische Widerstände. Der eintretende Strom teilt sich im Körper auf. Je nach der Lage der Stromeintritts- und Austrittsstelle ergeben sich verschiedene Teilströme im Inneren des Körpers. Besonders gefährdet ist das Herz, weil es durch einen körpereigenen elektrischen Strom zum Schlagen gebracht wird. Wird dieser gestört, kann es zu Herzkammerflimmern oder sogar zu einem Herzstillstand kommen. Der Strom zerstört ausserdem Körpergewebe durch Verbrennungen, wenn viel Ohm'sche Wärme entsteht.

Für die Wirkung des Stroms im Menschen gilt

- bis 1 mA: Der Strom ist kaum spürbar.
- bis 5 mA: Kribbeln, der Leiter kann noch losgelassen werden.
- 10 mA: Krampfschwelle, der Leiter kann unter Umständen nicht mehr losgelassen werden.
- 50 mA: Gefahrenschwelle, die Atmung ist behindert, eventuell Herzstillstand oder Herzkammerflimmern nach kurzer Zeit.
- ab 80 mA: Todesschwelle, tödliche Wirkung nach kurzer Zeit wahrscheinlich.

Elektrounfall

Ein Strom von 10 mA, der durch die Hand fliesst, wird nach einigen Sekunden als sehr schmerzhaft empfunden. Ein kurzzeitiger Strom von 50 mA kann bereits fatale Folgen haben. Dies ist ein kleiner Strom, wie er durch eine Lampe mit 10 W und 230 V fliesst. In der Schweiz geschehen pro Jahr etwa 200 *Elektrounfälle,* davon enden 15 tödlich.

Elektrobrand

Wo Strom fliesst, da entsteht Wärme. Fliesst ein starker Strom, kann er zu einem Brand führen. Etwa 30 % der 20 000 jährlichen *Brände* in der Schweiz haben eine elektrische Ursache.

Schmelzsicherungen, Schutzleiter und Fehlerstromschalter sichern Ströme

Um das Risiko von Elektrounfällen zu reduzieren, werden elektrische Geräte und Haushaltsstromkreise mit verschiedenen Sicherheitsvorkehrungen ausgestattet. Wir besprechen nur drei der technischen Vorrichtungen, die Unfälle verhüten helfen: Schmelzsicherungen, Schutzleiter (Erdung) und Fehlerstromschalter.

Schmelzsicherung, Kippschaltersicherung

Elektrische Stromkreise sind für eine gewisse Stromstärke ausgelegt, die im normalen Betrieb nicht überschritten werden sollte. Fliesst zu viel Strom durch die Leitung, so schmilzt im Sicherungskasten eine seriell mit dem Stromkreis verbundene Sicherung durch. Die alten *Schmelzsicherungen* enthalten einen dünnen Draht, der schmilzt, falls ein zu starker Strom durch den Stromkreis fliesst. Dadurch wird der Stromkreis unterbrochen.

Neuere *Kippschaltersicherungen* unterbrechen bei zu starkem Strom ebenfalls den Stromkreis, dies aber ohne dass ein Draht in ihnen kaputt geht.

Schutzleiter, Erdung

Wenn Sie ein elektrisches Gerät mit einem Metallgehäuse kaufen, so hat es oft einen Stecker mit drei Polen, obwohl für den Stromkreislauf nur zwei Pole notwendig wären. Der dritte, mittlere Pol des Steckers ist der so genannte *Schutzleiter,* oft auch *Erdung* genannt. Er stellt eine gut leitende Verbindung zwischen dem Gehäuse des Geräts und der Erde her. Man sagt auch: Das Metallgehäuse des Geräts ist geerdet. Falls durch eine defekte Isolation das leitende Metallgehäuse mit dem Stromkreis verbunden ist, so fliesst der Strom durch den gut leitenden Schutzleiter in die Erde ab. Der Schutzleiter verhindert so, dass Metallgehäuse, die wegen einer defekten Isolation von einem Strom durchflossen werden, bei Berührung einen Stromschlag erteilen.

FI-Schalter

Ein weiteres Sicherheitselement in elektrischen Stromkreisen ist der Fehlerstomschalter, auch FI-Schalter genannt. Der *FI-Schalter* kontrolliert, ob der Strom, der in einen Stromkreis hineinfliesst, wieder zurückkommt. Er vergleicht dazu dauernd den Strom, der in den Stromkreis fliesst, mit dem Strom, der vom Stromkreis zurückkommt. Beim korrekten Betrieb elektrischer Geräte verlässt kein Strom den vorgesehenen Stromkreis. Doch manchmal gerät der Strom auf Abwege, z. B. wenn er wegen eines Defekts durch einen Menschen fliesst. In diesem Fall ist der aus dem elektrischen Stromkreis herausfliessende Strom nicht gleich dem hineinfliessenden Strom, wodurch der FI-Schalter den Stromkreis unterbricht. Der Unterschied zwischen dem hinein- und dem hinausfliessenden Strom wird Fehlerstrom genannt. FI-Schalter reagieren, wenn der Fehlerstrom eine Stärke von 10 mA überschreitet. Die Auslösezeit, das heisst die Zeit zwischen dem Auftreten des Fehlerstroms und dem Abschalten des Stromkreises beträgt weniger als 40 ms.

Gefahren bei elektrischen Strömen: Strom kann zu Körperverletzungen und zu Bränden führen. Fliesst ein Strom durch einen Menschen, ist die Gefährdung umso grösser, je stärker der Strom ist und je länger er fliesst. Ströme über 50 mA führen beim Menschen zu Körperverletzungen. Ströme sind zudem gefährlich, weil sie durch Ohm'sche Wärmeentwicklung zu Bränden führen können.

Es gibt verschiedene technische Sicherheitsvorkehrungen im Zusammenhang mit Strom:

- Sicherungen verhindern, dass in einem Stromkreis eine gewisse Stromstärke überschritten wird.
- Schutzleiter verhindern, dass das Metallgehäuse eines elektrischen Geräts durch eine defekte Isolation einen Stromschlag erteilt.
- Fehlerstromschalter kontrollieren, ob ein Teil des Stroms wegen einer defekten Isolation aus dem vorgesehenen Stromkreis herausfliesst.

Aufgabe 65

Wenn ein Strom durch den menschlichen Körper fliesst, kann dies lebensgefährlich sein. Von welchen Grössen hängt die Gefährdung ab?

Aufgabe 71

Nennen Sie drei technische Sicherheitsvorkehrungen, die getroffen werden, um Unfälle mit elektrischem Strom zu verhindern.

Exkurs: Als Ströme noch aussergewöhnlich waren

Elektrische Ströme waren früher keine Selbstverständlichkeit. So sahen die ersten Batterien aus.
Bild: Science Photo Library

Wahrscheinlich haben Sie sich auch schon darüber amüsiert, wenn einer Person nach dem Ausziehen des Pullovers im wahrsten Sinne des Wortes die Haare zu Berge standen. Auch haben Sie wahrscheinlich schon gesehen oder davon gehört, wie man ein Würstchen heiss machen kann, indem man einen elektrischem Strom hindurchfliessen lässt. Der Unterhaltungswert von Experimenten mit elektrisch aufgeladenen Körpern oder mit Strömen ist gross. Bei Experimenten mit Elektrizität spielt dabei oft auch die Angst vor den Gefahren der Elektrizität eine gewisse Rolle. Elektrische Ströme hatten auch für die Menschen des 18. Jahrhunderts etwas Faszinierendes. Das Neue, die Unterhaltung und der Nervenkitzel spielten damals eine grosse Rolle, als mit elektrischen Experimenten grosse Gesellschaften unterhalten wurden.

Ströme hatten die Faszination von etwas Seltenem. Dies ist auch am folgenden Text des Physikers Joseph Priestley (1733–1804) zu erkennen:

Herr Musschenbroek, der dieses Experiment mit einem besonders dünnwandigen Glasgefäss ausführte, berichtet in einem Brief, den er bald nach dem Experiment schrieb, er hätte in den Armen, der Schulter und der Brust einen Schlag verspürt, so dass es ihm den Atem verschlagen hat und er sich vom Schock und dem Schrecken erst nach zwei Tagen erholt hätte. Er fügt hinzu, er würde sich nicht mal für das ganze Königtum Frankreich einem zweiten solchen Schlag aussetzen. Es sollte aber nicht aus der obigen Sicht der Schluss gezogen werden, alle Forscher der Elektrizität zeigten ähnliche panische Angst. Wenige von ihnen, so glaube ich, würden dem feigen Professor beipflichten, nicht um ganz Frankreich einen zweiten Schlag aushalten zu wollen. Ganz anders meint der edelmütige Herr Bose mit wahrhaft philosophischem Heldenmut, er wünsche sich, von einem elektrischen Schlag zu Tode getroffen zu werden, womit er Stoff für einen Artikel in den Denkschriften der französischen Akademie der Wissenschaften geben könnte. Es ist aber nicht jedem Forscher der Elektrizität ein so glorreicher Tod wie der des zu Recht beneideten Herrn Richmann vergönnt.

Dass man es bei einem so alltäglichen Phänomen wie dem Blitz ebenfalls mit einem elektrischen Strom zu tun hat und Ströme somit auch im 18. Jahrhundert gar nicht so etwas Seltenes waren, konnte als Erster Benjamin Franklin (1706–1790) zusammen mit seinem Sohn in einem lebensgefährlichen Experiment zeigen. Um die Verwandtschaft des elektrischen Stroms und des Blitzes in möglichst vollkommener Weise zu demonstrieren, hat sich Franklin, so erstaunlich es auch scheinen mag, einen Weg ausgedacht, wie man mithilfe eines Drachens den Blitz vom Himmel holen kann. Franklin liess einen Drachen steigen, als ein Gewitter im Anzug war. Der Drache war mit einer spitzen Metallnadel versehen. Durch diese Metallnadel wurde ein Blitz aus der Wolke herausgelockt und durch das Hanfseil herabgeführt und von einem metallischen Schlüssel empfangen, der ans Ende des Hanfseils gebunden war. Der Teil des Seils, den Franklin in den Händen hielt, war aus Seide, die den Blitz, der beim Schlüssel ankam, nicht weiterleitete. Durch Experimente mit dem vom Blitz getroffenen Schlüssel konnte Franklin mit den damals üblichen elektrischen Experimenten zeigen, dass der Blitz den Schlüssel auf dieselbe Art auflädt, wie dies sonst in elektrischen Experimenten der Fall ist, nur viel stärker.

Teil E Elektrostatik und Magnetismus

Einstieg und Lernziele

Einstieg

Von den in der Natur vorkommenden Kräften kennen Sie die Gravitationskraft und die Kernkraft bereits gut. In diesem Teil werden Sie zwei Kräfte genauer kennen lernen, von denen schon mehrfach die Rede war: die elektrische und die magnetische Kraft. Diese beiden Kräfte sind eng miteinander verwandt, obwohl dies auf den ersten Blick nicht so erscheinen mag. Die beiden Kräfte können eine ganze Reihe von Phänomenen erklären. Eines der gewaltigsten elektrischen Phänomene ist der Blitz während eines Gewitters, denn die elektrische Kraft, die zwischen allen elektrisch geladenen Körpern wirkt, steckt hinter diesem Phänomen. Sie werden in diesem Teil unter anderem lernen, wie man die elektrische Kraft zwischen zwei elektrisch geladenen Körpern berechnen kann. Ein bekanntes magnetisches Phänomen ist das Ausrichten einer Kompassnadel nach Norden. Schlägt ein Blitz in der Nähe einer Kompassnadel ein, so wird sie kurz in eine andere Richtung abgelenkt. Ein elektrischer Blitz beeinflusst also eine magnetische Kompassnadel. Warum dem so ist, werden Sie ebenfalls in diesem Teil lernen.

Schlüsselfragen im Zusammenhang mit Elektrostatik und Magnetismus sind:

- Wie erklärt man elektrische Phänomene?
- Wie erklärt man magnetische Phänomene?

Lernziele

Nach der Bearbeitung des Abschnitts «Wie erklärt man elektrische Phänomene?» können Sie

- die Ursache der elektrischen Kraft beschreiben.
- erklären, wie man die elektrische Ladung eines Körpers misst.
- erklären, wie ein Körper durch Übertragen von Elektronen aufgeladen wird.
- die elektrische Kraft zwischen zwei geladenen Körpern berechnen.
- erklären, wieso ein neutraler Körper durch Verschieben von Elektronen eine elektrische Kraft auf die Umgebung ausübt.

Nach der Bearbeitung des Abschnitts «Wie erklärt man magnetische Phänomene?» können Sie

- die Grundeigenschaften von Magneten beschreiben.
- den Verlauf eines Magnetfelds mit Magnetfeldlinien darstellen.
- die Ursache für Magnetismus beschreiben.
- das Magnetfeld eines geraden Stroms, eines Kreisstroms und einer Spule beschreiben.
- erklären, wie Magnete durch Ausrichten atomarer Dipolmagnetfelder erzeugt werden.
- die Kraft berechnen, die auf eine Ladung wirkt, die sich in einem Magnetfeld bewegt.
- die Bewegung einer Ladung in einem Magnetfeld beschreiben und berechnen.
- die Kraft berechnen, die auf einen stromdurchflossenen Draht im Magnetfeld wirkt.

12 Wie erklärt man elektrische Phänomene?

Die Schlüsselfragen dieses Abschnitts lauten:

- Wodurch wird die elektrische Kraft verursacht?
- Wie kann man einen Körper elektrisch aufladen?
- Wie stark ist die elektrische Kraft?

Elektrische Ströme werden von der elektrischen Kraft angetrieben. Sie erfahren in diesem Abschnitt mehr über die Natur dieser Kraft. Die elektrische Kraft bestimmt viele Phänomene der Natur. Sie ist z. B. dafür verantwortlich, dass Atomkerne von Elektronen umkreist werden, dass sich Atome zu Molekülen verbinden und, etwas profaner, dass sich Staub auf Fernsehbildschirmen ansammelt. Um die Untersuchung der elektrischen Kraft möglichst einfach zu halten, betrachten wir nur ruhende elektrisch geladene Körper, also statische Körper. Wenn man sich auf statische elektrische Phänomene beschränkt, spricht man von Elektrostatik.

Thales von Milet, Elektron

Der Erste, der elektrostatische Phänomene beschrieben hat, war *Thales von Milet* (ca. 650 v. Chr–560 v. Chr.). Thales beschreibt die erstaunlichen Fähigkeiten von Bernstein: Wenn man Bernstein mit einem Wolltuch reibt, so kann er Gegenstände in seiner Umgebung anziehen. Sie können diese Beobachtungen mithilfe von Kunststoff, wie z. B. Frischhaltefolie oder Styroporverpackungen, nachvollziehen. Wenn man geriebenen Bernstein oder Kunststoff sehr nahe an andere Gegenstände heranbringt, kann es sogar passieren, dass ein kleiner Funken überspringt. Ein Blitz, zwischen Gewitterwolke und Boden, ist eine riesige Version eines solchen überspringenden Funkens. Bernstein hat den Teilchen, die in einem Blitz oder einem Funken überspringen, auch den Namen gegeben: Der griechische Name für Bernstein ist *Elektron*.

[Abb. 12.1] Blitze während eines Gewitters

Die elektrische Kraft auf die Elektronen der Gewitterwolke ist so stark, dass sie aus der Wolke gerissen werden und ein elektrischer Strom fliesst. Bild: Pekka Parviainen / Science Photo Library

TEIL E ELEKTROSTATIK UND MAGNETISMUS

12.1 Wodurch wird die elektrische Kraft verursacht?

Nach diesem Abschnitt können Sie

- die Ursache der elektrischen Kraft beschreiben.
- erklären, wie man die elektrische Ladung eines Körpers misst.

Die Ladung von Proton und Elektron ist die Ursache für elektrische Kräfte

Der Stuhl, auf dem Sie sitzen, das Buch, das Sie lesen, die Frischhaltefolie in Ihrer Küche, einfach alle Materie, die Sie umgibt, ist aus Atomen aufgebaut. Diese Atome haben einen Kern aus Protonen und Neutronen und eine Hülle aus Elektronen. Unsere Welt besteht aus Protonen, Neutronen und Elektronen. Experimente zeigen, dass die Elektronen und Protonen Kräfte aufeinander ausüben:

- Zwei Protonen stossen sich gegenseitig ab.
- Zwei Elektronen stossen sich gegenseitig ab.
- Ein Proton und ein Elektron ziehen sich gegenseitig an.

Elektrische Kraft

Da Neutronen nicht von dieser Kraft erfasst werden, kann es sich nicht um die Gravitationskraft oder um die starke Kernkraft handeln. Es muss also noch eine weitere Kraft geben. Wir bezeichnen diese Kraft, die zwischen Protonen und Elektronen wirkt, als *elektrische Kraft*. Elektrische Kräfte zwischen zwei geladenen Körpern werden durch die Elektronen und Protonen der beiden Körper verursacht.

Elektrische Ladung

Die elektrische Kraft zwischen Protonen und Elektronen wird durch ihre *elektrische Ladung* verursacht. Für die elektrische Kraft zwischen geladenen Körpern gilt:

- Zwischen zwei gleichartig geladenen Körpern ist die elektrische Kraft abstossend.
- Zwischen zwei ungleichartig geladenen Körpern ist die elektrische Kraft anziehend.
- Ist nur einer von zwei Körpern geladen, wirkt keine elektrische Kraft.

Positiv, negativ, ungeladen

Wir verteilen die Vorzeichen der Ladung wie folgt auf Proton und Elektron: Protonen sind elektrisch *positiv geladen,* Elektronen sind elektrisch *negativ geladen*. Neutronen sind elektrisch *ungeladen*.

Dies erklärt elegant die Eigenschaften der elektrischen Kraft (Abb. 12.2):

- Zwei Protonen stossen sich gegenseitig ab, weil beide positiv geladen sind und zwischen gleichartig geladenen Körpern eine abstossende elektrische Kraft wirkt.
- Zwei Elektronen stossen sich gegenseitig ab, weil beide negativ geladen sind und zwischen gleichartig geladenen Körpern eine abstossende elektrische Kraft wirkt.
- Ein Proton und ein Elektron ziehen sich gegenseitig an, weil das Elektron negativ und das Proton positiv geladen ist und zwischen verschiedenartig geladenen Körpern eine anziehende elektrische Kraft wirkt.
- Elektron und Proton üben keine elektrische Kraft auf ein Neutron aus, weil das Neutron keine elektrische Ladung hat. Man sagt auch, das Neutron ist elektrisch neutral.

[Abb. 12.2] Die elektrische Kraft

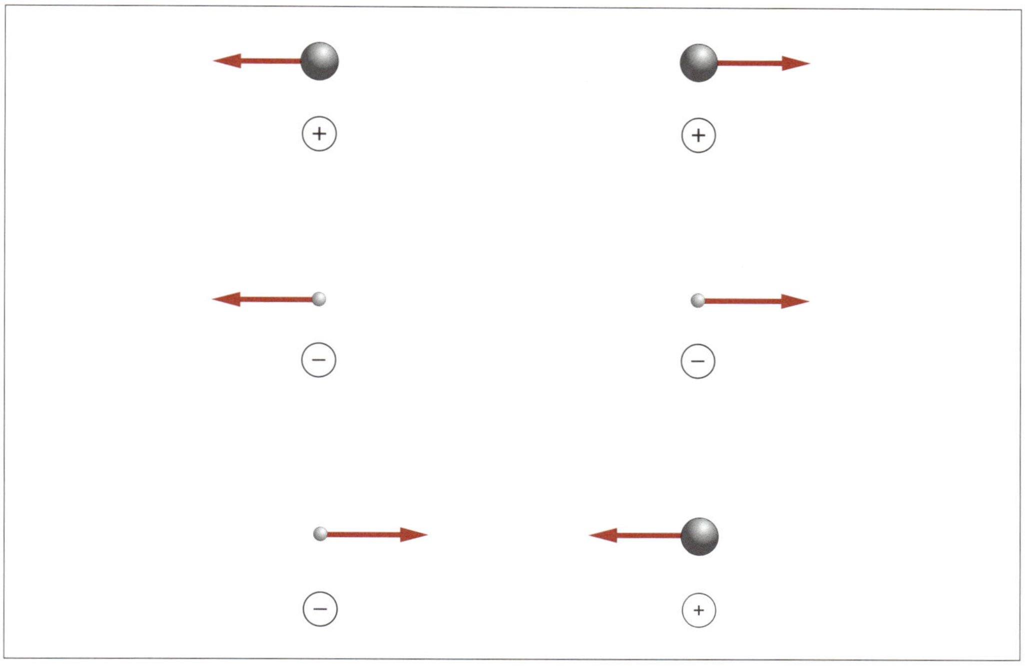

Die elektrische Ladung von Proton und Elektron ist Ursache für die elektrische Kraft.

So, wie die Masse eines Körpers die Ursache für die Gravitationskraft ist, ist die elektrische Ladung eines Körpers die Ursache für die elektrische Kraft. Mithilfe der Ladung lässt sich die elektrische Kraft beschreiben. Die Ladung ist aber nichts Gegenständliches. Man kann sie nicht vom Elektron wegnehmen, um es zu entladen. Sie ist eine Charaktereigenschaft der Bausteine der Materie, die sich durch die elektrische Kraft bemerkbar macht.

Die Kraft zwischen zwei geladenen Körpern ist ein Mass für ihre Ladung

Wie können wir messen, wie gross die elektrische Ladung des Protons und Elektrons ist? Antwort: Wir messen die Ladung mit der Stärke der elektrischen Kraft.

Coulomb

Als Formelzeichen für die elektrische Ladung eines Körpers verwenden wir den Buchstaben Q. Die Masseinheit der Ladung nennen wir *Coulomb,* abgekürzt C:

Gleichung 12.1

$$[Q] = 1 \text{ Coulomb} = 1 \text{ C}$$

Die Masseinheit der Ladung messen wir, indem wir zwei gleich geladene Körper in einem Abstand von 1 m aufbauen und die Stärke der elektrischen Kraft messen. Wenn die elektrische Abstossung zwischen den beiden Körpern $9 \cdot 10^9$ N beträgt, hat jeder der beiden Körper eine Ladung von 1 Coulomb (Abb. 12.3).

[Abb. 12.3] Ladungsmessung

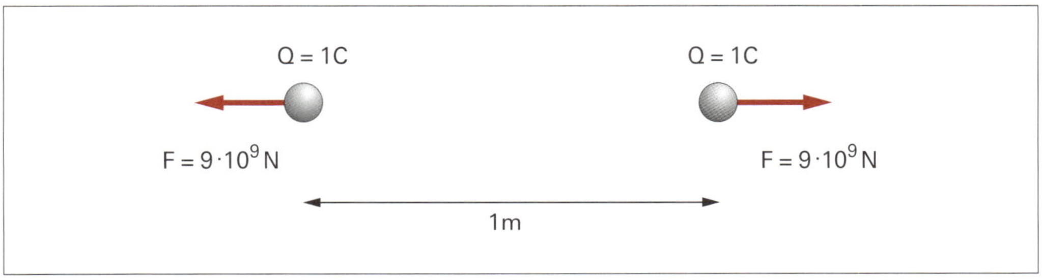

Die elektrische Kraft zwischen zwei Körpern mit gleicher Ladung ist ein Mass für ihre Ladung.

In der Praxis lädt man die beiden Körper weniger stark auf, da 1 C eine riesige Ladung ist.

Da sich Protonen und Elektronen nicht in nichts auflösen oder aus dem Nichts auftauchen, ist die Ladung eine Erhaltungsgrösse: Die Ladung Q eines Körpers, der keine Elektronen oder Protonen an die Umgebung abgibt oder aufnimmt, ist immer gleich gross:

Gleichung 12.2

$$Q_{total} = \text{konstant}$$

Da wir kein Sinnesorgan für elektrische Kräfte haben, ist es hilfreich, sich anhand einer konkreten Situation die Ladung $Q = 1$ C vorzustellen: In einem Blitz fliesst eine Ladung Q, die je nach Grösse des Blitzes etwa 1 C bis 10 C beträgt. Dies zeigt: 1 C ist eine sehr grosse Ladung. Wenn Gegenstände im Alltag elektrisch aufgeladen sind, so beträgt ihre Ladung meist nur $Q = 1 \cdot 10^{-7}$ C. Man verwendet deshalb häufig die Vorsilbe Mikro-:

$$1\ \mu\text{C} = 1 \cdot 10^{-6}\ \text{C}$$

Protonen und Elektronen haben betragsmässig die gleiche Ladung

Überlegen wir uns als Nächstes, wie gross die elektrische Ladung des Elektrons im Vergleich zur elektrischen Ladung des Protons ist. Welches der beiden Teilchen hat die grössere Ladung Q?

Experimentell gefundene Antwort: Elektronen und Protonen haben eine gleich grosse Ladung. Die Ladung von Protonen und Elektronen unterscheidet sich aber in ihrem Vorzeichen:

$$Q_{Elektron} = -1.6 \cdot 10^{-19}\ \text{C}$$

$$Q_{Proton} = 1.6 \cdot 10^{-19}\ \text{C}$$

Elementarladung

Wir nennen den Betrag der Ladung des Elektrons und Protons die *Elementarladung*. Für die Elementarladung verwenden wir das Formelzeichen e:

Gleichung 12.3

$$e = 1.6 \cdot 10^{-19}\ \text{C}$$

Die Ladung von Elektron und Proton in Einheiten der Elementarladung e beträgt:

$$Q_{Elektron} = -e$$

$$Q_{Proton} = +e$$

Die Elementarladung $e = 1.6 \cdot 10^{-19}$ C ist die kleinste in der Natur vorkommende Ladung. $6.25 \cdot 10^{18}$ Elektronen haben zusammen die Ladung $Q = 1$ C.

Die Ladung eines Körpers setzt sich aus der Ladung seiner Protonen und Elektronen zusammen

Die Ladung Q eines Körpers berechnen wir, indem wir die Ladung seiner Bausteine unter Berücksichtigung der Vorzeichen zusammenzählen. Wenn wir die Ladung eines Atomkerns oder eines Ions berechnen, ist es praktisch, die Ladung als Vielfaches der Elementarladung anzugeben. Die Ladung eines Körpers ist daher immer ein ganzzahliges Vielfaches der Elementarladung e.

Beispiel 12.1

Der Kern eines Kohlenstoff-Atoms besteht aus 6 Protonen und 6 Neutronen. Da Neutronen ungeladen sind, beträgt die elektrische Ladung dieses Atomkerns:

$$Q_{Atomkern} = 6 \cdot Q_{Proton} = 6 \cdot (+e) = 6 \cdot e$$

Atome bestehen aus gleich vielen Elektronen wie Protonen. Da die Ladung des Protons betragsmässig gleich gross ist wie die Ladung des Elektrons, ist die Ladung eines Atoms immer $Q = 0$ C. Ionen haben entweder mehr oder weniger Elektronen als Protonen. Hat ein Ion mehr Elektronen als Protonen, so ist seine Ladung negativ ($Q < 0$ C). Hat ein Ion weniger Elektronen als Protonen, so ist seine Ladung positiv ($Q > 0$ C).

Beispiel 12.2

Ein Kohlenstoff-Atom besteht aus 6 Protonen, 6 Elektronen und 6 Neutronen. Die elektrische Ladung des Atoms beträgt:

$$Q_{Atom} = 6 \cdot Q_{Proton} + 6 \cdot Q_{Elektron}$$

$$Q_{Atom} = 6 \cdot (+e) + 6 \cdot (-e) = 6 \cdot e - 6 \cdot e = 0$$

Wir erhalten das erwartete Resultat: Das Kohlenstoff-Atom ist elektrisch neutral.

Ein Kohlenstoff-Ion bestehe aus 6 Protonen, 4 Elektronen und 6 Neutronen. Die elektrische Ladung dieses Kohlenstoff-Ions beträgt dann:

$$Q_{Ion} = 6 \cdot Q_{Proton} + 4 \cdot Q_{Elektron}$$

$$Q_{Ion} = 6 \cdot (+e) + 4 \cdot (-e) = 6 \cdot e - 4 \cdot e = 2 \cdot e$$

Dieses Kohlenstoff-Ion ist elektrisch positiv geladen. Wir schreiben: C^{2+} (C = Kohlenstoff).

Da die uns umgebenden Gegenstände aus positiv geladenen Protonen, negativ geladenen Elektronen und ungeladenen Neutronen aufgebaut sind, gilt:

Ladungsneutralität, Elektronenüberschuss, Elektronenmangel

- Ein Gegenstand ist ungeladen ($Q = 0$ C), wenn er aus gleich vielen Elektronen wie Protonen besteht. Wir sprechen von *Ladungsneutralität*.
- Ein Gegenstand ist negativ geladen ($Q < 0$ C), wenn er aus mehr Elektronen als Protonen besteht. Wir sprechen von *Elektronenüberschuss*.
- Ein Gegenstand ist positiv geladen ($Q > 0$ C), wenn er aus weniger Elektronen als Protonen besteht. Wir sprechen von *Elektronenmangel*.

Die elektrische Kraft wird durch die elektrische Ladung verursacht. Es gibt zwei Arten von Ladung: Protonen sind elektrisch positiv, Elektronen elektrisch negativ geladen. Neutronen sind elektrisch ungeladen.

Für die elektrische Kraft zwischen zwei Körpern gilt: Zwischen zwei gleichartig geladenen Körpern wirkt eine abstossende elektrische Kraft. Zwischen zwei verschiedenartig geladenen Körpern wirkt eine anziehende elektrische Kraft. Ist nur einer von zwei Körpern geladen, wirkt keine elektrische Kraft.

Ladungseinheit Coulomb: Die elektrische Kraft ist ein Mass für die elektrische Ladung: Wenn die elektrische Kraft zwischen zwei gleich stark geladenen Körpern, die einen Abstand von 1 m voneinander haben, $9 \cdot 10^9$ N beträgt, so hat jeder der beiden Körper eine Ladung von $Q = 1$ Coulomb = 1 C. Protonen und Elektronen haben betragsmässig die gleiche Ladung, die man als Elementarladung e bezeichnet.

Aufgabe 77

A] Wie erklärt man das Zustandekommen der elektrischen Kraft zwischen Protonen und Elektronen?

B] Wann üben zwei Gegenstände eine elektrische Kraft aufeinander aus?

C] Wann ist ein Gegenstand positiv, wann negativ geladen?

Aufgabe 83

A] Worin unterscheiden sich die Ladungen von Elektron und Proton?

B] In was sind sich die Ladung des Elektrons und des Protons gleich?

C] Wann ist ein Körper elektrisch ungeladen?

Aufgabe 89

Ein Ion besteht aus 6 Protonen, 6 Neutronen und 7 Elektronen.

A] Wie gross ist seine elektrische Ladung in Einheiten der Elementarladung?

B] Wie gross ist seine elektrische Ladung in Einheiten von Coulomb?

12.2 Wie kann man einen Körper elektrisch aufladen?

Nach diesem Abschnitt können Sie

- erklären, wie ein Körper durch Übertragen von Elektronen aufgeladen wird.

Körper sind elektrisch geladen, wenn sie aus ungleich vielen Elektronen und Protonen bestehen. Doch wie kommt es dazu?

Körper werden durch Übertragen von Elektronen elektrisch aufgeladen

Elektronenübertragung

Wenn man den neutralen Bernstein mit einem Wolltuch reibt, so werden einige Elektronen aus den Atomhüllen des Wolltuchs auf den Bernstein übertragen. Der Bernstein hat nach der Elektronenübertragung einen Elektronenüberschuss. Das Wolltuch hat nach der Elektronenübertragung einen Elektronenmangel. Allgemein: Nach der *Elektronenübertragung* ist der eine Körper negativ und der andere positiv aufgeladen (Abb. 12.4).

[Abb. 12.4] Elektronenübertragung

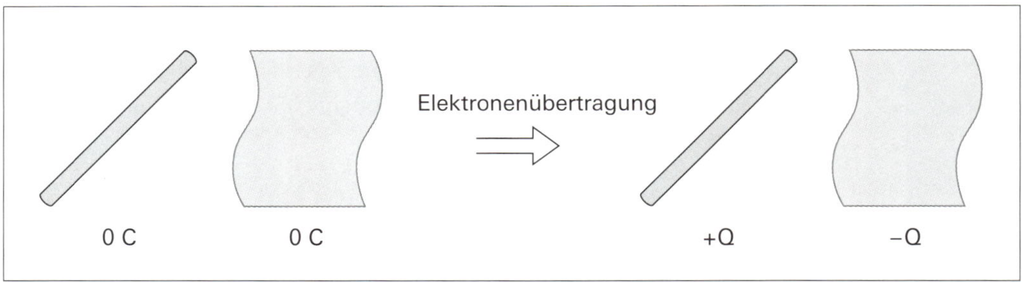

Durch Übergang von Elektronen kommt es einerseits zu einem Elektronenmangel, andererseits zu einem Elektronenüberschuss. Folge: Beide Körper sind geladen.

Das Beispiel mit dem Bernstein und dem Wolltuch zeigt: Einen Körper aufladen bedeutet, dass er entweder Elektronen aufnimmt oder abgibt, sodass es zu Elektronenmangel oder Elektronenüberschuss kommt. Ebenso bedeutet einen Körper entladen, dass er Elektronen aufnimmt oder abgibt, bis Ladungsneutralität herrscht. Wir können also ganz allgemein sagen: Körper werden durch Übertragung von Elektronen aufgeladen oder entladen.

Leiter, Isolator

Wohin geht ein Elektron, das auf einen Körper übertragen wurde? Dies hängt davon ab, ob es sich bei dem Körper um einen elektrischen *Leiter* oder um einen elektrischen *Isolator* handelt:

- In gewissen Materialien kann sich das Elektron frei bewegen. Ein solches Material nennt man einen elektrischen Leiter. Da sich die auf einen Leiter übertragenen Elektronen frei bewegen, verteilen sie sich wegen der gegenseitigen elektrischen Abstossung so, dass sie möglichst weit voneinander entfernt sind, d. h., die übertragenen Elektronen verteilen sich auf der Oberfläche des Körpers.

- In gewissen Materialien kann sich das übertragene Elektron nicht frei bewegen. Man nennt solche Materialien Isolatoren. Da sich die auf einen Isolator übertragenen Elektronen nicht bewegen können, bleiben sie an der Stelle der Oberfläche sitzen, auf die sie übertragen wurden.

Aufladen eines Körpers: Ein Körper kann durch Übertragen von Elektronen aufgeladen werden. Durch Aufnehmen von Elektronen kann er negativ, durch Abgeben von Elektronen positiv geladen werden. Zur Übertragung von Elektronen kann es z. B. kommen, wenn ein Körper mit einem anderen Körper gerieben wird.

Ladungsverteilung auf einem Körper: Die auf einen Leiter übertragenen Elektronen verteilen sich auf seiner Oberfläche. Die auf einen Isolator übertragenen Elektronen bleiben an der Stelle der Oberfläche, auf die sie übertragen wurden. Grund: In Isolatoren können sich Elektronen nur innerhalb der Atomhülle bewegen, in Leitern können sie sich auch ausserhalb bewegen.

Aufgabe 6

Erläutern Sie mit eigenen Worten folgende Aussage: Körper werden durch Übertragen von Elektronen elektrisch aufgeladen.

Aufgabe 12

Ein Körper wird durch Übertragen von Elektronen elektrisch negativ aufgeladen.

A] Die Elektronen verteilen sich auf der Oberfläche des Körpers. Warum?

B] Die Elektronen bleiben an der Stelle des Körpers, auf die sie übertragen wurden. Warum?

12.3 Wie stark ist die elektrische Kraft?

Nach diesem Abschnitt können Sie

- die elektrische Kraft zwischen zwei geladenen Körpern berechnen.
- erklären, wieso ein neutraler Körper durch Verschieben von Elektronen eine elektrische Kraft auf die Umgebung ausübt.

Sie wissen nun, unter welchen Umständen eine elektrische Kraft zwischen zwei Körpern wirkt. Sie wissen auch, wann die Kraft abstossend und wann sie anziehend ist. Zum Abschluss geht es nun noch um die Stärke der elektrischen Kraft. Von welchen Grössen hängt die Stärke der elektrischen Kraft ab?

Das Coulomb'sche Gesetz beschreibt die elektrische Kraft zwischen zwei Ladungen

Wenn man die Stärke der elektrischen Kraft F_E zwischen zwei elektrisch geladenen Körpern experimentell untersucht, so findet man:

- Auf die beiden Körper wirken entgegengesetzt gleich grosse Kräfte.
- Die Kräfte wirken entlang der Verbindungsgeraden der beiden Körper.
- Die elektrische Kraft ist proportional zu den Ladungen der beiden Körper.
- Die elektrische Kraft ist umgekehrt proportional zum Quadrat des Abstands der beiden Körper.

Coulomb'sches Gesetz

Man kann diese experimentellen Befunde in mathematischer Schreibweise zusammenfassen und erhält so das *Coulomb'sche Gesetz* für die elektrische Kraft. Die elektrische Kraft F_E zwischen zwei Körpern mit Ladungen Q_1 und Q_2 im Abstand r beträgt:

Gleichung 12.4

$$F_E = k \cdot \frac{Q_1 \cdot Q_2}{r^2}$$

Der Wert der Proportionalitätskonstanten k beträgt im Vakuum:

Gleichung 12.5

$$k = 9.0 \cdot 10^9 \frac{\mathrm{N \cdot m^2}}{\mathrm{C^2}}$$

Falls die Ladungen von Luft umgeben sind, hat k praktisch den gleichen Wert wie im Vakuum. Bei allen anderen Materialien hat k einen kleineren Wert.

Was es heisst, dass die elektrische Kraft entlang der Verbindungsgeraden der beiden geladenen Körper wirkt, ist in Abb. 12.5 dargestellt.

[Abb. 12.5] Richtung der elektrischen Kraft

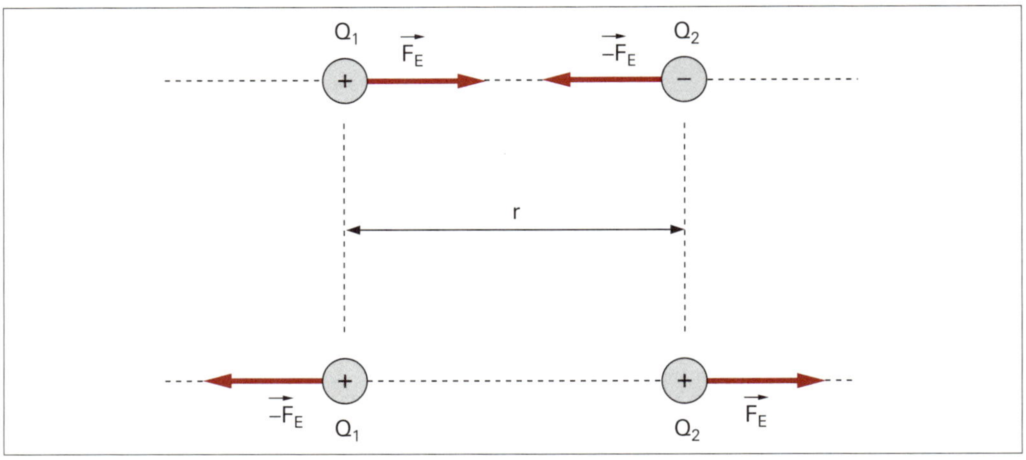

Die elektrische Kraft zwischen zwei Körpern wirkt entlang der Verbindungsgeraden der Körper und hängt von der Ladung und vom Abstand der Körper ab.

Bei Berechnungen mit dem Coulomb'schen Gesetz (Gleichung 12.5) ist wie immer wichtig, dass alle Grössen in SI-Einheiten eingesetzt werden. Die Kraft in Newton, die Ladungen in Coulomb und der Abstand in Metern.

Die Tatsache, dass zwischen zwei geladenen Körpern entgegengesetzt gleich grosse elektrische Kräfte wirken, erstaunt nicht, wenn man ans Wechselwirkungsgesetz der Mechanik denkt: Actio = Reactio. Gemäss dem Wechselwirkungsgesetz hat die Kraft des Körpers 1 auf den Körper 2 eine entgegengesetzt gleich grosse Kraft vom Körper 2 auf den Körper 1 zur Folge.

Beispiel 12.3

Der Körper mit der Ladung Q_1 übt auf den Körper mit der Ladung Q_2 eine elektrische Kraft vom Betrag F_E aus. Der Körper mit der Ladung Q_2 übt auf den Körper mit der Ladung Q_1 eine entgegengesetzt gleich grosse elektrische Kraft vom Betrag F_E aus.

Sie sind vielleicht selber darauf gekommen, dass das Coulomb'sche Gesetz sehr ähnlich aussieht wie das Gesetz für die Gravitationskraft F_G:

$$F_G = G \cdot \frac{m_1 \cdot m_2}{r^2}$$

Der Platz der beiden Massen in der Gleichung für die Gravitationskraft F_G wird in der Gleichung für die elektrische Kraft F_E von den beiden Ladungen übernommen. Die Gravitationskraft F_G und die elektrische Kraft F_E nehmen mit dem Quadrat des Abstands zwischen den Körpern ab (Abb. 12.6).

[Abb. 12.6] Abstandsabhängigkeit der elektrischen Kraft

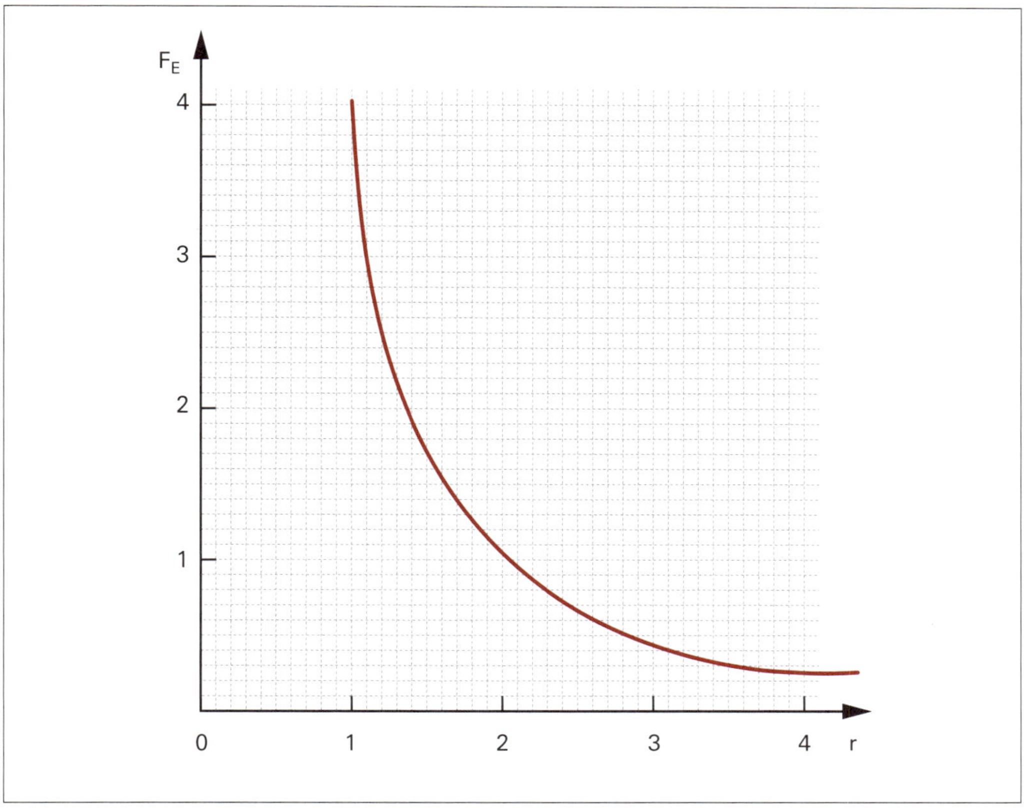

Die Coulomb-Kraft nimmt quadratisch mit dem Abstand *r* zwischen den beiden Körpern ab.

Es gibt einen wesentlichen Unterschied zwischen dem Verhalten der elektrischen Kraft und der Gravitationskraft: Die Gravitationskraft ist immer anziehend, während die elektrische Kraft sowohl anziehend als auch abstossend sein kann.

Wenn die Ladungen Q_1 und Q_2 gleiches Vorzeichen haben, so wird die elektrische Kraft F_E mit Gleichung 12.5 positiv (positiv mal positiv gleich positiv, negativ mal negativ gleich positiv). Wenn die Ladungen Q_1 und Q_2 ungleiches Vorzeichen haben, so wird die elektrische Kraft F_E negativ (positiv mal negativ gleich negativ). Ein positives Vorzeichen der elektrischen Kraft F_E zeigt folglich eine abstossende elektrische Kraft an, ein negatives Vorzeichen eine anziehende elektrische Kraft.

Beispiel 12.4

Ein Wasserstoff-Atom besteht aus einem Elektron und einem Proton. Das Elektron umkreist das Proton in einem Abstand von ca. 10^{-10} m. Die Ladung des Elektrons beträgt $Q_1 = -1.6 \cdot 10^{-19}$ C, diejenige des Protons $Q_2 = 1.6 \cdot 10^{-19}$ C. Die elektrische Kraft, die das Proton auf das Elektron respektive das Elektron auf das Proton ausübt, beträgt folglich:

$$F_E = k \cdot \frac{Q_1 \cdot Q_2}{r^2} = 9.0 \cdot 10^9 \, \frac{\mathrm{N \cdot m^2}}{\mathrm{C^2}} \cdot \frac{(-1.6 \cdot 10^{-19}\,\mathrm{C}) \cdot (1.6 \cdot 10^{-19}\,\mathrm{C})}{(10^{-10}\,\mathrm{m})^2}$$

$$F_E = -2.3 \cdot 10^{-8}\,\mathrm{N}$$

TEIL E ELEKTROSTATIK UND MAGNETISMUS

Das negative Vorzeichen der elektrischen Kraft F_E zeigt an, dass es sich um eine anziehende Kraft handelt.

Elektrisch neutrale Körper üben nach Verschieben von Elektronen elektrische Kräfte aus

Vielleicht haben Sie auch schon folgende Beobachtung gemacht: Ein durch Reibung geladener Luftballon wird von der Zimmerwand elektrisch angezogen. Dies, obwohl die Zimmerwand ungeladen ist. Das scheint ein Widerspruch zu sein, denn damit zwischen zwei Körpern eine elektrische Kraft wirkt, müssen beide Körper geladen sein. Der scheinbare Widerspruch löst sich auf, wenn wir uns etwas genauer überlegen, was mikroskopisch passiert, wenn der geladene Ballon in die Nähe der Wand kommt.

Mikroskopisch gesehen bestehen Ballon und Mauer aus Atomen. Diese wiederum bestehen aus geladenen Protonen und Elektronen sowie ungeladenen Neutronen. Der geriebene Ballon ist elektrisch negativ geladen, weil er mehr Elektronen als Protonen, also einen Elektronenüberschuss hat. Da die Wand aus gleich vielen Elektronen wie Protonen besteht, ist sie als Ganzes gesehen elektrisch neutral.

Ladungsasymmetrie, Polarisation

Die negative Ladung des Ballons stösst die Elektronen der Wandatome sehr stark ab, während es die Protonen anzieht. Die Wand ist ein Isolator. Da sich Elektronen der Wandatome nur innerhalb der Atomhülle frei bewegen können, befinden sie sich wegen der Abstossung durch den Ballon hauptsächlich auf der dem Ballon abgewandten Seite der Atomhüllen. Die Atome haben dadurch eine asymmetrische Ladungsverteilung. Wenn die Atomhüllen eines Isolators eine *Ladungsasymmetrie* aufweisen, sprechen wir von *Polarisation*. Ein eigentlich ungeladener Isolator hat unter dem Einfluss eines geladenen Körpers eine positive und eine negative Seite. Polarisation hat zur Folge, dass der Ballon eine etwas nähere Wand aus Atomkernen und eine etwas entferntere Wand aus Atomhüllen vor sich hat. Die elektrische Anziehung zwischen negativem Ballon und den näheren Atomkernen überwiegt dann wegen der Abstandsabhängigkeit der elektrischen Kraft ein wenig die elektrische Abstossung zwischen negativem Ballon und den weiter entfernten Atomhüllen. Bilanz: Der elektrisch geladene Ballon wird von der insgesamt elektrisch neutralen Wand angezogen (Abb. 12.7).

[Abb. 12.7] Asymmetrie der Elektronenverteilung

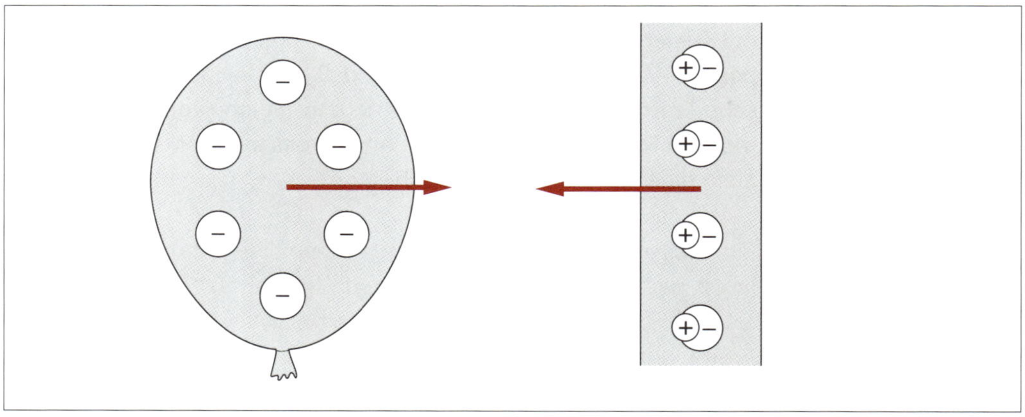

Die als Ganzes ungeladene Wand hat unter dem Einfluss des geladenen Ballons eine positive Vorder- und eine negative Rückseite. Dadurch wirkt zwischen Ballon und Wand eine elektrische Kraft.

Influenz

In Metallen gibt es Elektronen, die nicht an eine Atomhülle gebunden sind und sich beliebig zwischen den Atomen, d. h. den Ionen bewegen können. Die negative Ladung des Ballons übt auch bei Leitern elektrische Kräfte auf die Protonen und Elektronen aus. Durch die Abstossung bewegen sich die freien Elektronen quer durch den ganzen Leiter so weit wie möglich vom geladenen Ballon weg. Auch bei leitenden Materialien kommt es so zu einer

Ladungsasymmetrie. Wir sprechen bei Leitern aber von Influenz. Ein eigentlich ungeladener Leiter hat unter dem Einfluss eines geladenen Körpers eine positive und eine negative Seite. Die elektrische Anziehung zwischen negativem Ballon und den näheren Atomkernen überwiegt dann wegen der Abstandsabhängigkeit der elektrischen Kraft ein wenig die elektrische Abstossung zwischen negativem Ballon und den entfernteren freien Elektronen. Influenz hat zur Folge, dass der eigentlich ungeladene Leiter elektrische Kräfte auf seine Umgebung ausübt.

[Abb. 12.8] Eine andere Art von Influenz

Geladene Körper bewirken in der Nähe von leitenden Materialien Influenz.

Coulomb'sches Gesetz: Die elektrische Kraft, die ein geladener Körper auf einen anderen geladenen Körper ausübt, wirkt immer entlang der Verbindungsgeraden der beiden Körper. Die elektrische Kraft, die eine Ladung Q_1 auf eine im Abstand r befindliche Ladung Q_2 ausübt, beträgt:

$$F_E = k \cdot \frac{Q_1 \cdot Q_2}{r^2}$$

Der Wert der Proportionalitätskonstante k beträgt im Vakuum:

$$k = 9.0 \cdot 10^9 \frac{\mathrm{N} \cdot \mathrm{m}^2}{\mathrm{C}^2}$$

Influenz und Polarisation: Wenn sich ein geladener Körper in der Nähe eines neutralen Isolators oder neutralen Leiters befindet, kommt es durch Verschiebung von Elektronen zu einer Ladungsasymmetrie. Die Ladungsasymmetrie bewirkt, dass der Körper eine positive und ein negative Seite hat. Bei Isolatoren spricht man von Polarisation, bei Leitern von Influenz. In beiden Fällen übt der als Ganzes neutrale Körper wegen der Abstandsabhängigkeit der elektrischen Kraft eine elektrische Kraft auf andere geladene Körper aus.

Aufgabe 18

Ein Helium-Kern enthält 2 Protonen.

A] Wie stark ist die elektrische Kraft, die auf ein Elektron wirkt, das den Helium-Kern in einem Abstand von $5.0 \cdot 10^{-10}$ m umkreist?

B] Beschreiben Sie, wie sich die elektrische Kraft verändert, wenn der Abstand zwischen Elektron und Helium-Kern verdoppelt wird.

Aufgabe 24

Wenn die elektrische Kraft zwischen zwei gleich stark geladenen Körpern $9 \cdot 10^{9}$ N, die einen Abstand von 1 m voneinander haben, beträgt, so hat jeder der beiden Körper eine Ladung von 1 Coulomb. Rechnen Sie nach, ob diese Aussage mit dem Coulomb'schen Gesetz übereinstimmt.

Aufgabe 30

A] Ein ungeladener Isolator steht in der Nähe eines positiv geladenen Körpers, wodurch es zu einer Ladungsasymmetrie im Isolator kommt. Wie nennt man dieses Phänomen?

B] Ein ungeladener Leiter steht in der Nähe eines positiv geladenen Körpers, wodurch es zu einer Ladungsasymmetrie im Leiter kommt. Wie nennt man dieses Phänomen?

13 Wie erklärt man magnetische Phänomene?

Die Schlüsselfragen dieses Abschnitts lauten:

- Welche Eigenschaften haben Magnete?
- Was ist die Ursache für Magnetismus?
- Wie stark ist die magnetische Kraft?

Hans Oersted

Der dänische Physiker *Hans Oersted* (1777–1851) entdeckte im Jahre 1819 einen erstaunlichen Zusammenhang zwischen Magnetismus und elektrischen Strömen, als er seinen Studenten ein Experiment mit elektrischem Strom vorführte. Zufälligerweise befand sich ein Kompass auf dem Experimentiertisch. Oersted bemerkte, dass die Kompassnadel bei eingeschaltetem Strom nicht mehr wie gewöhnlich nach Norden zeigte, denn der Strom hat einen Einfluss auf die magnetische Kompassnadel. Das Experiment zeigt, dass es eine Verbindung zwischen Magnetismus und elektrischen Strömen geben muss. Oersteds Erkenntnis ebnete den Weg hin zu einer allgemeinen Erklärung magnetischer Phänomene. Bevor wir uns dem Zusammenhang zwischen Strömen und Magnetismus zuwenden, betrachten wir die grundlegenden Eigenschaften von Magneten wie dem Stabmagneten in Abb. 13.1, der von Eisenfeilspänen umgeben ist.

[Abb. 13.1] Von Eisenfeilspänen umgebener Stabmagnet

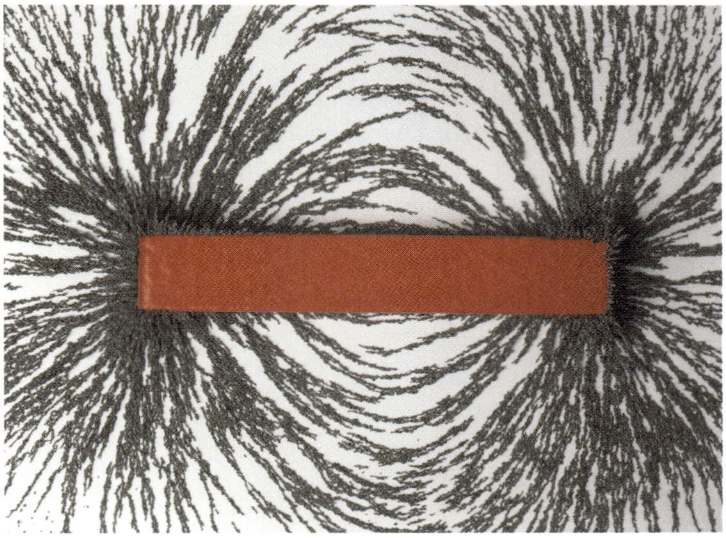

Die Eisenfeilspäne richten sich im Magnetfeld des Stabmagneten aus und machen es so sichtbar.
Bild: Cordelia Molloy / Science Photo Library

13.1 Welche Eigenschaften haben Magnete?

Nach diesem Abschnitt können Sie

- die Grundeigenschaften von Magneten beschreiben.
- den Verlauf eines Magnetfelds mit Magnetfeldlinien darstellen.

Sie haben sicher schon einen Magneten in den Händen gehabt und festgestellt, dass er gewisse Gegenstände anzieht und andere nicht. Es gibt nur wenige Materialien, die von Natur aus Magnete sind. Darunter ist eisenhaltiges Magnetit-Gestein (Magneteisenstein) das Wichtigste. Andere Metalle wie Kobalt oder Nickel sind von Natur aus selten magnetisch, doch können sie magnetisch gemacht werden.

Magnete gibt es in verschiedenen Formen, z. B. Stabmagnete und Hufeisenmagnete. Wir betrachten im Folgenden die Eigenschaften von Magneten anhand von Stabmagneten.

Jeder Magnet besitzt einen Nordpol und einen Südpol

Stärke und Richtung der magnetischen Kraft erkennt man, wenn man Eisenfeilspäne ausstreut (Abb. 13.1):

- Für die Stärke der magnetischen Kraft gilt: Dort, wo es viele Eisenfeilspäne gibt, ist die magnetische Kraft gross.
- Für die Richtung der magnetischen Kraft gilt: Die länglichen Eisenfeilspäne geben wie Kompassnadeln die Richtung der magnetischen Kraft an.

Magnetischer Pol

Abbildung 13.1 zeigt: Die stärkste Anziehung bei einem Stabmagneten findet sich an seinen beiden Enden. Diese werden *magnetische Pole* genannt. Die dazwischen liegenden Teile des Stabmagneten haben eine vergleichsweise geringe magnetische Wirkung.

Wenn Sie einen Stabmagneten an einem Faden balanciert aufhängen, so können Sie eine erstaunliche Entdeckung machen: Der Magnet wird sich immer so einpendeln, dass einer der Pole nach Norden zeigt und der andere nach Süden. Im Kompass wird diese Eigenschaft zur Nord-Süd-Orientierung verwendet.

Magnetischer Nordpol, magnetischer Südpol

Auch wenn Sie den Magneten um 180 Grad drehen, kehrt er wieder in die ursprüngliche Lage zurück. Dies zeigt, dass die beiden Pole eines Magneten verschieden sein müssen. Man nennt den nach Norden zeigenden Pol eines Magneten den *magnetische Nordpol* und den nach Süden weisenden Pol den *magnetischen Südpol*.

Wenn Sie zwei Magnete in den Händen halten und zusammenbringen, spüren Sie, dass die Magnete sich entweder anziehen oder abstossen: Zwei Nordpole oder zwei Südpole stossen sich ab, ein Nord- und ein Südpol ziehen sich an. Analog der elektrischen Kraft gilt somit auch für die magnetische Kraft: Gleichnamige Pole stossen sich mit der magnetischen Kraft ab, ungleichnamige Pole ziehen sich mit der magnetischen Kraft an.

Magnetisieren

Unmagnetische Eisenstücke werden von Magneten angezogen. Grund: Das unmagnetische Eisenstück wird bei der Annäherung des Magneten *magnetisiert* und so ebenfalls zu einem Magneten (Abb. 13.2).

[Abb. 13.2] Magnetisierung

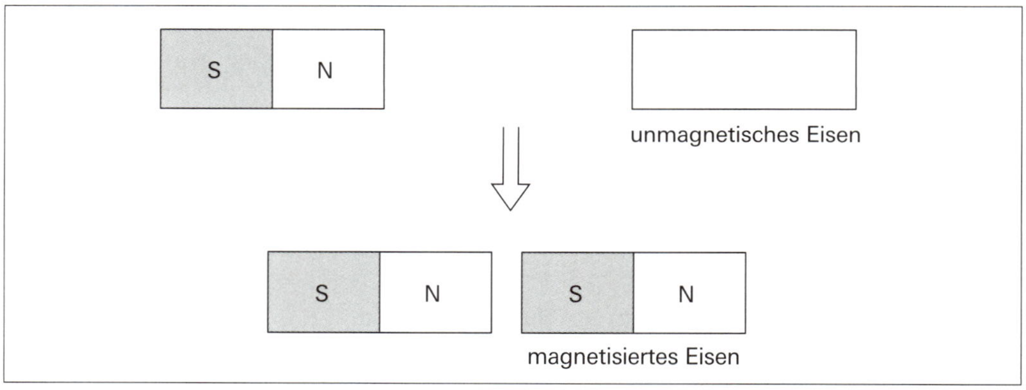

Unmagnetisches Eisen wird von einem Magneten angezogen, weil es von ihm magnetisiert wird.

Was bei der Magnetisierung von unmagnetischem Eisen geschieht, erfahren Sie im Abschnitt 13.2.

Kompassnadeln machen den Verlauf eines Magnetfelds sichtbar

Magnetfeld

Das *Magnetfeld* ist der Raum um einen Magneten, in dem seine magnetische Kraft festgestellt werden kann. Um das Magnetfeld sichtbar zu machen, können wir Eisenfeilspäne verwenden (Abb. 13.1). Anstelle der Eisenfeilspäne kann man auch viele kleine Kompassnadeln nehmen. Kompassnadeln und Eisenfeilspäne sind selbst kleine bewegliche Magnete, die sich deshalb im Magnetfeld des Stabmagneten ausrichten. Das Magnetfeld eines Stabmagneten, das in Abb. 13.1 durch die Eisenfeilspäne sichtbar gemacht wird, bezeichnen wir als Dipolfeld (die Vorsilbe «Di-» kommt aus dem Griechischen und heisst «zwei»). Stabmagneten haben ein Dipolfeld.

Magnetfeldlinien stellen den Verlauf eines Magnetfelds dar

Magnetfeldlinie, Dipolmagnetfeld

Wir wollen die Richtung der magnetischen Kraft zeichnerisch darstellen. Um nicht viele kleine Kompassnadeln oder Eisenfeilspäne zeichnen zu müssen, die die Richtung des Magnetfelds darstellen, verwenden wir *Magnetfeldlinien*. Die Magnetfeldlinien zeichnen das Bild der Eisenfeilspäne nach. Magnetfeldlinien zeigen die Richtung an, die Kompassnadeln und Eisenfeilspäne einnehmen würden. Um Nord- und Südpol an den Magnetfeldlinien erkennen zu können, zeichnen wir auf die Magnetfeldlinien Pfeile: Ausserhalb des Magneten zeigen die Pfeile in Richtung magnetischen Südpol, innerhalb des Magneten zeigen sie in Richtung magnetischen Nordpol. Die Erde hat (annähernd) ein so genanntes *Dipolmagnetfeld*. Das Dipolmagnetfeld der Erde ist in Abb. 13.3 mithilfe von Magnetfeldlinien dargestellt.

[Abb. 13.3] Magnetfeldlinien des Erdmagnetfelds

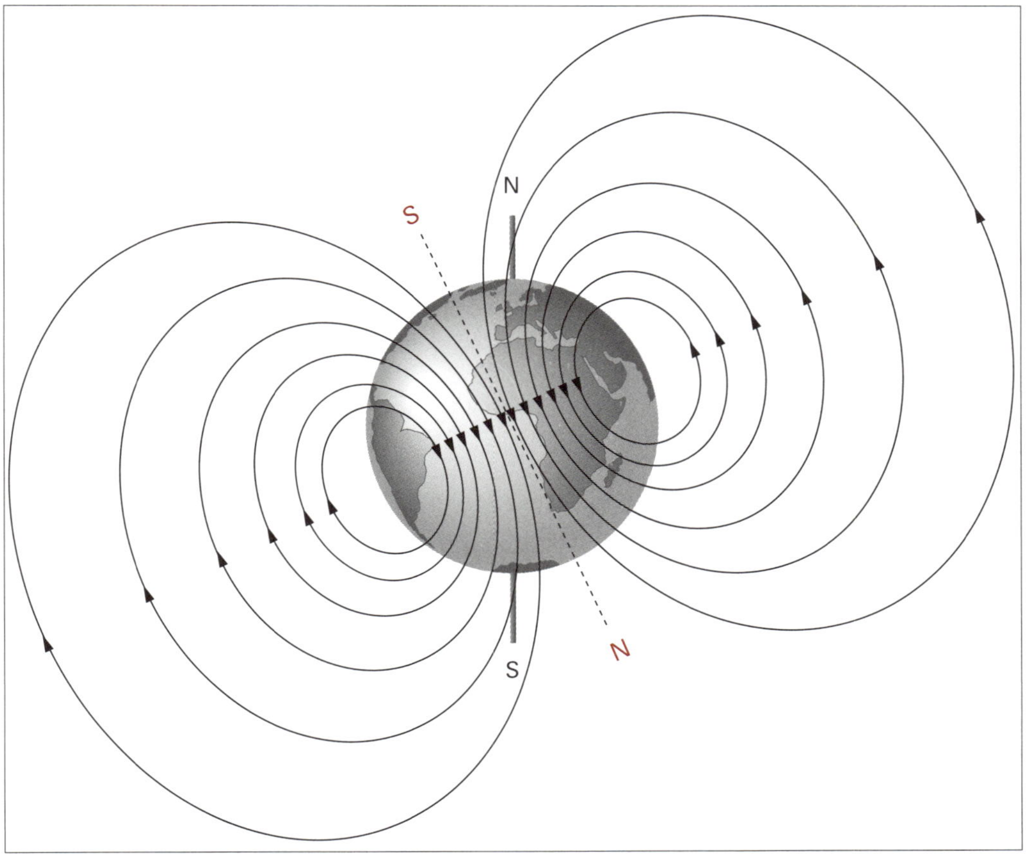

Magnetfeldlinien zeigen an, wie sich Eisenfeilspäne und Kompassnadeln ausrichten würden.

Die Magnetfeldlinien in Abb. 13.3 sind geschlossene Kurven, weil die magnetische Kraft auch innerhalb des magnetischen Körpers wirkt.

Erdmagnetfeld

Die Pole des *Erdmagnetfelds* liegen, wie in Abb. 13.3 dargestellt, nicht auf der Erdrotationsachse. Die magnetische Nord-Süd-Richtung ist um etwa 12° gegenüber der Erdrotationsachse geneigt. Daher unterscheidet man den geografischen Nordpol und Südpol, die durch die Richtung der Erdrotationsachse bestimmt sind, vom magnetischen Nord- und Südpol.

Bruchstücke eines Magneten haben wieder einen Nord- und einen Südpol

Gibt es auch Stabmagnete, die nur einen Nordpol oder nur einen Südpol haben? Die Antwort darauf ist: Nein. Zerbricht man einen Stabmagneten, um einen Nord- und einen Südpol zu erhalten, so haben die beiden Teilstücke wieder je einen Nord- und einen Südpol. Auch wenn man den Stabmagneten in noch so kleine Stücke teilt, jedes Stück hat wieder einen Nord- und einen Südpol. Ein Magnet mit nur einem Nord- oder Südpol lässt sich nicht herstellen. Magnete haben immer zwei Pole.

[Abb. 13.4] Magnete haben immer einen Nord- und einen Südpol

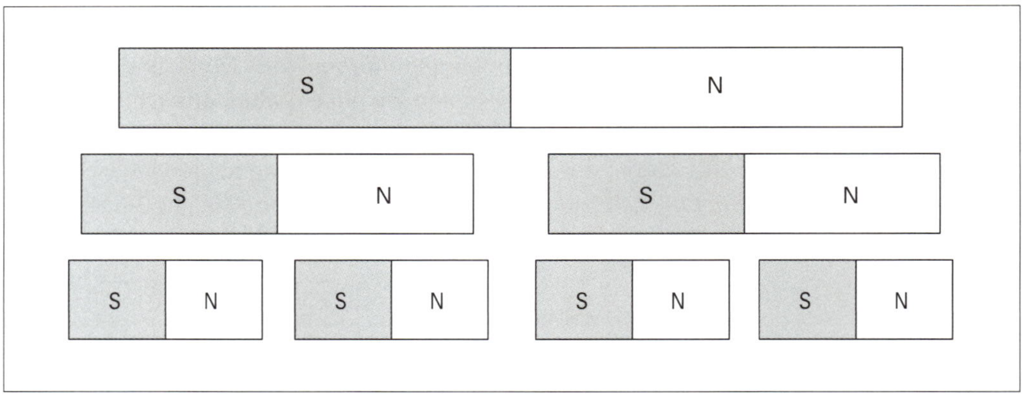

Wenn man den Stabmagneten in kleine Stücke teilt, hat jeder Teil wieder einen Nord- und Südpol.

Grundeigenschaften von Magneten: Ein Magnet besitzt einen Nord- und einen Südpol. Gleichnamige Pole stossen sich ab, ungleichnamige Pole ziehen sich an. Unmagnetisches Eisen wird von einem Magneten angezogen, weil es vom ihm magnetisiert wird.

Sichtbarmachen des Magnetfelds: Eisenfeilspäne werden in der Umgebung eines Magneten durch Magnetisierung selbst zu kleinen Magneten, die sich ausrichten und dadurch das Magnetfeld des Magneten sichtbar machen.

Darstellen des Magnetfelds: Magnetfeldlinien beschreiben, wie sich Kompassnadeln ausrichten würden.

Die Bruchstücke eines Magneten haben wieder einen Nord- und einen Südpol.

Aufgabe 36

A] Nennen Sie eine grundlegende Eigenschaft von Stabmagneten.

B] Nennen Sie eine grundlegende Eigenschaft von magnetischen Polen.

Aufgabe 42

A] Welcher Pol einer Kompassnadel zeigt nach Norden?

B] Wo befindet sich der magnetische Nordpol der Erde?

Aufgabe 48

Was beschreiben die Magnetfeldlinien eines Magneten?

13.2 Was ist die Ursache für Magnetismus?

Nach diesem Abschnitt können Sie

- die Ursache für Magnetismus beschreiben.
- das Magnetfeld eines geraden Stroms, eines Kreisstroms und einer Spule beschreiben.
- erklären, wie Magnete durch Ausrichten atomarer Dipolmagnetfelder erzeugt werden.

Elektrische Ströme verursachen Magnetfelder

Der erwähnte Oersted'sche Versuch zeigt: Ein elektrischer Strom erzeugt ein Magnetfeld. Wir können uns auf einfache Art davon überzeugen, dass dem wirklich so ist. Wir stellen dazu einen Kompass unter ein Stromkabel. Solange kein Strom fliesst, zeigt die magnetische Kompassnadel wie gewohnt nach Norden. Lassen wir nun einen elektrischen Strom durch das Kabel fliessen, so wird die Kompassnadel in eine andere Richtung ausgelenkt (Abb. 13.5).

[Abb. 13.5] Das Oersted'sche Experiment

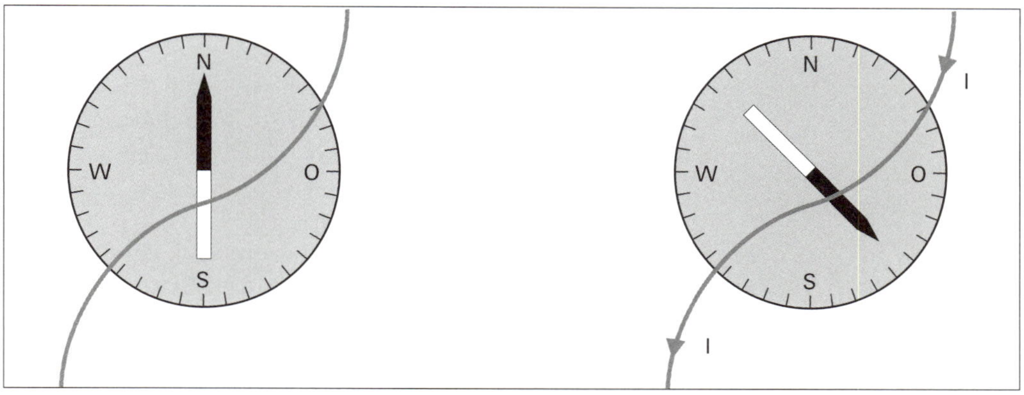

Eine Kompassnadel in der Nähe eines stromdurchflossenen Drahts wird ausgelenkt.

Elektromagnet

Grund für die Auslenkung der Kompassnadel: Elektrische Ströme erzeugen Magnetfelder! Das vom elektrischen Strom erzeugte Magnetfeld übt eine Kraft auf die Kompassnadel aus. Bei eingeschaltetem Strom wirkt auf die Kompassnadel das Magnetfeld der Erde und des elektrischen Stroms. Die Kompassnadel richtet sich gemäss den beiden magnetischen Kräften aus. Wenn der Strom ausgeschaltet ist, wirkt nur das Magnetfeld der Erde und die Kompassnadel richtet sich im Erdmagnetfeld aus. Ein elektrischer Strom ist ein ein- und ausschaltbarer Magnet. Man spricht von einem *Elektromagneten*.

[Abb. 13.6] Schwierigkeiten bei der Orientierung

In der Nähe von starken elektrischen Strömen ist der Kompass unbrauchbar!

Elektrische Ströme sind nichts anderes als bewegte elektrische Ladungen. Magnetismus ist somit eine Folge von bewegten elektrischen Ladungen. Eine ruhende Ladung übt auf andere Ladungen eine elektrische Kraft aus. Wenn sich eine elektrische Ladung bewegt, so übt sie zusätzlich eine magnetische Kraft auf andere Magneten aus.

Wenn Ströme die Ursache von Magnetfeldern sind, wieso ist dann ein Stabmagnet magnetisch? Stabmagnete müssen ja nicht an eine Batterie oder Steckdose angeschlossen werden, damit sie magnetisch sind. Sie werden später sehen, dass auch in Stabmagneten winzige atomare Kreisströme fliessen, die das Magnetfeld bewirken. Um einen Eindruck zu erhalten, wie die Magnetfelder verschiedener Ströme aussehen, betrachten wir zuerst geradlinige und anschliessend kreisförmige Ströme.

Ein gerader Strom bewirkt ein zylinderförmiges Magnetfeld

Um das Magnetfeld eines geraden stromdurchflossenen Leiters sichtbar zu machen, verwenden wir eine Kompassnadel, mit der wir um den Leiter kreisen (Abb. 13.7).

[Abb. 13.7] Magnetfeld eines geraden, stromdurchflossenen Leiters

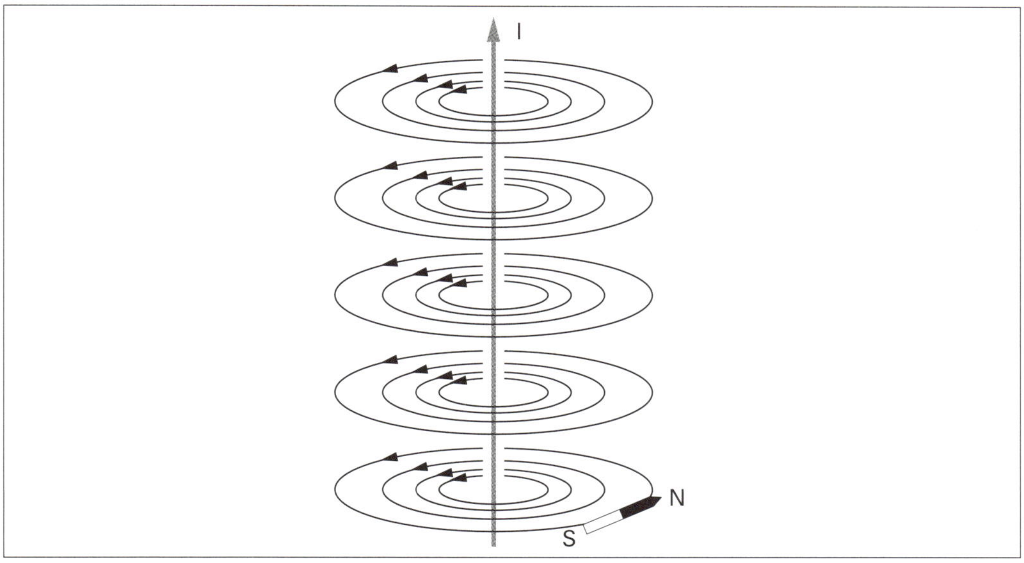

Die Magnetfeldlinien des Magnetfelds um einen geradlinigen Strom sind konzentrische Kreise.

Die Kompassnadel richtet sich immer, wie in Abb. 13.7 dargestellt, senkrecht zum Strom aus. Die Kompassnadel ist somit immer tangential zu den in Abb. 13.7 eingezeichneten Kreisen. Die Magnetfeldlinien des Magnetfelds eines geraden, stromdurchflossenen Drahts sind somit kreisförmig. Das Magnetfeld umschliesst den stromdurchflossenen Draht auf seiner ganzen Länge. Wir sagen: Das Magnetfeld eines geraden stromdurchflossenen langen Drahts ist zylinderförmig.

Rechte-Hand-Regel

Die Stromrichtung bestimmt, in welche Richtung der Nordpol der Kompassnadel zeigt. Um beschreiben zu können, wie sich die Kompassnadel ausrichtet, verwendet man die *Rechte-Hand-Regel:* Umfasst man den Draht mit der rechten Hand, sodass der Daumen in Stromrichtung liegt, zeigen die restlichen Finger, in welche Richtung der Nordpol einer Kompassnadel zeigt. Die restlichen Finger weisen somit in Richtung der Pfeile der Magnetfeldlinien (Abb. 13.8).

[Abb. 13.8] Richtung des Magnetfelds eines geradlinigen Stroms

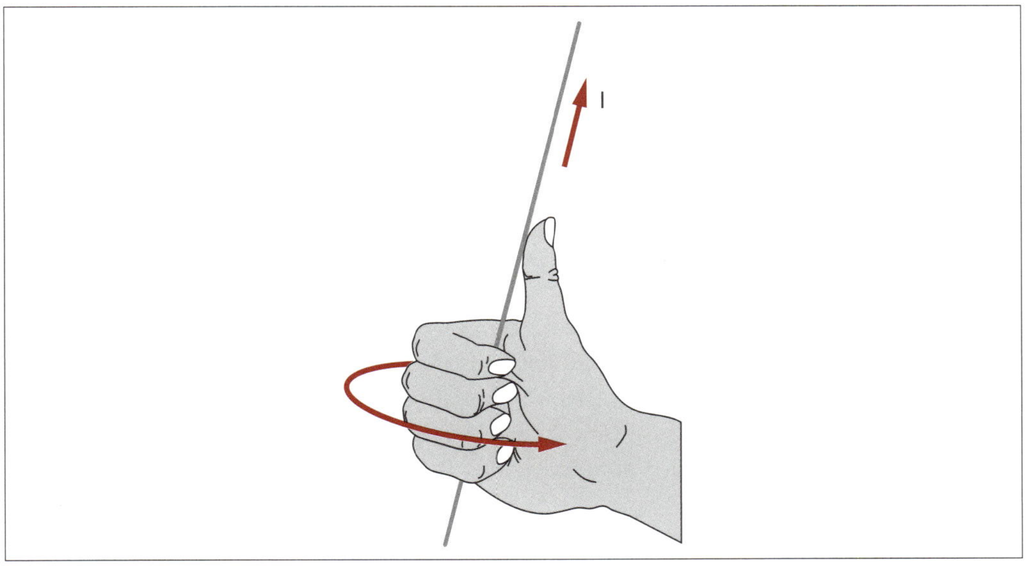

Liegt der Daumen in Stromrichtung, zeigen die restlichen Finger in Richtung der Pfeile der Magnetfeldlinien.

Untersucht man, von welchen Grössen die Stärke des Magnetfelds eines geradlinigen Stroms abhängt, so findet man, was man auch intuitiv erwarten würde: Je grösser die Stromstärke, umso stärker ist das Magnetfeld.

Ein kreisförmiger Strom bewirkt ein Dipolmagnetfeld

Schlaufe

Wenn wir mit dem stromdurchflossenen Leiter eine *Schlaufe* legen, so bewirkt der Strom das Magnetfeld in Abb. 13.9.

[Abb. 13.9] Magnetfeld eines Kreisstroms

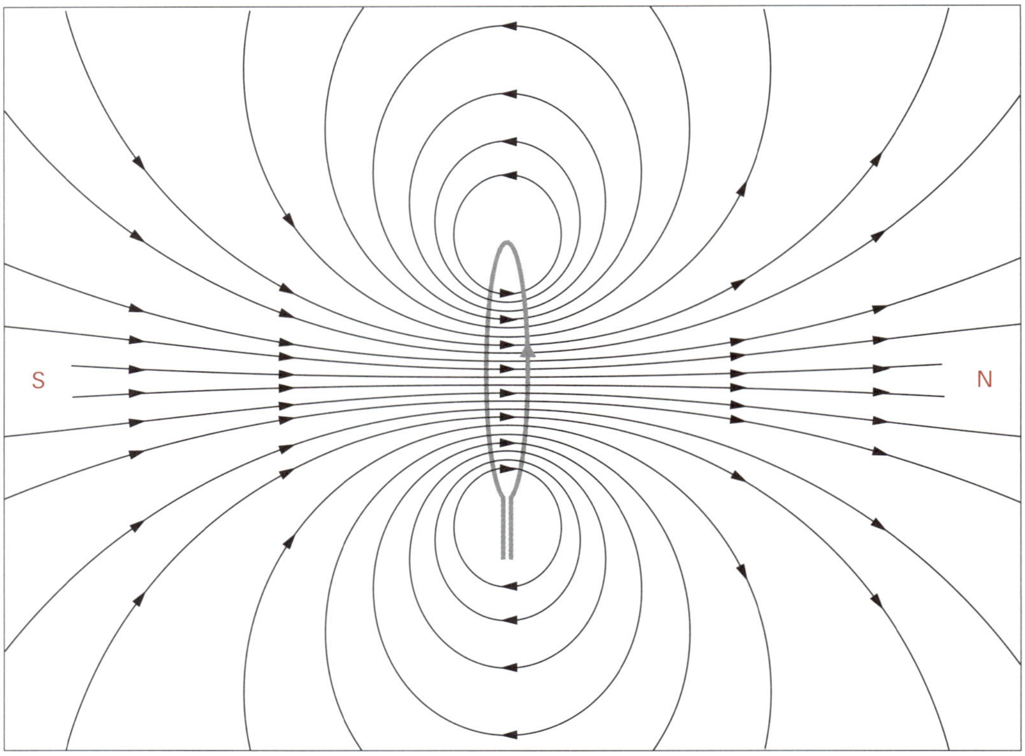

Das Magnetfeld eines kreisförmigen Stroms ist es ein Dipolmagnetfeld.

Kreisstrom

Das Charakteristische an einem Strom, der entlang einer Schlaufe fliesst, ist, dass er einmal im Kreis herumfliesst. Einen solchen Strom nennt man einen *Kreisstrom*. Abbildung 13.9 zeigt: Ein Kreisstrom erzeugt ein Dipolmagnetfeld, wie wir es vom Erdmagnetfeld und Stabmagneten her kennen. Dies ist ein Hinweis darauf, dass das Magnetfeld der Erde und eines Stabmagneten durch Kreisströme zustande kommt.

Eine lange stromdurchflossene Spule hat innen ein homogenes Magnetfeld und aussen ein Dipolmagnetfeld

Spule

Man kann ein sehr starkes Magnetfeld erzeugen, indem man einen isolierten Draht in viele eng aneinander liegende Schlaufen legt. Man nennt diese Anordnung eine *Spule* (Abb. 13.10). Das Magnetfeld einer stromdurchflossenen Spule ist umso stärker, je mehr Schlaufen (Windungen) die Spule hat und je grösser die Stromstärke des Stroms ist, der durch den aufgewickelten Draht fliesst.

[Abb. 13.10] Magnetfeld einer stromdurchflossenen Spule

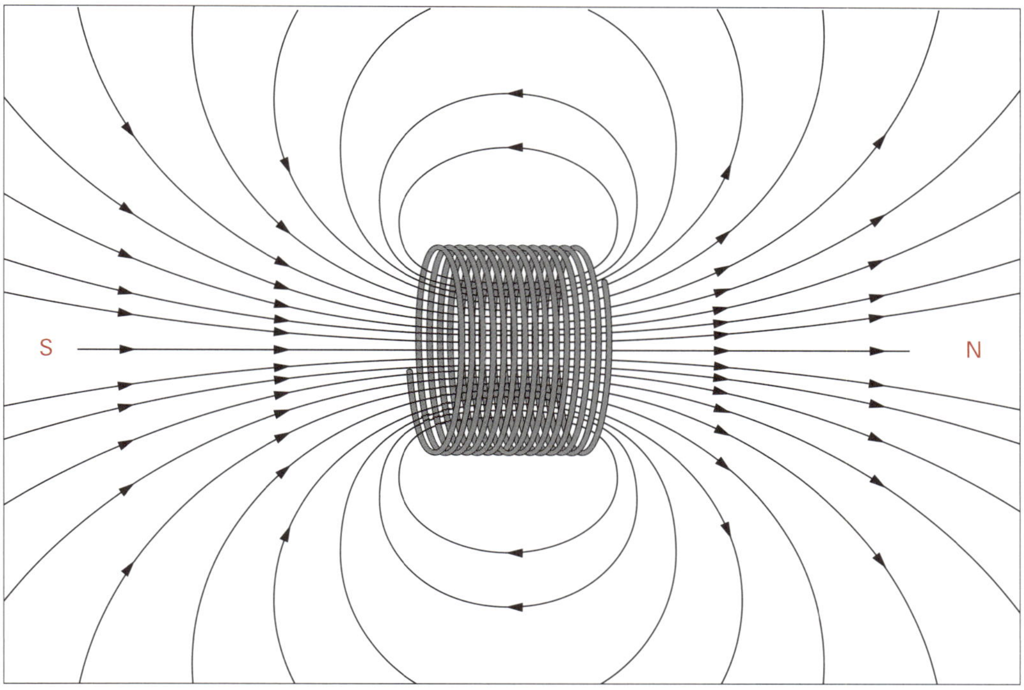

Im Inneren der Spule ist das Magnetfeld fast homogen, aussen ist es ein Dipolfeld.

Homogenes Magnetfeld

Im Inneren einer langen stromdurchflossenen Spule ist das Magnetfeld überall praktisch gleich stark. Man sagt: Das Magnetfeld im Inneren einer langen Spule ist *homogen*.

Das Magnetfeld um die Spule herum sieht aus wie das Magnetfeld eines Stabmagneten: Das Magnetfeld um eine Spule ist ein Dipolfeld mit Nord- und Südpol (Abb. 13.10). Bringt man einen Stabmagneten in die Nähe der stromdurchflossenen Spule, so wirken magnetische Kräfte genau so, wie wenn man zwei Stabmagneten zusammenbringt.

Da die Stromrichtung bestimmt, an welchem Ende der Spule der magnetische Nordpol ist, lässt sich das Magnetfeld einer Spule durch Ändern der Stromrichtung umpolen. Der Nordpol wird zum Südpol und umgekehrt.

In der Technik werden häufig umpolbare Dipolmagnete verwendet. So findet man Spulen z. B. in Elektromotoren und Lautsprechern. Wir wollen uns als wichtiges Beispiel anschauen, wozu Spulen in Elektromotoren gebraucht werden.

Elektromotoren werden von der magnetischen Kraft angetrieben

Elektromotor

Ein sehr einfacher *Elektromotor* besteht aus einer stromdurchflossenen Spule, die sich im Magnetfeld eines Hufeisenmagneten befindet. Die Spule ist um eine Achse drehbar, die gleichzeitig die Antriebsachse des Motors ist (Abb. 13.11).

[Abb. 13.11] Einfacher Elektromotor

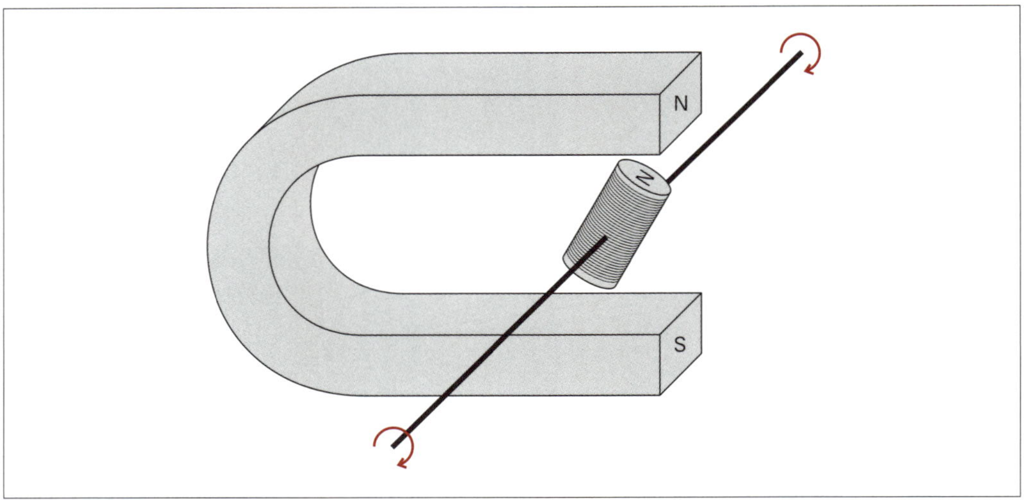

Die Spule erzeugt ein Magnetfeld, das durch Umpolen ständig vom Hufeisenmagneten abgestossen wird.

Umpolen

Der Strom fliesst so durch die Spule in Abb. 13.11, dass der Nordpol des Magnetfelds der Spule auf der Seite des Nordpols des Hufeisenmagneten liegt. Wegen der magnetischen Abstossungskraft zwischen den beiden Nordpolen und den beiden Südpolen dreht sich die Spule, bis der Nordpol der Spule beim Südpol des Hufeisenmagneten zu liegen kommt. Jetzt wird die Stromrichtung umgekehrt, das Magnetfeld der Spule wird dadurch *umgepolt*. Der Strom fliesst wieder so durch die Spule, dass der Nordpol der Spule auf der Seite des Nordpols des Hufeisenmagneten liegt. Dadurch wirkt die abstossende magnetische Kraft weiter.

Das Resultat der ständig wirkenden Abstossung ist eine sich drehende Spulenachse, mit der zum Beispiel eine Bohrmaschine angetrieben werden kann. Der beschriebene Aufbau ist die einfachste Form eines Elektromotors. Raffiniertere Elektromotoren enthalten mehreren Spulen, damit sich die Spulen in jeder Stellung anfangen zu drehen und eine möglichst konstante Kraft auf die Antriebsachse ausüben.

Elektromotoren haben den Vorteil, dass sie durch die Wahl der Stromstärke und die Anzahl Windungen mit unterschiedlichen Leistungen gebaut werden können. So treffen Sie Elektromotoren sowohl in kleinen Spielzeuglokomotiven an, die Leistungen kleiner als ein Watt brauchen, als auch in Lokomotiven, die Leistungen von einigen Megawatt benötigen.

Beispiel 13.1

Die elektrische Lokomotive vom Typ Re6/6 der SBB hat eine Leistung von 7.9 MW (10 000 PS). Sie wird hauptsächlich für den Güterverkehr auf der Gotthardstrecke eingesetzt.

Beim Magnetisieren von Eisen werden atomare Dipolmagnetfelder ausgerichtet

Sie haben eingangs dieses Abschnitts gelernt, dass ein Strom ein Magnetfeld erzeugt. Warum ist dann aber ein Stabmagnet magnetisch? Um diese Frage zu beantworten, wenden wir uns nochmals dem Aufbau der Materie zu.

In einem festen Körper sind die Atomkerne fest angeordnet. Um die Atomkerne kreisen die elektrisch geladenen Elektronen der Atomhülle. Wir haben es hier mit kreisförmigen Strömen zu tun, denn die Elektronen bilden Kreisströme. In jedem Gegenstand gibt es eine riesige Zahl solcher winziger Kreisströme, von denen jeder ein schwaches Dipolmagnetfeld erzeugt.

Eigenrotation des Elektrons

Die geladenen Elektronen weisen so etwas wie eine *Eigenrotation* auf. Diese Eigenrotation der geladenen Elektronen äussert sich wie ein Kreisstrom in einem schwachen Dipolmagnetfeld.

Atomares Dipolmagnetfeld

Die Kreisbewegung und die Eigenrotation der Elektronen der Atomhülle führen dazu, dass Atome ein winziges *atomares Dipolmagnetfeld* haben können. Die atomaren Dipolmagnetfelder eines Körpers sind normalerweise völlig ungeordnet, sodass sie sich gegenseitig aufheben und der Körper unmagnetisch ist (Abb. 13.12).

[Abb. 13.12] Dipolmagnetfelder in einem festen Körper

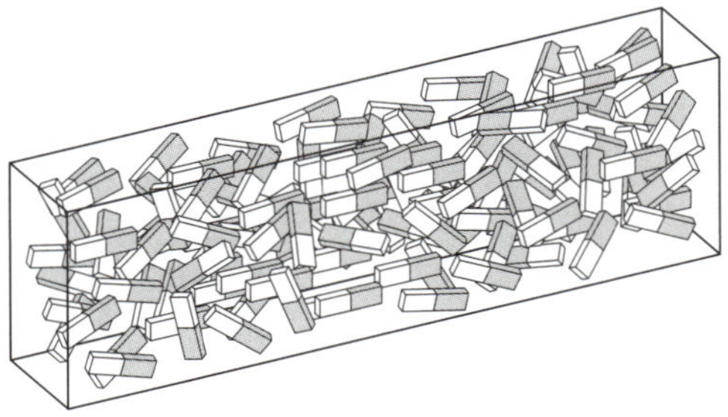

Wenn die atomaren Dipolmagnetfelder völlig unausgerichtet sind, ist der Körper unmagnetisch.

In einigen Materialien wie z. B. Eisen können alle atomaren Dipolmagnetfelder jedoch gleich ausgerichtet werden (Abb. 13.13). Nun addieren sich die atomaren Dipolmagnetfelder der Kreisströme zu einem starken Dipolmagnetfeld, wodurch der Körper zu einem Magneten wird.

[Abb. 13.13] Dipolmagnetfelder in einem festen Körper

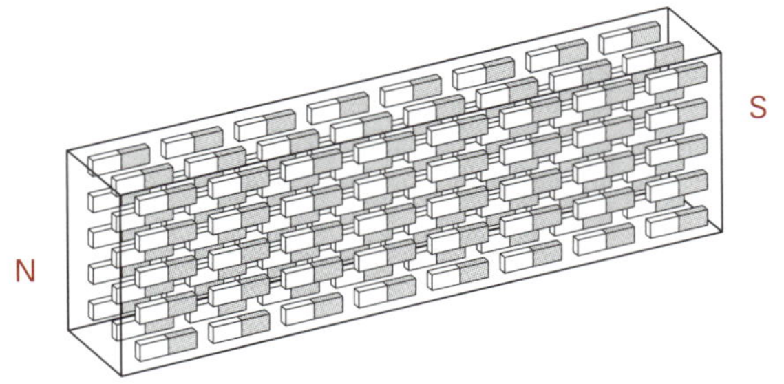

Wenn die atomaren Dipolmagnetfelder ausgerichtet sind, wird der Körper zu einem Magneten.

Magnetisieren

Bei einem Stabmagneten sind die atomaren Dipolmagnetfelder bereits ausgerichtet. Bei einem Stück unmagnetischem Eisen sind die atomaren Dipolmagnetfelder ungerichtet. Wenn man aber mit einem Magneten in die Nähe eines Stücks unmagnetischen Eisens kommt, werden die atomaren Dipolmagnetfelder ausgerichtet und das Eisen wird zu einem Magneten. Ein Stück unmagnetisches Eisen wird also von einem Magneten angezogen, weil es von ihm *magnetisiert* wird.

Entfernt man den Magneten wieder, so kann die Ausrichtung zwischen atomaren Dipolmagnetfeldern zusammenbrechen. Wie stark die Ausrichtung aufgehoben wird, hängt vom Material ab. Bei reinem Eisen bricht die Ausrichtung vollständig zusammen und das Eisen ist wieder unmagnetisch. In Stahl und speziellen Verbindungen bricht die Ausrichtung nicht vollständig zusammen, sodass das Material mehr oder weniger magnetisch bleibt, nachdem ein anderer Magnet in der Nähe war. Dieser Umstand wird in magnetischen Speichermedien wie z. B. Magnetstreifen auf Kreditkarten genützt: Mit einem Magneten wird der Streifen beim Beschreiben an gewissen Stellen magnetisiert. Das Muster der Magnetisierung kann später abgelesen werden.

Um die Ausrichtung zwischen den atomaren Dipolmagnetfeldern vollständig zu zerstören, kann ein Körper aufgeheizt werden. Durch Aufheizen wird ein Magnet entmagnetisiert.

Elektrische Ströme sind die Ursache für Magnetfelder: Ein gerader Strom bewirkt ein zylinderförmiges Magnetfeld; kreisförmige Ströme bewirken ein Dipolfeld; Kreisströme in einer langen Spule bewirken im Inneren ein homogenes Magnetfeld und aussen ein Dipolfeld.

Die geladenen Elektronen der Atomhülle umkreisen ständig ihren Atomkern. Die Elektronen bilden somit atomare Kreisströme. Diese bewirken schwache Dipolmagnetfelder. Zudem haben die geladenen Elektronen so etwas wie eine Eigenrotation. Diese Eigenrotation äussert sich wie ein Kreisstrom in einem schwachen Dipolmagnetfeld. Die Kreisbewegung und Eigenrotation der Elektronen führen dazu, dass Atome ein winziges atomares Dipolmagnetfeld haben können. Unmagnetische Körper werden durch Ausrichten der atomaren Dipolmagnetfelder zu Magneten.

Elektromotor: Im Elektromotor wird das Magnetfeld einer Spule, die sich in einem Hufeisenmagneten befindet, ständig umgepolt. Durch die magnetische Kraft zwischen dem Magnetfeld der Spule und dem Magnetfeld des Hufeisenmagneten kommt es zu einer Drehbewegung der Spule.

Aufgabe 54 Was ist die Ursache für Magnetismus?

Aufgabe 60

A] Beschreiben und zeichnen Sie das Magnetfeld eines geraden, stromdurchflossenen Drahts.

B] Beschreiben und zeichnen Sie das Magnetfeld einer stromdurchflossenen Drahtschleife.

C] Beschreiben und zeichnen Sie das Magnetfeld einer stromdurchflossenen Spule.

Aufgabe 66

A] Was passiert auf atomarer Ebene, wenn man ein Stück Eisen magnetisiert?

B] Wieso wirkt zwischen einem Magneten und einem unmagnetischen Eisenstück eine magnetische Kraft?

13.3 Wie stark ist die magnetische Kraft?

Nach diesem Abschnitt können Sie

- die Kraft berechnen, die auf eine Ladung wirkt, die sich in einem Magnetfeld bewegt.
- die Bewegung einer Ladung in einem Magnetfeld beschreiben und berechnen.
- die Kraft berechnen, die auf einen stromdurchflossenen Draht im Magnetfeld wirkt.

Wenn Sie zwei Stabmagnete in den Händen halten und zusammenbringen, spüren Sie die Kraft, mit der sich die Magnete entweder anziehen oder abstossen. Wir wollen uns in diesem Abschnitt mit der Stärke der magnetischen Kraft beschäftigen und versuchen, sie mit einer Gleichung zu beschreiben. Wir schauen uns dazu die magnetische Kraft an, die auf das Magnetfeld einer bewegten Ladung wirkt, wenn sie sich durch ein homogenes Magnetfeld bewegt.

Die Lorentz-Kraft ist die Kraft, die ein Magnet auf eine bewegte Ladung ausübt

Wir lassen einen geladenen Körper, z. B. ein Elektron, durch einen Hufeisenmagneten fliegen. Zwischen den Enden eines Hufeisenmagneten herrscht ein (fast) homogenes Magnetfeld. Das Elektron fliegt senkrecht zu den Magnetfeldlinien des Hufeisenmagneten (Abb. 13.14).

[Abb. 13.14] Elektronen fliegen durch ein Magnetfeld

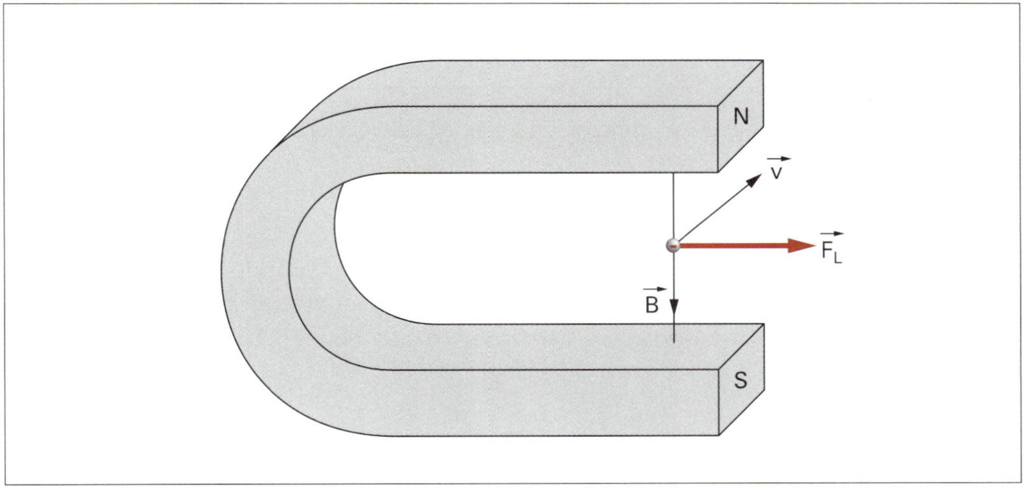

Ein Elektron, das durch ein Magnetfeld fliegt, wird von der magnetischen Kraft abgelenkt.

Beobachtung: Das Elektron fliegt nicht einfach gerade durch das Magnetfeld, sondern wird seitlich abgelenkt. Der Hufeisenmagnet übt eine magnetische Kraft auf das Elektron aus. Grund für die magnetische Kraft auf das Elektron: Eine sich bewegende Ladung hat ein Magnetfeld, denn eine bewegte Ladung ist nichts anderes als ein elektrischer Strom und jeder Strom erzeugt, wie wir gesehen haben, ein Magnetfeld.

Lorentz-Kraft, H. A. Lorentz

Die magnetische Kraft auf das sich bewegende Elektron wird *Lorentz-Kraft* genannt, benannt nach dem holländischen Physiker *H. A. Lorentz* (1853–1928). Die Lorentz-Kraft ist jedoch nichts anderes als eine magnetische Kraft.

Von welchen Grössen hängt die Lorentz-Kraft ab, die auf ein sich bewegendes geladenes Teilchen wirkt? Messungen zeigen, dass die magnetische Kraft abhängt von

- der Stärke des Magnetfelds. Wir verwenden für die Magnetfeldstärke das Formelzeichen B. Je grösser die Feldstärke B ist, umso grösser ist die Lorentz-Kraft.
- der Geschwindigkeit v des Teilchens. Je grösser die Geschwindigkeit des Teilchens, umso grösser ist die Lorentz-Kraft.
- dem Winkel α zwischen der momentanen Bewegungsrichtung des geladenen Teilchens und den Magnetfeldlinien. Je grösser $\sin\alpha$ ist, umso grösser ist die Lorentz-Kraft.
- der Ladung Q und vom Vorzeichen der Ladung des Teilchens. Je grösser die Ladung ist, umso grösser ist die Lorentz-Kraft.

Für die Lorentz-Kraft F_L auf eine Ladung Q, die sich mit der Geschwindigkeit v durch ein homogenes Magnetfeld der Stärke B bewegt, gilt somit:

Gleichung 13.1

$$F_L = Q \cdot v \cdot B \cdot \sin\alpha$$

Dass Geschwindigkeit v und Ladung Q des Teilchens einen Einfluss auf die Lorentz-Kraft F_L haben, erstaunt nicht, denn die Lorentz-Kraft F_L ist ja die magnetische Kraft zwischen dem Magnetfeld des Hufeisenmagneten und dem Magnetfeld des bewegten geladenen Teilchens. Von der Betrachtung des Magnetfelds eines geraden stromdurchflossenen Drahts wissen wir, dass das Magnetfeld eines geradlinigen Stroms mit der Stärke des Stroms zunimmt. Das Magnetfeld eines bewegten geladenen Teilchens nimmt folglich mit seiner Ladung Q und seiner Geschwindigkeit v zu.

In vielen Situationen ist die momentane Bewegungsrichtung der Ladung senkrecht zu den Magnetfeldlinien. Dann ist $\sin\alpha = 1$ und wir erhalten gemäss Gleichung 13.1 für die Lorentz-Kraft den Maximalwert:

Gleichung 13.2

$$F_L = Q \cdot v \cdot B$$

Die Lorentz-Kraft auf eine bewegte Ladung misst die Stärke des Magnetfelds

Feldstärke

Da die Lorentz-Kraft von der Feldstärke B abhängt, kann Gleichung 13.1 als Mass für die Feldstärke B verwendet werden:

Gleichung 13.3

$$B = \frac{F_L}{Q \cdot v \cdot \sin\alpha}$$

Tesla, Nikolaus Tesla

Die Einheit der Feldstärke B ist das *Tesla,* abgekürzt T. Der Name erinnert an den kroatisch-amerikanischen Physiker *Nikolaus Tesla* (1856–1943):

Gleichung 13.4

$$[B] = 1\,\mathrm{T} = 1\,\frac{\mathrm{N \cdot s}}{\mathrm{C \cdot m}}$$

Eine Feldstärke von 1 Tesla bedeutet bereits ein sehr starkes Magnetfeld. Mit supraleitenden Spulen können Magnetfelder von einigen Tesla erzeugt werden.

Beispiel 13.2

Das Erdmagnetfeld ist annähernd ein Dipolmagnetfeld. Stärke und Richtung des Erdmagnetfelds sind von Ort zu Ort verschieden. Im Mittel ist es an der Erdoberfläche etwa $B = 50\ \mu\mathrm{T}$ stark.

Beispiel 13.3

Ein Stabmagnet hat in Polnähe eine Feldstärke von etwa $B = 0.1$ T.

Kennen wir die Feldstärke B des Magnetfelds, durch das ein geladenes Teilchen fliegt, so können wir mit Gleichung 13.1 oder 13.2 die magnetische Kraft (Lorentz-Kraft) bestimmen, die auf das geladene Teilchen wirkt.

Beispiel 13.4

Ein Elektron ($Q = -e$) bewegt sich, wie in Abb. 13.14 dargestellt ($\sin\alpha = 1$), durch ein 0.4 T starkes Magnetfeld. Seine Geschwindigkeit beträgt $1.0 \cdot 10^8$ m/s. Die auf das Elektron wirkende Lorentz-Kraft beträgt:

$$F_L = e \cdot v \cdot B = 1.6 \cdot 10^{-19}\,\mathrm{C} \cdot 1.0 \cdot 10\,\frac{\mathrm{m}}{\mathrm{s}} \cdot 0.4\,\mathrm{T} = 6.4 \cdot 10^{-12}\,\mathrm{N}$$

Beispiel 13.5

Ein Elektron fliegt entlang einer Magnetfeldlinie. Der Winkel zwischen Flugrichtung und Magnetfeldlinie beträgt in diesem Fall $\alpha = 0°$. Da $\sin\alpha = 0$ ist, ist auch die Lorentz-Kraft $F_L = Q \cdot v \cdot B \cdot \sin\alpha$ null. Auf ein geladenes Teilchen, das entlang einer Magnetfeldlinie fliegt, wirkt keine Kraft.

Die Lorentz-Kraft zwingt eine bewegte Ladung auf eine Kreisbahn

Wir können nun zwar ausrechnen, wie gross die Lorentz-Kraft ist, doch in welche Richtung zeigt sie? Experimente zeigen: Die Lorentz-Kraft wirkt immer senkrecht zur Magnetfeldlinie und senkrecht zur momentanen Bewegungsrichtung der Ladung. Das Vorzeichen der

Ladung bestimmt, in welche Richtung der Senkrechten die Lorentz-Kraft wirkt (Abb. 13.15).

[Abb. 13.15] Richtung der Lorentz-Kraft

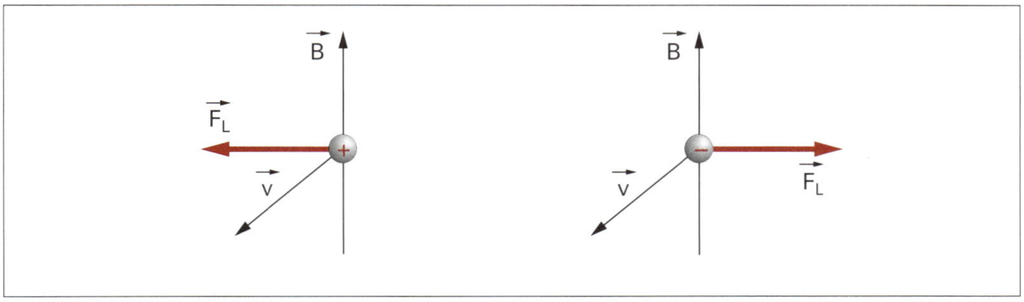

Die Lorentz-Kraft wirkt senkrecht zur Bewegungsrichtung und senkrecht zur Magnetfeldlinie.

Wir betrachten eine Ladung, die sich durch ein homogenes Magnetfeld bewegt. Da in diesem Fall eine konstante Lorentz-Kraft senkrecht zur Bewegungsrichtung wirkt, kommt es, wie Sie aus der Mechanik wissen, zu einer Kreisbewegung (Abb. 13.16).

[Abb. 13.16] Bewegung einer positiven Ladung im Magnetfeld

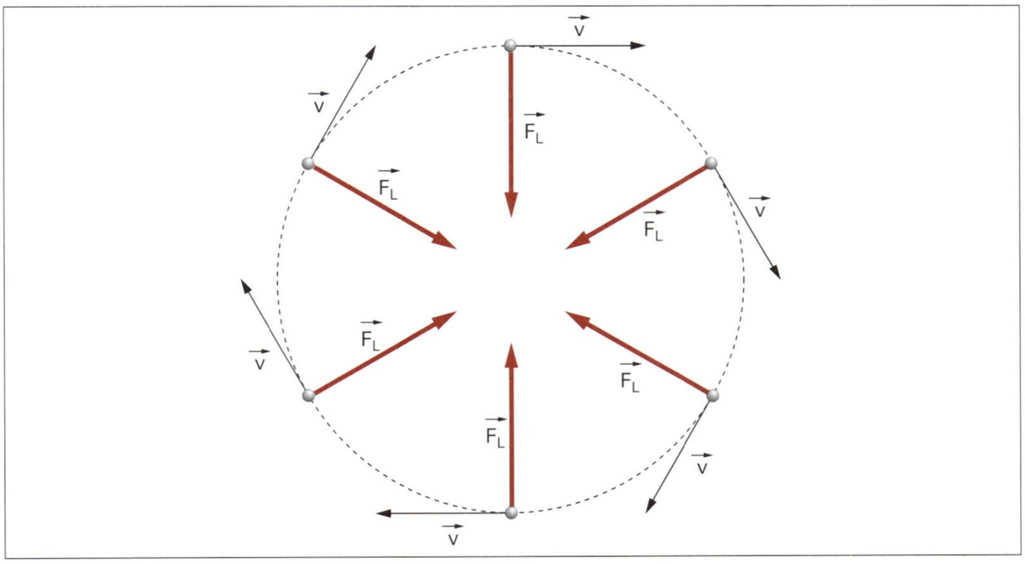

Die Magnetfeldlinien kommen hier senkrecht aus dem Papier. Die Lorentz-Kraft, die auf das positiv geladene Teilchen wirkt, zwingt es auf eine Kreisbahn.

Die Arbeit *W*, die eine konstante Lorentz-Kraft *F* auf dem Weg *s* verrichtet, beträgt:

$$W = F \cdot s \cdot \cos\beta$$

β bezeichnet den Winkel zwischen Kraft- und Bewegungsrichtung. Da die Lorentz-Kraft senkrecht zur momentanen Bewegungsrichtung wirkt, ist $\beta = 90°$ und $\cos \beta = 0$. Somit ist die Arbeit der Lorentz-Kraft immer null. Die Lorentz-Kraft verrichtet keine Arbeit an der Ladung.

Gleichförmige Kreisbewegung im Magnetfeld

Da die Lorentz-Kraft keine Arbeit am geladenen Teilchen verrichtet, ist dessen kinetische Energie konstant. Konstante kinetische Energie bedeutet, dass der Betrag der Geschwindigkeit *v* während der Kreisbewegung konstant ist. Die Lorentz-Kraft macht das geladene Teilchen nicht schneller, sondern lenkt es nur auf eine Kreisbahn ab. Bei einem homogenen Magnetfeld bewirkt die Lorentz-Kraft somit eine *gleichförmige Kreisbewegung*.

Wir können den Radius r der Kreisbahn eines geladenen Teilchens, das durch ein homogenes Magnetfeld mit Feldstärke B fliegt, direkt berechnen. Auf das geladene Teilchen wirkt nur die Lorentz-Kraft. Wir setzen deshalb die Lorentz-Kraft mit der Zentripetalkraft bei einer Kreisbewegung gleich. Der Einfachheit halber nehmen wir dazu an, dass das geladene Teilchen senkrecht zu den Magnetfeldlinien fliegt, sodass $\sin \alpha = 1$:

Gleichung 13.5

$$Q \cdot v \cdot B = \frac{m \cdot v^2}{r}$$

Der Radius r der Kreisbahn hängt von der Masse m, Ladung Q und Geschwindigkeit v des geladenen Teilchens und von der Feldstärke B des homogenen Magnetfelds ab:

$$r = \frac{m \cdot v}{Q \cdot B}$$

Beispiel 13.6

Mit einem *Massenspektrometer* kann die Masse eines Ions gemessen werden. Im Massenspektrometer wird dazu auf die Ionen mit der Ladung Q in einem ersten Schritt durch die Beschleunigungsarbeit $W = Q \cdot U$ die kinetische Energie E_k übertragen:

Massenspektrometer

$$E_k = W$$

$$\frac{m \cdot v^2}{2} = Q \cdot U$$

$$v = \sqrt{\frac{2 \cdot Q \cdot U}{m}}$$

Anschliessend fliegen die Ionen durch ein homogenes Magnetfeld mit Feldstärke B. Dabei werden die Ionen durch die Lorentz-Kraft auf eine Kreisbahn mit Radius r abgelenkt:

$$r = \frac{m \cdot v}{Q \cdot B} = \frac{m \cdot \sqrt{\frac{2 \cdot Q \cdot U}{m}}}{Q \cdot B} = \sqrt{\frac{2 \cdot m \cdot U}{Q \cdot B^2}}$$

Wenn alle Ionen dieselbe Ladung $Q = e$ haben, lässt sich aus dem Radius r der Kreisbahn die gesuchte Masse m des Ions berechnen:

$$m = \frac{r^2 \cdot e \cdot B^2}{2 \cdot U}$$

Die Lorentz-Kraft bewirkt, dass auf stromdurchflossene Drähte eine Kraft wirkt

Was passiert, wenn wir einen stromdurchflossenen Draht in ein Magnetfeld halten? Wenn ein Strom durch einen Draht fliesst, bewegen sich freie Elektronen mit der Driftgeschwindigkeit v durch den Draht. Die Elektronen des Stroms werden durch die Lorentz-Kraft seitwärts abgelenkt, können den Draht aber nicht verlassen.

Um herauszufinden, was passiert, wenn die Elektronen durch die Lorentz-Kraft an den Rand des Drahts gedrängt werden, hängen wir einen Draht beweglich im Magnetfeld eines Hufeisenmagneten auf. Beobachtung: Fliesst ein Strom durch den Draht, so wird der Draht, wie dargestellt, ausgelenkt, es wirkt eine Kraft auf den Draht (Abb. 13.17).

[Abb. 13.17] Stromdurchflossener Draht im Magnetfeld

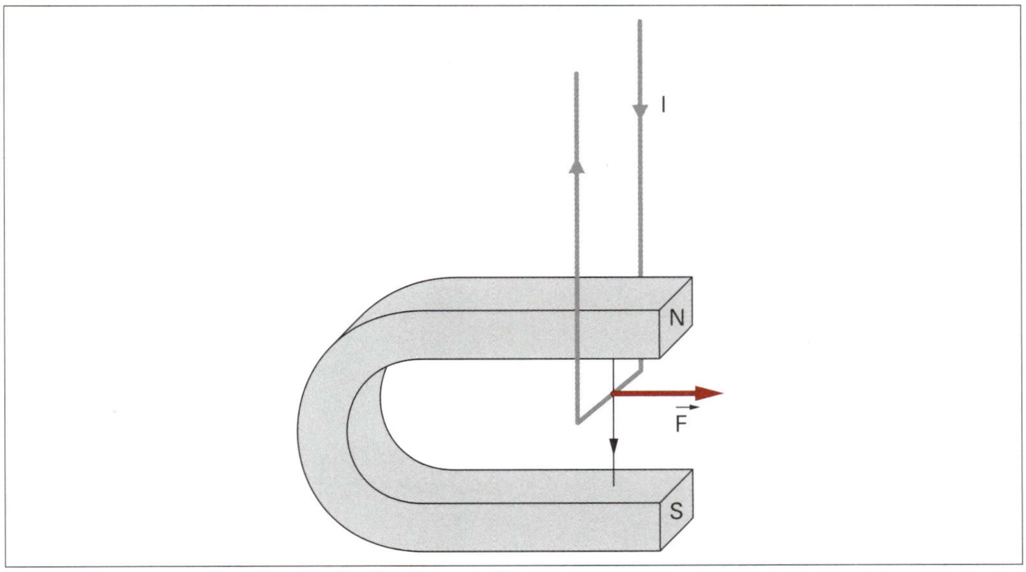

Auf einen stromdurchflossenen Draht, der sich in einem Magnetfeld befindet, wirkt eine Kraft.

Interpretation: Die Kraft, die den Draht in Abb. 13.17 auslenkt, kommt durch die Lorentz-Kräfte zustande, die auf die freien Elektronen des Stroms wirken: Die von der Lorentz-Kraft abgelenkten Elektronen des Stroms können den Draht nicht verlassen, dafür wird der ganze Draht bewegt.

Wie gross ist die Kraft auf einen Draht der Länge *s*, der in einem homogenen Magnetfeld mit Feldstärke *B* hängt, wenn durch ihn ein Strom der Stärke *I* fliesst? Man kann die Gleichung für die Kraft durch Aufsummieren der Lorentz-Kräfte herleiten und erhält so:

Gleichung 13.6

$$F = I \cdot s \cdot B \cdot \sin\alpha$$

Diese Gleichung für die Kraft auf einen stromdurchflossenen Draht, der sich in einem homogenen Magnetfeld befindet, ist intuitiv plausibel:

- Die Kraft F auf den Draht ist umso grösser, je grösser die Feldstärke B ist, denn eine grosse Feldstärke B bedeutet eine grosse Lorentz-Kraft $F_L = Q \cdot v \cdot B \cdot \sin\alpha$.
- Die Kraft F auf den Draht ist umso grösser, je grösser die Stromstärke I ist, denn eine grosse Stromstärke I bedeutet entweder, dass sich eine grosse Ladung Q durch den Draht bewegt oder dass sich die Ladung mit grosser Geschwindigkeit v durch den Draht bewegt. Beide Grössen bestimmen die Lorentz-Kraft $F_L = Q \cdot v \cdot B \cdot \sin\alpha$.
- Je grösser die Drahtlänge s, umso grösser die Ladung Q, die sich im Magnetfeld befindet und umso grösser die Lorentz-Kraft $F_L = Q \cdot v \cdot B \cdot \sin\alpha$.

Rechte-Hand-Regel

Die auslenkende Kraft wirkt senkrecht zum Strom und senkrecht zu den Magnetfeldlinien. Man erhält die Richtung der Kraft auf den Draht mit einer weiteren *Rechte-Hand-Regel:* Zeigt man mit dem Daumen der rechten Hand in Richtung des Stroms (fliesst vom Plus- zum Minus-Pol), mit dem Zeigefinger der rechten Hand in Richtung der Magnetfeldlinie, so zeigt der Mittelfinger in Richtung der auslenkenden Kraft (Abb. 13.18).

[Abb. 13.18] Richtung der Kraft auf einen stromdurchflossenen Draht in einem Magnetfeld

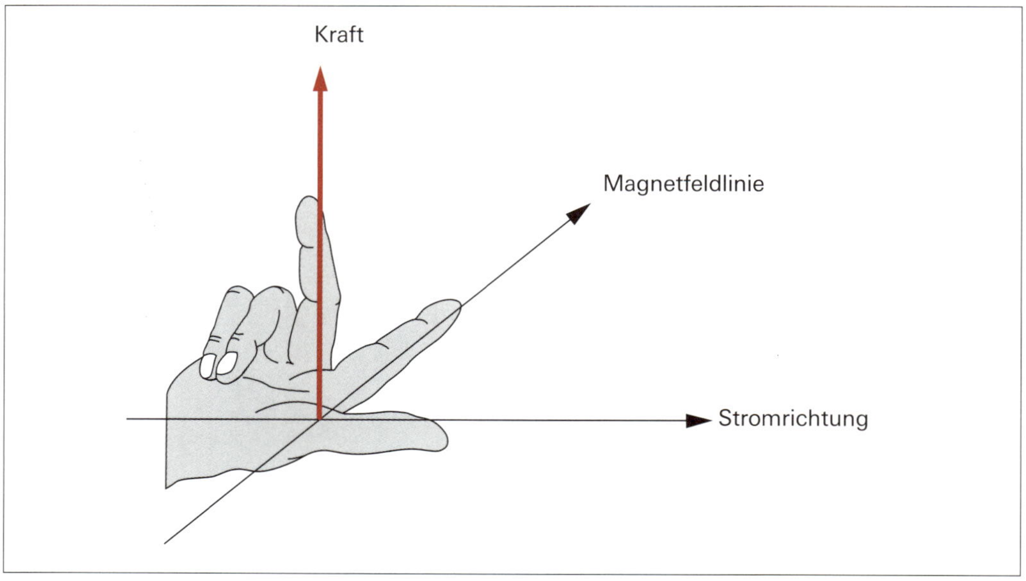

Die Rechte-Hand-Regel zeigt uns, in welche Richtung die auslenkende Kraft auf den Draht wirkt.

Beispiel 13.7

Durch einen Draht fliesst ein Strom von 1 A. Dieser Draht wird rechtwinklig zu den Magnetfeldlinien in ein homogenes Magnetfeld mit der Stärke 0.1 T gehalten ($\alpha = 90°$, $\sin\alpha = 1$). Der Teil des Drahts, der im Magnetfeld ist, hat eine Länge von 1 cm. Die auf den Draht wirkende Kraft beträgt:

$$F = I \cdot s \cdot B \cdot \sin\alpha = 1\,\text{A} \cdot 0.01\,\text{m} \cdot 0.1\,\text{T} \cdot 1 = 0.001\,\text{N} = 1\,\text{mN}$$

Die Kraft steht senkrecht zum Draht und senkrecht zu den Magnetfeldlinien in Richtung des Mittelfingers.

Auf die freien Elektronen eines Drahts wirkt eine Lorentz-Kraft, sobald sich die Elektronen bewegen. Die Bewegung der Elektronen kam bisher durch eine Batterie oder Steckdose zustande. Die Elektronen des Drahts bewegen sich aber auch dann alle in eine Richtung, wenn der ganze Draht bewegt wird. Wenn ein Draht rechtwinklig zu den Magnetfeldlinien eines Magneten bewegt wird, so wirkt auf die freien Elektronen des Drahts die Lorentz-Kraft, ohne dass er von einem Strom durchflossen wird.

Induktion

Die Lorentz-Kraft wirkt immer senkrecht zur Bewegungsrichtung der Elektronen und senkrecht zu den Magnetfeldlinien, in diesem Fall also senkrecht zur Bewegung des Drahts und senkrecht zu den Magnetfeldlinien. Wenn der Draht, wie in Abb. 13.19 dargestellt, bewegt wird, werden die freien Elektronen durch die Lorentz-Kraft entlang des Drahts beschleunigt. Die Lorentz-Kraft bewirkt einen Strom! In Stromgeneratoren wird die Lorentz-Kraft in dieser Weise ausgenützt, um einen Strom zu erzeugen. Man sagt, die Lorentz-Kraft induzierte im bewegten Draht einen elektrischen Strom, und spricht von *Induktion*. Mithilfe der Lorentz-Kraft kann so die Bewegungsenergie des Drahts in elektrische Energie des Stroms umgewandelt werden.

[Abb. 13.19] Die Lorentz-Kraft kann einen elektrischen Strom erzeugen

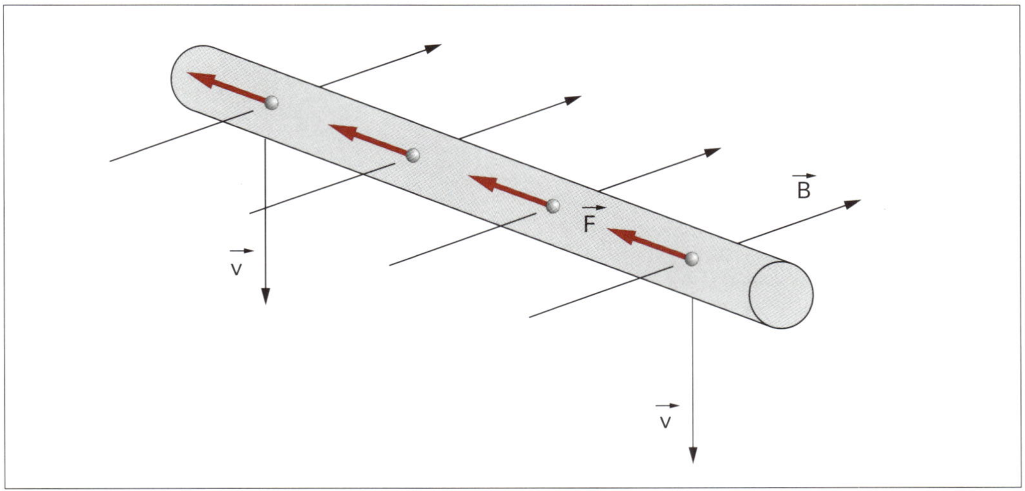

Induktion: Die Lorentz-Kraft wirkt auf die negativen Elektronen des sich bewegenden Metalldrahts und erzeugt so einen elektrischen Strom.

Lorentz-Kraft: Eine Ladung, die durch ein Magnetfeld fliegt, wird seitlich abgelenkt. Grund für die Ablenkung: Eine sich bewegende Ladung erzeugt ein Magnetfeld, denn eine bewegte Ladung ist ein elektrischer Strom und jeder Strom erzeugt ein Magnetfeld. Man nennt die magnetische Kraft, die auf eine Ladung wirkt, die durch ein Magnetfeld fliegt, Lorentz-Kraft.

Betrag der Lorentz-Kraft: Für die Lorentz-Kraft F_L auf eine Ladung Q, die sich mit der Geschwindigkeit v durch ein homogenes Magnetfeld der Stärke B bewegt, gilt:

$$F_L = Q \cdot v \cdot B \cdot \sin\alpha$$

Die Lorentz-Kraft F_L, die auf eine bewegte Ladung wirkt, ist ein Mass für die Feldstärke B des Magneten. Die Einheit der Feldstärke B ist das Tesla, abgekürzt T.

Richtung der Lorentz-Kraft: Die Lorentz-Kraft steht immer senkrecht zur Magnetfeldlinie und senkrecht zur momentanen Bewegungsrichtung der Ladung.

Bewegung einer Ladung unter dem Einfluss der Lorentz-Kraft: Eine konstante Lorentz-Kraft bewirkt eine gleichförmige Kreisbewegung der Ladung (v = konstant). Für die Kreisbewegung eines geladenen Teilchens, auf das eine konstante Lorentz-Kraft wirkt, gilt:

$$Q \cdot v \cdot B = \frac{m \cdot v^2}{r}$$

Die Lorentz-Kraft bewirkt, dass auf stromdurchflossene Drähte in einem Magnetfeld eine Kraft wirkt. Die Kraft wirkt senkrecht zum Strom und senkrecht zu den Magnetfeldlinien. Sie hat den Betrag:

$$F = I \cdot s \cdot B \cdot \sin\alpha$$

Aufgabe 72

Ein Proton mit halber Lichtgeschwindigkeit tritt in ein 2.0 T starkes homogenes Magnetfeld ein. Berechnen Sie die Kraft, die auf das Proton wirkt. Der Winkel zwischen den Magnetfeldlinien und der Bewegungsrichtung des Protons beträgt:

A] 90°

B] 45°

C] 0°

Aufgabe 78

Auf ein Elektron, das mit einem Drittel Lichtgeschwindigkeit durch ein homogenes Magnetfeld fliegt, wirkt eine magnetische Kraft von $1.0 \cdot 10^{-11}$ N.

A] Wie gross ist die Feldstärke, wenn der Winkel zwischen Magnetfeldlinie und momentaner Flugrichtung 90° beträgt?

B] Wie gross ist die Feldstärke, wenn der Winkel zwischen Magnetfeldlinie und momentaner Flugrichtung 45° beträgt?

Aufgabe 84

Ein Elektron fliegt mit konstanter Geschwindigkeit auf einer kreisförmigen Bahn im Magnetfeld.

A] Durch welche Kraft kommt die kreisförmige Bahn zustande?

B] Die Geschwindigkeit des Elektrons ($m = 9.1 \cdot 10^{-31}$ kg) beträgt $2 \cdot 10^{8}$ m/s, der Bahnradius 50 m. Wie gross ist die Feldstärke, wenn der Winkel zwischen Magnetfeldlinien und Bewegungsrichtung ständig 90° beträgt?

Aufgabe 90

Auf ein Stück Draht, das sich auf einer Länge von 20 cm in einem homogenen Magnetfeld der Stärke 0.10 T befindet, wirkt eine magnetische Kraft von 0.10 N. Der Winkel zwischen Draht und Magnetfeldlinien beträgt 90°.

A] Wie stark ist der Strom, der durch den Draht fliesst?

B] Beschreiben Sie die Richtung der magnetischen Kraft.

Exkurs: Die Anfänge der Erforschung des Magnetismus

Ein Abbildung aus William Gilberts Buch: De Magnete. Ein Schmied stellt einen Magneten her, indem er ein heisses Stück Metall in Nord-Süd-Richtung ausrichtet und behämmert. Septentrio ist der lateinische Ausdruck für Norden, Auster der lateinische Ausdruck für Süden. Bild: Science, Industry and Business Library / New York Public Library / Science Photo Library

Magneten wurden lange mysteriöse Eigenschaften nachgesagt. Es wurde behauptet, dass ein Magnet, den man mit Knoblauch eingerieben hat, ein Stück Eisen nicht mehr anzieht. Wenn die Wirkung eines Magneten nachlässt, kann sie angeblich mit dem Blut eines Ziegenbocks wiederhergestellt werden.

Erst 1269 veröffentlichte Petrus Peregrinus in seinem Buch «Epistola de magnete ad Sygerum» erste umfangreiche Untersuchungen zu den Eigenschaften von Magneten. Dabei verwendete er experimentelle Methoden, was zu jener Zeit sehr unüblich war. Er mass die Richtung der magnetischen Kraft an der Oberfläche eines in Kugelform geschliffenen Magneten mit einer kleinen Kompassnadel aus und zeichnete dazu Punkt für Punkt die Ausrichtung der Nadel auf. Auf diese Weise erhielt er, wie wir heute sagen würden, die Richtung der Magnetfeldlinien. Die Messungen ergaben, dass die magnetischen Feldlinien entlang der Längengrade der Kugel verlaufen und sich an zwei gegenüberliegenden Polen treffen. Die Bezeichnung Pole stammt von Peregrinus.

Im Jahr 1600 veröffentlichte William Gilbert (1544–1603), der spätere Leibarzt von Königin Elisabeth I. von England, sein Buch über den Magnetismus mit dem Titel «De Magnete». Darin wurde zum ersten Mal eine physikalische Erklärung für das bis anhin mysteriöse Verhalten von Kompassnadeln geliefert: Die Ausrichtung von Kompassnadeln in Nord-Süd-Richtung kommt zustande, weil die Erde selbst ein grosser Magnet ist. In seinem Buch bekennt sich Gilbert noch vor Galileo Galilei zum Experiment. Gilbert erkannte den Charakter der Kraftwirkung zwischen Magnetpolen und stellte fest, dass durch Zerbrechen einer Kompassnadel beide Pole nicht voneinander zu trennen sind, weil aus jedem Bruchstück wieder eine Magnetnadel mit zwei Polen wird. Er beobachtete die magnetische Inklination, d. h. die Auslenkung der Kompassnadel aus der Waagrechten und vertrat die Auffassung, dass es möglich sein müsse, mithilfe der Inklination die geografische Breite ohne astronomische Hilfsmittel zu bestimmen. Gilbert untersuchte auch elektrische Erscheinungen experimentell. Er wusste so, dass nicht nur Bernstein, sondern auch Glas, Wachs, Schwefel und einige Edelsteine durch Reibung elektrisiert werden können. Er beschrieb einen wesentlichen Unterschied zwischen elektrischen und magnetischen Erscheinungen: Magnete können auch Drehbewegungen hervorrufen, während sich die elektrische Kraft immer als Anziehungskraft äussert. Gilbert sprach noch nicht von unterschiedlichen elektrischen Ladungen und wusste noch nicht, dass die elektrische Kraft auch abstossend sein kann.

Teil F Anhang

Zusammenfassung: Atom- und Kernphysik

Wie sieht das Innenleben von Atomen aus?

Wie sind die Atome aufgebaut?

Bohr'sches Atom-Modell zur Erklärung der Rutherford'schen Streuversuche: Der grösste Teil eines Atoms ist leer. Atome bestehen aus Atomkern und Atomhülle. Der Atomkern im Zentrum eines Atoms enthält den grössten Teil der Masse des Atoms. Die Atomhülle besteht aus den sehr leichten Elektronen, die den Atomkern wegen der elektrischen Anziehungskraft des Atomkerns umkreisen. Der Durchmesser der Atomhülle ist etwa 10^{-10} m. Der Durchmesser des Atomkerns ist etwa 10 000-mal kleiner.

Wie ist die Atomhülle aufgebaut?

Aufbau der Atomhülle (Bohr'sches Atom-Modell): Die Elektronen der Atomhülle können den Kern nur in ganz bestimmten Abständen umkreisen. Die kleinstmögliche Bahn des Elektrons nennt man den Grundzustand des Elektrons, grössere Bahnen nennt man angeregte Zustände.

Energie der Elektronen der Atomhülle: Die Energie der Elektronen der Hülle setzt sich zusammen aus kinetischer und potenzieller Energie. Da die Elektronen den Kern nur in ganz bestimmten Abständen umkreisen können, können sie auch nur ganz bestimmte Energien aufweisen. Im Grundzustand hat das Elektron die kleinstmögliche Energie. Ist das Elektron in einem angeregten Zustand, so hat es mehr Energie.

Energiezunahme der Elektronen der Atomhülle durch Stossanregung: Damit ein Elektron der Hülle in einen Zustand mit mehr Energie gelangt, muss auf das Elektron Energie übertragen werden. Dies kann z. B. durch Stossanregung geschehen: Kollidieren zwei Atome, kann ein Teil der kinetischen Energie auf ein Elektron der Atomhülle übertragen werden.

Energieabnahme der Elektronen der Atomhülle durch Strahlungsabregung: Ein Elektron in einem angeregten Zustand geht meist sehr schnell wieder in seinen Grundzustand über, z. B. indem es Energie durch Aussenden von Licht an die Umgebung abgibt. Man spricht von Strahlungsabregung. Die Wellenlänge λ des ausgesandten Lichts ist durch die Energieänderung ΔE des Elektrons bestimmt:

$$\lambda = \frac{h \cdot c}{\Delta E}$$

Spektralanalyse: Wenn man das von einem Atom bei der Strahlungsabregung ausgesandte Licht mit einem Prisma in die verschiedenen Farben auffächert, so entsteht ein Linienspektrum. Jeder Linie im Spektrum entspricht ein Übergang von einem Zustand mit mehr Energie (grössere Bahn) in einen Zustand mit weniger Energie (kleinere Bahn). Jedes chemische Element hat ein charakteristisches Linienspektrum. Das Linienspektrum eines Elements ist wie der Fingerabdruck des Elements. Anhand des Linienspektrums eines leuchtenden Gases lässt sich dessen chemische Zusammensetzung nachweisen.

Wie sind die Atomkerne aufgebaut?

Aufbau des Atomkerns: Der Atomkern ist aus Protonen und Neutronen zusammengesetzt.

Eigenschaften von Proton und Neutron: Die Masse von Neutron und Proton ist fast gleich gross. Protonen sind elektrisch positiv geladen, Neutronen sind ungeladen. Protonen und Neutronen werden unter dem Begriff Nukleonen zusammengefasst.

Die Anzahl Protonen im Atomkern (Protonenzahl Z) bestimmt, um welches chemische Element es sich handelt. Die Anzahl Neutronen (Neutronenzahl N) hat darauf keinen Einfluss. Die Summe aus Protonenzahl Z und Neutronenzahl N bezeichnet man als Nukleonenzahl A.

Atomkerne sind mit der Nuklid-Schreibweise ${}^{A}_{Z}\mathrm{X}$ vollständig beschrieben.

Isotope Nuklide: Jedes Element hat mehrere isotope Nuklide. Isotope Nuklide haben dieselbe Protonenzahl, aber unterschiedliche Neutronenzahl. Isotope Nuklide haben das gleiche chemische Verhalten.

Kräfte im Atomkern: Zwischen den Nukleonen des Atomkerns wirkt die Kernkraft und die elektrische Kraft. Die anziehende Kernkraft wirkt zwischen allen Nukleonen. Da die Kernkraft zwischen zwei Nukleonen nur dann gross ist, wenn der Abstand zwischen ihnen kleiner als $2 \cdot 10^{-15}$ m ist, ist die Kernkraft nur zwischen sich fast berührenden Nukleonen gross. Die abstossende elektrische Kraft wirkt nur zwischen den Protonen des Kerns. Jedes Proton des Kerns stösst alle anderen Protonen des Kerns elektrisch ab.

Stabile Atomkerne: In stabilen Atomkernen überwiegt die anziehende Kernkraft zwischen benachbarten Nukleonen die abstossende elektrische Kraft zwischen den Protonen.

Energie der Nukleonen eines Atomkerns (Kernenergie): Die Nukleonen eines Atomkerns werden von der Kernkraft zusammengehalten und sind in ständiger Zitterbewegung. Die Nukleonen eines Atomkerns haben folglich potenzielle und kinetische Energie. Die Summe aus potenzieller und kinetischer Energie der Nukleonen nennt man Kernenergie. Die Nukleonen des Kerns können nur ganz bestimmte Geschwindigkeiten (kinetische Energie) und Abstände (potenzielle Energie) haben. Die Energie des Kerns kann somit nur ganz bestimmte Werte annehmen.

Energiezunahme des Kerns durch Stossanregung: Die Energie eines Atomkerns kann z. B. bei Zusammenstössen mit anderen Teilchen zunehmen. Man spricht von Stossanregung. Nach der Stossanregung befindet sich der Kern in einem angeregten Zustand.

Energieabnahme durch Strahlungsabregung des Kerns: Ein Kern in einem angeregten Zustand geht meist sehr schnell wieder in den Grundzustand zurück, z. B. indem er γ-Strahlung aussendet.

Was ist Radioaktivität?

Wie zerfallen instabile Atomkerne?

Stabilität von Atomkernen: Atomkerne sind stabil, wenn das Verhältnis von Protonen zu Neutronen günstig ist. Gibt es z. B. weniger Neutronen als Protonen ($N < Z$), so überwiegt die abstossende elektrische Kraft und der Kern ist instabil.

α- und β-Zerfall: Instabile Atomkerne werden durch α- oder β-Zerfall zu stabileren Atomkernen. Bei α- und β-Zerfall wird ein chemisches Element in ein anderes chemisches Element umgewandelt. Beim α-Zerfall zerfällt ein Atomkern in einen Tochterkern und einen Helium-Kern. Beim β-Zerfall zerfällt ein Atomkern in einen Tochterkern und ein Elektron.

$$\alpha\text{-Zerfall:} \quad {}^{A}_{Z}\text{X} \rightarrow {}^{A-4}_{Z-2}\text{Y} + {}^{4}_{2}\text{He}$$

$$\beta\text{-Zerfall} \quad {}^{A}_{Z}\text{X} \rightarrow {}^{A}_{Z+1}\text{Y} + \text{Elektron}$$

Nach einem α- oder β-Zerfall ist der Tochterkern oft erst in einem angeregten Zustand und geht erst später durch Aussenden von γ-Strahlung (Strahlungsabregung) in den Grundzustand zurück.

Radioaktive Strahlung: Helium-Kerne, Elektronen und γ-Strahlung, die beim radioaktiven Zerfall ausgesandt werden, werden unter dem Begriff radioaktive Strahlung zusammengefasst. Man spricht von α-, β- und γ-Strahlung.

Instabile Kerne zerfallen über Zerfallsketten: Wenn der Tochterkern nicht stabil ist, zerfällt er über eine Kette von α- und β-Zerfällen weiter, bis ein stabiler Tochterkern entsteht. Man spricht von einer Zerfallskette.

Wie schnell zerfallen instabile Atomkerne?

Nachweis und quantitative Messung der radioaktiven Strahlung: Radioaktive Strahlung ist für das Auge unsichtbar. Alle Methoden zu ihrem Nachweis und zur Messung ihrer Stärke beruhen auf ihrer ionisierenden Wirkung. Radioaktive Strahlung hat so viel Energie, dass sie in einem Gas eine ganze Reihe von Atomen ionisiert und so eine Ionen-Spur hinterlässt. In der Nebelkammer wird diese Spur sichtbar gemacht, mit dem Geiger-Müller-Zählrohr wird sie gemessen.

Aktivität und Energiedosis: Die Aktivität A einer radioaktiven Quelle gibt die Anzahl Kernzerfälle pro Sekunde und somit die Stärke der radioaktiven Strahlung an. SI-Einheit der Aktivität A ist Becquerel. Die Energiedosis D gibt an, wie viel Energie von der radioaktiven Strahlung auf 1 kg Materie übertragen wurde. SI-Einheit der Energiedosis D ist Gray.

Wenn Atomkerne eines instabilen Nuklids in ein stabiles Nuklid zerfallen, gilt: Nach der Halbwertszeit $t_{1/2}$ ist die Hälfte der Atomkerne zerfallen, die Aktivität A ist dann nur noch halb so gross. Dies bedeutet: Ein Atomkern eines instabilen Nuklids zerfällt in der nächsten Sekunde mit der Zerfallswahrscheinlichkeit λ:

$$\lambda = \frac{\ln 2}{t_{1/2}}$$

Zerfallsgesetz: Wenn A_0 die anfängliche Aktivität und N_0 die Anzahl anfänglich vorhandener instabiler Kerne ist, betragen die Aktivität A und die Anzahl N nach der Zeit t noch vorhandener Kerne:

$$A = A_0 \cdot e^{-\lambda \cdot t}$$

$$N = N_0 \cdot e^{-\lambda \cdot t}$$

Wie viel Energie steckt in Atomkernen?

Bindungsenergie: Die Bindungsenergie E_B des Atomkerns ist die Energie, die es braucht, um einen Kern in einzelne Nukleonen zu zerlegen. Wenn ein Kern aus einzelnen Nukleonen zusammengebaut wird, muss die Bindungsenergie E_B an die Umgebung abgegeben werden.

Massendefekt: Die Differenz zwischen der Masse des Kerns und der Masse seiner Bausteine nennt man Massendefekt.

Zusammenhang zwischen Massendefekt und Bindungsenergie: Der Massendefekt Δm kommt daher, dass die Masse eines Körpers von der Energie des Körpers abhängt. Wir können deshalb die Bindungsenergie E_B eines Kerns aus seinem Massendefekt Δm berechnen:

$$E_B = \Delta m \cdot c^2$$

Bindungsenergie pro Nukleon: Die Bindungsenergie pro Nukleon ist die Energie, die nötig ist, um ein einzelnes Nukleon aus dem Atomkern zu entfernen. Eine grosse Bindungsenergie pro Nukleon bedeutet, dass es schwierig ist, ein Nukleon zu entfernen:

- Je grösser die Bindungsenergie pro Nukleon, desto stabiler der Atomkern.
- Je grösser die Bindungsenergie pro Nukleon, desto grösser der Massendefekt des Atomkerns.

Wichtige Eigenschaften der Kurve im Diagramm mit der Bindungsenergie pro Nukleon: Die Kurve hat ihr Minimum bei $A = 2$, nimmt von $A = 2$ bis $A = 56$ zu, hat dort ihr Maximum und nimmt oberhalb von $A = 56$ wieder ab.

Zusammenfassung: Anwendungen der Kernphysik

Wie funktioniert die C-14-Methode?

Wie misst man die Häufigkeit isotoper Nuklide?

Ein Massenspektrometer sortiert die Ionen eines Gases nach ihrer Masse, d. h. nach ihrer Nukleonenzahl: Im Massenspektrometer werden Ionen mit kleiner Masse durch die elektrische und magnetische Kraft stärker abgelenkt als schwere. Dies führt zur Auffächerung eines Ionen-Strahls in mehrere Ionen-Strahlen. Jeder Ionen-Strahl enthält Teilchen mit einer bestimmten Masse, d. h. ein bestimmtes Nuklid. Je häufiger ein bestimmtes Nuklid im Gas vorkommt, umso stärker schwärzt der entsprechende Ionen-Strahl das Fotopapier. Man kann also aus der Schwärzung des Fotopapiers direkt ablesen, wie häufig ein bestimmtes Nuklid im Gas vorkommt.

Wie wird aus der Kohlenstoff-Nuklide-Häufigkeit das Todesdatum eines Organismus berechnet?

Entstehung und Zerfall von radioaktiven ${}^{14}_{6}$C-Atomen: Neutronen des Sonnenwinds, die mit Stickstoff der Erdatmosphäre kollidieren, bilden in der Erdatmosphäre ständig neue ${}^{14}_{6}$C -Atome:

$$\text{Neutron} \quad + \quad {}^{14}_{7}\text{N} \quad \rightarrow \quad {}^{14}_{6}\text{C} \quad + \quad \text{Proton}$$

Radioaktive ${}^{14}_{6}$C-Atome zerfallen mit einer Halbwertszeit von $t_{1/2} = 5\,730$ Jahren. Durch Entstehung und Zerfall der ${}^{14}_{6}$C-Atome stellt sich in der Erdatmosphäre ein konstantes Verhältnis von $N_{C14} / N_{C12} = 1.3 \cdot 10^{-12}$ ein.

N_{C14} / N_{C12} in Organismen: Das radioaktive ${}^{14}_{6}$C-Nuklid verhält sich chemisch genau gleich wie das stabile ${}^{12}_{6}$C-Nuklid und bildet deshalb chemisch dieselben CO_2-Moleküle. Bei der Photosynthese werden radioaktive und stabile CO_2-Moleküle der Erdatmosphäre von Pflanzen aufgenommen und in deren Zellen eingebaut. Radioaktive ${}^{14}_{6}$C-Kerne gelangen durch die Pflanzen in die Nahrungskette von Mensch und Tier. In lebenden Pflanzen, Tieren und Menschen gilt dadurch ebenfalls $N_{C14} / N_{C12} = 1.3 \cdot 10^{-12}$.

C-14-Altersbestimmung: Stirbt ein Organismus, so wird kein neuer Kohlenstoff mehr mit der Nahrung und Atmung aufgenommen. In jedem Lebewesen, das zu Lebzeiten durch Atmung und Nahrung Kohlenstoff aufgenommen hat, beginnt beim Tod durch die exponentielle Abnahme N_{C12} eine Uhr zu laufen. In einem toten Organismus nimmt das Verhältnis N_{C14} / N_{C12} exponentiell mit der Zeit t ab:

$$N_{C14} / N_{C12} = 1.3 \cdot 10^{-12} \cdot e^{-\lambda \cdot t}$$

Misst man mit einem Massenspektrometer in einem toten Organismus N_{C14} / N_{C12}, so kann man die Zeit t seit dem Tod berechnen.

Wie wird Radioaktivität in der Medizin eingesetzt?

Welche Wirkung hat radioaktive Strahlung auf Zellen?

Radioaktive Strahlung hat zwei biologische Wirkungen, den Zelltod und Genschäden:

- Zum Zelltod kommt es, wenn durch starke radioaktive Strahlung so viele Moleküle in der Zelle in giftige Moleküle umgewandelt werden, dass die Zelle stirbt. Sterben viele Zellen ab, so können ganze Organe absterben.
- Zu Genschäden kann es kommen, wenn die radioaktive Strahlung eine nachteilige Veränderung der Erbinformation bewirkt und die Veränderung von der Zelle nicht repariert wird. Bei normalen Zellen kann dies zu vermehrter Zellteilung und in der Folge zu einem Tumor führen. Bei Keimzellen kann die Schädigung der Erbinformation zu Missbildungen des Fötus führen.

Stärke der biologischen Schädigung: Die Stärke der biologischen Schädigung wird mit der Äquivalentdosis H beschrieben. Die Äquivalentdosis H ist das Produkt aus einem Bewertungs-faktor q, der von der Art der radioaktiven Strahlung abhängt, und der Energiedosis D. Die Masseinheit der Äquivalentdosis H ist das Sievert. Für die Stärke der biologischen Schädigung durch radioaktive Strahlung ist mit entscheidend, ob die Zellen kurzzeitig oder verteilt auf mehrere Wochen bestrahlt werden.

Der Ort der Schädigung hängt von der Eindringtiefe der radioaktiven Strahlung ab. Die maximale Eindringtiefe im Menschen beträgt bei α-Strahlung etwa 0.05 mm, bei β-Strahlung etwa 5 mm. γ-Strahlung wird durch Absorption immer schwächer, ist aber nicht begrenzt.

Bei α-Strahlung reicht zur vollständigen Abschirmung z. B. ein Blatt Papier, bei β-Strahlung z. B. eine Plexiglasscheibe. γ-Strahlung wird auch durch eine dicke Bleiabschirmung nicht vollständig absorbiert.

Wie wird Radioaktivität in Diagnose und Therapie eingesetzt?

Radiopharmaka, die besonders stark von Tumoren aufgenommen werden, können diese im Körper durch ausgesandte γ-Strahlung sichtbar machen oder durch β-Strahlung gezielt zerstören.

Im Gamma-Knife wird durch die Überlagerung von γ-Strahlung aus verschiedenen Richtungen nur der Ort im Körper stark bestrahlt, wo sich die γ-Strahlung aus den verschiedenen Richtungen kreuzt. Dadurch wird der Tumor gezielt abgetötet.

Woher stammt die Energie der Kernkraftwerke?

Wie und warum spaltet man Atomkerne?

Kernspaltung: Neutronenbeschuss kann einen Atomkern in zwei Atomkerne aufspalten. Die Spaltprodukte haben im Verhältnis zur Protonenzahl meist zu viele Neutronen und sind deshalb radioaktiv. Einige Nuklide lassen sich durch langsame Neutronen spalten. Spaltungen durch langsame Neutronen sind besonders effizient. Grund: Langsame Neutronen spalten den Atomkern effizienter als schnelle, da sie mit grosser Wahrscheinlichkeit im Kern stecken bleiben und so ihre ganze kinetische Energie auf den Kern übertragen.

Bei der Spaltung eines Kerns sind unterschiedliche Aufspaltungen möglich. In der Regel wird der Kern in zwei ähnlich grosse Bruchstücke gespalten.

Kettenreaktionen: Meist werden bei der Spaltung auch noch 2 oder 3 Neutronen frei. Diese können eine Kettenreaktion von Spaltungen bewirken, wenn sie auf weitere Atomkerne treffen. Wie viele der frei werdenden Neutronen wieder Spaltungen bewirken, bestimmt den Verlauf der Kettenreaktion.

Energieumwandlungen bei der Kernspaltung: Bei der Spaltung schwerer Atomkerne ($A > 56$) wird Kernenergie des Ausgangskerns zu kinetischer Energie der Spaltprodukte. Die kinetische Energie der Spaltprodukte wird durch anschliessende Kollisionen mit der Umgebung in Wärme umgewandelt.

Die bei der Spaltung entstehende kinetische Energie E_k bzw. Wärme Q berechnet man aus dem Massendefekt ΔM bei der Spaltung:

$$E_k = Q = \Delta M \cdot c^2$$

Wie funktionieren Kernkraftwerke?

Energieumwandlungen in Kernkraftwerken: Im Reaktorkern des Kernkraftwerks läuft eine Kettenreaktion von Kernspaltungen ab, bei der Kernenergie in Wärme umgewandelt wird. Im konventionellen Teil des Kernkraftwerks wird die Wärme teilweise in elektrische Energie transformiert.

Der Reaktorkern enthält folgende Elemente: Brennmaterial, Moderator, Steuerstäbe und Wärmetransportmittel:

- Das spaltbare Material wird im Reaktorkern durch freie Neutronen gespalten, wobei Kernenergie in Wärme umgewandelt wird.
- Der Moderator verringert die Geschwindigkeit der bei der Spaltung entstehenden schnellen Neutronen, die dadurch effizient weitere Kerne spalten können.
- Die Steuerstäbe bestimmen die Anzahl der Neutronen im Reaktorkern und steuern so die Geschwindigkeit der Kettenreaktion, und damit auch die Geschwindigkeit, mit der Kernenergie in Wärme umgewandelt wird.
- Das Wärmetransportmittel holt die Wärme aus dem Reaktorkern heraus und macht sie nutzbar.

Die Reaktorkerne der etwa 450 weltweit im Einsatz stehenden Kernkraftwerke unterscheiden sich technisch in Brennmaterial, Moderatormaterial, Steuerstäben und Wärmetransportmittel.

Kernkraftwerke sind mit schwer wiegenden Risiken behaftet. Die Hauptrisiken von Kernkraftwerken sind Unfälle im Reaktorkern, bei denen stark radioaktive Spaltprodukte austreten können, und die Lagerung der lange Zeit radioaktiven Abfälle.

Woher stammt die Energie des Sonnenlichts?

Was passiert bei Fusionsreaktionen?

Energieumwandlung bei der Kernfusion: Zwei Kerne können verschmolzen werden. Falls der neu entstehende Kern aus weniger als 56 Nukleonen besteht, wird dabei ein Teil der Kernenergie der beiden Ausgangskerne in Strahlung oder kinetische Energie der Fusionsprodukte umgewandelt. Die bei der Fusion umgewandelte Energie E wird aus dem Massendefekt ΔM bei der Fusion berechnet:

$$E = \Delta M \cdot c^2$$

Bedingung für Kernfusionen: Zwei Atomkerne verschmelzen nur, wenn sie so schnell aufeinander zurasen, dass sie sich trotz der elektrischen Abstossungskraft so nahe kommen, dass die anziehende Kernkraft zu wirken beginnt. Atomkerne sind ab Temperaturen von 10 Millionen Grad Celsius schnell genug, damit es zu Kernverschmelzungen kommt.

Wie wird die Sonne zum Leuchten gebracht?

Kernfusion in der Sonne: Die Sonne ist eine Gaskugel aus Wasserstoff- und Helium-Gas. Die grosse Dichte und die hohe Temperatur im Zentrum der Sonne haben zur Folge, dass dort Kernfusionen stattfinden. Die Energie des von der Sonne abgestrahlten Lichts stammt aus der Fusion von Wasserstoff-Kernen: Jeweils 4 Wasserstoff-Kerne werden in 3 Schritten zu einem $^4_2$He-Kern, zu 2 Positronen, 2 Neutrinos und 2 γ-Photonen.

Im Sonneninneren werden durch die Wasserstoff-Fusion jede Sekunde $7 \cdot 10^{11}$ kg Wasserstoff zu Helium verschmolzen, wodurch ein Teil der Kernenergie der Wasserstoff-Kerne zu γ-Strahlung und kinetischer Energie der Fusionsprodukte wird. Resultat der Umwandlung: Die Sonne sendet jede Sekunde $3.8 \cdot 10^{26}$ J in Form von Licht aus und wird jede Sekunde um $4.2 \cdot 10^9$ kg leichter. Die Sonne leuchtet durch diesen Prozess bereits seit etwa 5 Milliarden Jahren und wird dies für weitere 5 Milliarden Jahre tun.

Zusammenfassung: Elektrische Energie

Um was geht es bei elektrischen Strömen?

Wieso ist elektrischer Strom so wichtig?

Nutzen elektrischer Ströme: Elektrische Ströme besitzen elektrische Energie. Diese elektrische Energie lässt sich zur Erzeugung von Wärme, Licht und Antriebsarbeit verwenden:

- Fliesst ein elektrischer Strom durch einen Metalldraht, so wird der Draht erwärmt. Dies ist eine Folge des elektrischen Widerstands des Drahts, der sich dem Strom entgegensetzt.
- Wenn ein Metalldraht durch den elektrischen Strom glühend heiss wird, so gibt er nicht nur Wärme, sondern auch Licht ab.
- Ein elektrischer Strom erzeugt ein Magnetfeld. Die magnetische Kraft verrichtet im Elektromotor die Antriebsarbeit.

Vor- und Nachteile elektrischer Energie: Elektrische Energie ist leicht von einem Ort zum anderen zu transportieren, leicht verwend- und produzierbar, aber schlecht zu speichern.

Was ist ein elektrischer Strom?

Elektrische Ströme: Ein elektrischer Strom entsteht immer dann, wenn sich elektrische Ladungen bewegen.

Wenn sich Atome zu einem Metall zusammentun, sind die äussersten Elektronen der Atome nicht mehr an ihren Atomkern gebunden. Man spricht bei diesen ungebundenen Elektronen von freien Elektronen. Solange kein Strom fliesst, bewegen sich die freien Elektronen innerhalb eines Metalldrahts in alle Richtungen, wobei sie durch Kollisionen mit Ionen des Metalls abgelenkt werden.

Wenn die Enden eines Metalldrahts an die Pole einer Batterie gehalten werden, werden die freien Elektronen vom Minus-Pol abgestossen und vom Plus-Pol angezogen und bewegen sich trotz ständigen Kollisionen mit den Ionen in Richtung Plus-Pol. Es kommt dadurch zu einem elektrischen Strom aus freien Elektronen. Ein elektrischer Strom in einem Metalldraht besteht somit aus sich vorwärts bewegenden Elektronen.

Elektrische Stromstärke: Die Stromstärke I gibt an, wie gross die elektrische Ladung Q ist, die im Zeitintervall Δt an einer Stelle im Draht vorbeifliesst: $I = Q / \Delta t$.

Die Stromstärke ist eine der 7 Grundgrössen des SI. Die SI-Einheit der Stromstärke ist das Ampere, abgekürzt A. Die Stromstärke I in einem Metalldraht hängt von der Driftgeschwindigkeit v_D und der Anzahl der freien Elektronen im Metalldraht ab. Die Driftgeschwindigkeit beträgt etwa $v_D = 0.1$ mm / s.

Messung der Stromstärke: Um die Stromstärke I zu messen, verwendet man z. B. ein Amperemeter. Das Amperemeter wird so angeschlossen, dass der Strom, der gemessen werden soll, durch das Amperemeter fliesst. Das Amperemeter ist in Serie zum Verbraucher geschaltet. Das Amperemeter muss einen kleinen Widerstand haben, um die zu messende Stromstärke nicht zu verfälschen.

Was bestimmt, ob ein Material den Strom leitet?

Welche Materialien leiten den elektrischen Strom?

Leiter und Isolatoren: Mit den Begriffen Leiter und Isolator wird beschrieben, ob im Material ein elektrischer Strom fliessen kann. Gibt es im Material in 1 mm^3 etwa 10^{20} freie Elektronen, so ist es ein guter Leiter, gibt es weniger als 1 freies Elektron in 1 mm^3, so ist es ein Isolator.

Wie gut leiten Metalle den elektrischen Strom?

Kollisions-Modell für Ströme: Wenn ein Strom aus freien Elektronen durch einen Draht fliesst, kommt es ständig zu Elektron-Ion-Kollisionen:

- Bei jeder Elektron-Ion-Kollision wird das freie Elektron langsamer und vom geraden Weg abgebracht. Die freien Elektronen des Stroms bewegen sich wegen der Kollisionen auf einem Zick-Zack-Weg durch den Draht. Dass die freien Elektronen eines Stroms nach einer Reihe von Elektron-Ion-Kollisionen nicht stehen bleiben, kommt daher, dass die Batterie ständig Beschleunigungsarbeit an den Elektronen verrichtet.
- Bei jeder Elektron-Ion-Kollision wird die Zitterbewegung des Ions schneller, also der Draht wärmer.

Elektrischer Widerstand: Je nach Häufigkeit und Heftigkeit der Kollisionen zwischen Elektronen und Ionen leitet ein Material den Strom besser oder schlechter. Leitet ein Material schlecht, so sagen wir, dass es einen grossen Widerstand hat. Der elektrische Widerstand hängt vom Material ab, aus dem der Leiter besteht. Zudem bewirkt bei Leitern eine Zunahme der Temperatur eine Zunahme des elektrischen Widerstands.

Um elektrische Energie ohne grosse Verluste über grosse Distanzen zu transportieren, braucht es Stromkabel, die einen möglichst kleinen Widerstand haben. Um mit elektrischer Energie zu heizen, braucht es Leiter, die einen grossen Widerstand haben.

Supraleitung: Die Grenzen des Kollisions-Modells sind bei der Erklärung der Supraleitung erreicht. Supraleitung tritt in gewissen Materialien auf, wenn sie extrem kalt sind. Bei Supraleitung ist der elektrische Widerstand null. Dies ist mit dem Kollisions-Modell nicht erklärbar.

Zusammenfassung: Elektrische Stromkreise

Was bedeuten Volt- und Watt-Angaben auf elektrischen Geräten?

Was bedeutet die Volt-Angabe auf einem Gerät?

Spannung einer Batterie: Die Spannung U einer Batterie gibt an, wie viel Arbeit W die Batterie verrichtet, während sie die Ladung Q von ihrem Minus-Pol durch ein elektrisches Gerät zu ihrem Plus-Pol bewegt:

$$U = \frac{W}{Q}$$

Die SI-Einheit der Spannung ist das Volt = Joule / Coulomb.

Spannung zwischen zwei Punkten: Wenn an der elektrischen Ladung Q die Arbeit W_{AB} verrichtet werden muss, um sie vom Punkt A zum Punkt B zu bewegen, so beträgt die elektrische Spannung zwischen den beiden Punkten:

$$U_{AB} = \frac{W_{AB}}{Q}$$

Messung der Spannung: Um die Spannung zwischen den Punkten A und B eines Leiters zu messen, verwendet man ein Voltmeter. Das Voltmeter wird dazu mit den beiden Punkten des Leiters verbunden (Parallelschaltung des Voltmeters). Der sehr grosse Widerstand des Voltmeters verhindert, dass ein wesentlicher Strom durchs Voltmeter fliesst, der die Messung der Spannung verfälschen würde.

Was bedeutet die Watt-Angabe auf einem Gerät?

Elektrische Leistung: Wenn an ein Gerät die Spannung U angeschlossen ist und dadurch ein Strom mit Stromstärke I fliesst, beträgt die Leistung P des Geräts:

$$P = U \cdot I$$

Die SI-Einheit der Leistung ist das Watt.

Wie lautet für Leiter der Zusammenhang zwischen Stromstärke und Spannung?

Definition des elektrischen Widerstands: Der elektrische Widerstand R ist das Verhältnis aus angeschlossener Spannung U und resultierender Stromstärke I:

$$R = \frac{U}{I}$$

Die SI-Einheit des elektrischen Widerstands ist das Ohm, abgekürzt Ω.

Ohm'sches Gesetz: Die Gleichung für den elektrischen Widerstand R lässt sich nach der Spannung U auflösen, wodurch man das Ohm'sche Gesetz erhält:

$$U = R \cdot I$$

Der elektrische Widerstand R eines Drahts mit Länge L, Querschnittsfläche A und spezifischem elektrischem Widerstand ρ beträgt:

$$R = \frac{\rho \cdot L}{A}$$

Der spezifische elektrische Widerstand ρ hängt von der Temperatur des Materials ab.

Heizleistung: Die durch den elektrischen Widerstand R entstehende Wärme nennt man die Ohm'sche Wärme. Die Heizleistung P eines Geräts mit dem Widerstand R lässt sich aus der durch das Gerät fliessenden Stromstärke I oder der am Gerät angeschlossenen Spannung U berechnen:

$$P = U \cdot I = R \cdot I^2 = \frac{U^2}{R}$$

Wie funktionieren Spannungsquellen?

Wie funktioniert eine Batterie?

Funktionsprinzip von Batterien: Eine Batterie erzeugt aufgrund chemischer Reaktionen zwischen ihren Polen eine konstante elektrische Spannung. Die verschiedenen Batterietypen unterscheiden sich vor allem in den in ihnen ablaufenden chemischen Reaktionen.

Aufbau der Alkali-Mangan-Batterie: Die Alkali-Mangan-Batterie enthält Zink und Mangandioxid und dazwischen eine Mischung aus Wasser, Kalium- und Hydroxid-Ionen.

Pole der Alkali-Mangan-Batterie: Am Zink der Alkali-Mangan-Batterie laufen Oxidationsreaktionen ab, die dazu führen, dass es sich negativ auflädt. Das elektrisch negativ geladene Zink bildet den Minus-Pol der Batterie. Am Mangandioxid laufen Reduktionsreaktionen ab, die dazu führen, dass es sich positiv auflädt. Das elektrisch positiv geladene Mangandioxid bildet den Plus-Pol der Batterie.

Leere Batterien: Wenn Mangandioxid und Zink durch Oxidationen und Reduktionen in Manganhydroxid und Zinkhydroxid umgewandelt sind, hat die Batterie keine Energie mehr.

Spannung einer Batterie: Die Spannung zwischen dem Plus- und dem Minus-Pol der Alkali-Mangan-Batterie hängt davon ab, wie stark die beiden Pole aufgeladen sind. Eine einzelne Alkali-Mangan-Batterie hat eine Spannung von U = 1.5 V zwischen den beiden Polen.

Verbindet man Batterien seriell, addieren sich ihre Spannungen zu einer grösseren Gesamtspannung.

Was kommt aus einer Steckdose?

Wechselspannung: Generatoren im Elektrizitätswerk erzeugen sinusförmige Wechselspannungen. Dadurch ist auch die Spannung an der Steckdose eine sinusförmige Wechselspannung. Die Spannung U zum Zeitpunkt t beträgt:

$$U = U_{max} \cdot \sin(2 \cdot \pi \cdot f \cdot t)$$

Die Frequenz f der sinusförmigen Variation beträgt bei der Wechselspannung an Haushaltssteckdosen f = 50 Hz. Die Maximalspannung der gewöhnlichen Haushaltssteckdose beträgt U_{max} = 325 V.

Wechselstrom: Ist ein Stromkreis an eine Wechselspannung angeschlossen, so werden die freien Elektronen des Stromkreises abwechselnd in die eine und dann in die andere Richtung bewegt, wodurch der Strom abwechselnd vor- und rückwärts fliesst. Die sinusförmige Wechselspannung bewirkt einen sinusförmigen Wechselstrom.

Zwischen der Spannung und der Stromstärke gilt auch bei Wechselspannung das Ohm'sche Gesetz $U = R \cdot I$.

Leistung von Wechselspannung und Wechselstrom: Bei Wechselspannung und Wechselstrom variiert auch die elektrische Leistung $P = U \cdot I$ sinusförmig.

Effektivwerte von Wechselspannung und Wechselstrom: Den zeitlichen Mittelwert des Betrags einer Grösse nennt man den Effektivwert. Die Effektivspannung an gewöhnlichen Haushaltssteckdosen beträgt $U_{eff} = 230$ V.

Vorteile von Wechsel- gegenüber der Gleichspannung: Mit grossen Spannungen und kleinen Stromstärken kann elektrische Energie über grosse Distanzen übertragen werden, ohne dass es in den Übertragungskabeln zu grossen Ohm'schen Heizverlusten kommt. Nur im Fall von Wechselspannung können die grossen Spannungen und kleinen Stromstärken in der Nähe des Verbrauchers mit Transformatoren leicht in weniger gefährliche und praktische kleine Spannungen und grosse Stromstärken umgewandelt werden.

Wie berechnet man Stromkreise?

Wie berechnet man Parallelschaltungen?

Für einen Strom mit Stromstärke I, der sich auf N Teilströme aufteilt, gilt das 1. Kirchhoff'sche Gesetz:

$$I = I_1 + I_2 + \ldots + I_N$$

Parallelschaltung von Geräten: Parallel verbundene Geräte spüren alle dieselbe Spannung U, werden aber von unterschiedlichen Stromstärken durchflossen. Wenn N Gerä-te parallel mit der Spannung U verbunden sind, beträgt die Gesamtleistung P der N Geräte:

$$P = U \cdot I = U \cdot I_1 + U \cdot I_2 + \ldots + U \cdot I_N = U \cdot (I_1 + I_2 + \ldots + I_N)$$

Parallelschaltung von Widerständen: Wenn es sich bei den N parallel verbundenen Geräten um Ohm'sche Widerstände handelt, können die einzelnen Stromstärken und Heizleistungen mithilfe des Ohm'schen Gesetzes berechnet werden:

Ersatzwiderstand parallel verbundener Widerstände: Die Gesamtleistung P der N parallel an die Spannung U angeschlossenen Widerstände R_1, R_2, ..., R_N kann mit einem Ersatzwiderstand R berechnet werden, für den gilt:

$$\frac{1}{R} = \frac{1}{R_1} + \frac{1}{R_2} + \ldots + \frac{1}{R_N}$$

Wie berechnet man Serienschaltungen?

Serienschaltung von Geräten: Seriell verbundene Geräte werden alle vom selben Strom mit der Stromstärke I durchflossen, spüren aber unterschiedliche Spannungen. Wenn N Geräte seriell an eine Spannungsquelle mit Spannung U angeschlossen werden und dadurch von einem Strom I durchflossen werden, so beträgt die Gesamtleistung P der Geräte:

$$P = U \cdot I = U_1 \cdot I + U_2 \cdot I + \ldots + U_N \cdot I = (U_1 + U_2 + \ldots U_N) \cdot I$$

Für die Spannungen an den N seriell verbundenen Geräten, die an eine Spannungsquelle mit Spannung U angeschlossen sind, gilt das 2. Kirchhoff'sche Gesetz:

$$U = U_1 + U_2 + \ldots + U_N$$

Serienschaltung von Widerständen: Wenn es sich bei den N seriell verbundenen Geräten um Widerstände handelt, können die einzelnen Spannungen und Heizleistungen mithilfe des Ohm'schen Gesetzes berechnet werden:

Ersatzwiderstand serieller Widerstände: Die Gesamtleistung P von N seriell an die Spannung U angeschlossenen Widerständen R_1, R_2, ..., R_N kann mit einem Ersatzwiderstand R der Serienschaltung berechnet werden, für den gilt:

$$R = R_1 + R_2 + \ldots + R_N$$

Welche Sicherheitsvorkehrungen gibt es bei Stromkreisen?

Gefahren bei elektrischen Strömen: Strom kann zu Körperverletzungen und zu Bränden führen. Fliesst ein Strom durch einen Menschen, ist die Gefährdung umso grösser, je stärker der Strom ist und je länger er fliesst. Ströme über 50 mA führen beim Menschen zu Körperverletzungen. Ströme sind zudem gefährlich, weil sie durch Ohm'sche Wärmeentwicklung zu Bränden führen können.

Sicherheitsvorkehrungen bei elektrischen Strömen: Um Elektrounfälle zu vermeiden, gibt es verschiedene technische Sicherheitsvorkehrungen:

- Sicherungen verhindern, dass in einem Stromkreis eine gewisse Stromstärke überschritten wird.
- Der Schutzleiter (Erdung) verhindert, dass das Metallgehäuse eines elektrischen Geräts durch eine defekte Isolation einen Stromschlag erteilt.
- Fehlerstromschalter kontrollieren, ob ein Teil des Stroms wegen einer defekten Isolation aus dem vorgesehenen Stromkreis herausfliesst.

Zusammenfassung: Elektrostatik und Magnetismus

Wie erklärt man elektrische Phänomene?

Wodurch wird die elektrischen Kraft verursacht?

Die elektrische Kraft wird durch die elektrische Ladung verursacht. Es gibt zwei Arten von Ladung: Protonen sind elektrisch positiv, Elektronen elektrisch negativ geladen. Neutronen sind elektrisch ungeladen.

Für die elektrische Kraft zwischen zwei Körpern gilt: Zwischen zwei gleichartig geladenen Körpern wirkt eine abstossende elektrische Kraft. Zwischen zwei verschiedenartig geladenen Körpern wirkt eine anziehende elektrische Kraft. Ist nur einer von zwei Körpern geladen, wirkt keine elektrische Kraft.

Ladungseinheit Coulomb: Die elektrische Kraft ist ein Mass für die elektrische Ladung: Wenn die elektrische Kraft zwischen zwei gleich stark geladenen Körpern, die einen Abstand von 1 m voneinander haben, $9 \cdot 10^9$ N beträgt, so hat jeder der beiden Körper eine Ladung von $Q = 1$ Coulomb = 1 C. Protonen und Elektronen haben betragsmässig die gleiche Ladung, die man als Elementarladung e bezeichnet.

Wie kann man einen Körper elektrisch aufladen?

Aufladen eines Körpers: Ein Körper kann durch Übertragen von Elektronen aufgeladen werden. Durch Aufnehmen von Elektronen kann er negativ, durch Abgeben von Elektronen positiv geladen werden. Zur Übertragung von Elektronen kann es z. B. kommen, wenn ein Körper mit einem anderen Körper gerieben wird.

Ladungsverteilung auf einem Körper: Die auf einen Leiter übertragenen Elektronen verteilen sich auf seiner Oberfläche. Die auf einen Isolator übertragenen Elektronen bleiben an der Stelle der Oberfläche, auf die sie übertragen wurden. Grund: In Isolatoren können sich Elektronen nur innerhalb der Atomhüllen bewegen, in Leitern können sie sich auch ausserhalb bewegen.

Wie stark ist die elektrische Kraft?

Coulomb'sches Gesetz: Die elektrische Kraft, die ein geladener Körper auf einen anderen geladenen Körper ausübt, wirkt immer entlang der Verbindungsgeraden der beiden Körper. Die elektrische Kraft, die eine Ladung Q_1 auf eine im Abstand r befindliche Ladung Q_2 ausübt, beträgt:

$$F_E = k \cdot \frac{Q_1 \cdot Q_2}{r^2}$$

Der Wert der Proportionalitätskonstante k beträgt im Vakuum:

$$k = 9.0 \cdot 10^9 \frac{\mathrm{N \cdot m^2}}{\mathrm{C^2}}$$

Influenz und Polarisation: Wenn sich ein geladener Körper in der Nähe eines neutralen Isolators oder neutralen Leiters befindet, kommt es durch Verschiebung von Elektronen zu einer Ladungsasymmetrie. Die Ladungsasymmetrie bewirkt, dass der Körper eine positive und ein negative Seite hat. Bei Isolatoren spricht man von Polarisation, bei Leitern von Influenz. In beiden Fällen übt der als Ganzes neutrale Körper wegen der Abstandsabhängigkeit der elektrischen Kraft eine elektrische Kraft auf andere geladene Körper aus.

Wie erklärt man magnetische Phänomene?

Welche Eigenschaften haben Magnete?

Grundeigenschaften von Magneten: Ein Magnet besitzt einen Nord- und einen Südpol. Gleichnamige Pole stossen sich ab, ungleichnamige Pole ziehen sich an. Unmagnetisches Eisen wird von einem Magneten angezogen, weil es vom ihm magnetisiert wird.

Sichtbarmachen des Magnetfelds: Eisenfeilspäne werden in der Umgebung eines Magneten durch Magnetisierung selbst zu kleinen Magneten, die sich ausrichten und dadurch das Magnetfeld des Magneten sichtbar machen.

Darstellen des Magnetfelds: Magnetfeldlinien beschreiben, wie sich Kompassnadeln ausrichten würden.

Die Bruchstücke eines Magneten haben wieder einen Nord- und einen Südpol.

Was ist die Ursache für Magnetismus?

Elektrische Ströme sind die Ursache für Magnetfelder: Ein gerader Strom bewirkt ein zylinderförmiges Magnetfeld; kreisförmige Ströme bewirken ein Dipolfeld; Kreisströme in einer langen Spule bewirken im Inneren ein homogenes Magnetfeld und aussen ein Dipolfeld.

Die geladenen Elektronen der Atomhülle umkreisen ständig ihren Atomkern. Die Elektronen bilden somit atomare Kreisströme. Diese atomaren Kreisströme bewirken schwache Dipolmagnetfelder. Zudem haben die geladenen Elektronen so etwas wie eine Eigenrotation. Diese Eigenrotation äussert sich wie ein Kreisstrom in einem schwachen Dipolmagnetfeld. Die Kreisbewegung und Eigenrotation der Elektronen der Atomhülle führen dazu, dass Atome ein winziges atomares Dipolmagnetfeld haben können. Unmagnetische Körper werden durch Ausrichten der atomaren Dipolmagnetfelder zu Magneten.

Elektromotor: Im Elektromotor wird das Magnetfeld einer Spule, die sich in einem Hufeisenmagneten befindet, ständig umgepolt. Durch die magnetische Kraft zwischen dem Magnetfeld der Spule und dem Magnetfeld des Hufeisenmagneten kommt es zu einer Drehbewegung der Spule.

Wie stark ist die magnetische Kraft?

Lorentz-Kraft: Eine Ladung, die durch ein Magnetfeld fliegt, wird seitlich abgelenkt. Grund für die Ablenkung: Eine sich bewegende Ladung erzeugt ein Magnetfeld, denn eine bewegte Ladung ist ein elektrischer Strom und jeder Strom erzeugt ein Magnetfeld. Man nennt die magnetische Kraft, die auf eine Ladung wirkt, die durch ein Magnetfeld fliegt, Lorentz-Kraft.

Betrag der Lorentz-Kraft: Für die Lorentz-Kraft F_L auf eine Ladung Q, die sich mit der Geschwindigkeit v durch ein homogenes Magnetfeld der Stärke B bewegt, gilt:

$$F_L = Q \cdot v \cdot B \cdot \sin\alpha$$

Die Lorentz-Kraft F_L, die auf eine bewegte Ladung wirkt, ist ein Mass für die Feldstärke B. Die Einheit der Feldstärke B ist das Tesla, abgekürzt T.

Richtung der Lorentz-Kraft: Die Lorentz-Kraft steht immer senkrecht zur Magnetfeldlinie und senkrecht zur momentanen Bewegungsrichtung der Ladung.

Bewegung einer Ladung unter dem Einfluss der Lorentz-Kraft: Die Lorentz-Kraft bewirkt eine gleichförmige Kreisbewegung der Ladung (v = konstant). Für die Kreisbewegung eines geladenen Teilchens, auf das die Lorentz-Kraft wirkt, gilt:

$$Q \cdot v \cdot B = \frac{m \cdot v^2}{r}$$

Die Lorentz-Kraft bewirkt, dass auf stromdurchflossene Drähte in einem Magnetfeld eine Kraft wirkt. Die Kraft wirkt senkrecht zum Strom und zu den Magnetfeldlinien. Sie hat den Betrag:

$$F = I \cdot s \cdot B \cdot \sin\alpha$$

Formelsammlung

Wellenlänge λ des ausgesandten Lichts bei Strahlungsabregung:

$$\lambda = \frac{h \cdot c}{E_{Photon}} = \frac{h \cdot c}{E_2 - E_1}$$

Zusammenhang zwischen Zerfallswahrscheinlichkeit λ und Halbwertszeit $t_{1/2}$:

$$\lambda = \frac{\ln 2}{t_{1/2}}$$

Zerfallsgesetz für die nach der Zeit t verbleibende Aktivität A:

$$A = A_0 \cdot e^{-\lambda \cdot t}$$

Zerfallsgesetz für die nach der Zeit t verbleibende Anzahl instabiler Kerne N:

$$N = N_0 \cdot e^{-\lambda \cdot t}$$

Zusammenhang zwischen Bindungsenergie E_B eines Kerns und Massendefekt Δm:

$$E_B = \Delta m \cdot c^2$$

Zusammenhang zwischen der bei der Spaltungswärme Q und dem Massendefekt ΔM:

$$Q = \Delta M \cdot c^2$$

Zusammenhang zwischen der Fusionsenergie E und dem Massendefekt ΔM:

$$E = \Delta M \cdot c^2$$

Definition der elektrischen Stromstärke I:

$$I = \frac{Q}{\Delta t}$$

Definition der elektrischen Spannung U:

$$U = \frac{W}{Q}$$

Elektrische Leistung P:

$$P = U \cdot I$$

Definition des elektrischen Widerstands R:

$$R = \frac{U}{I}$$

Ohm'sches Gesetz für die Stromstärke I und Spannung U beim Widerstand R:

$$U = R \cdot I$$

Widerstand des Drahts mit Länge L, Querschnittsfläche A und spezifischem Widerstand ρ:

$$R = \frac{\rho \cdot L}{A}$$

Ohm'sche Heizleistung eines Ohm'schen Widerstands:

$$P = U \cdot I = R \cdot I^2 = \frac{U^2}{R}$$

Zeitliche Variation der Wechselspannung:

$$U = U_{max} \cdot \sin(2 \cdot \pi \cdot f \cdot t)$$

Zusammenhang zwischen der effektiven und maximalen Spannung:

$$U_{eff} = \frac{1}{\sqrt{2}} \cdot U_{max}$$

Gesamtleistung mehrerer parallel verbundener Geräte:

$$P = U \cdot I_1 + U \cdot I_2 + \ldots + U \cdot I_N = U \cdot I$$

1. Kirchhoff'sches Gesetz für die Stromstärken an Verzweigungen (Knotenregel):

$$I = I_1 + I_2 + \ldots + I_N$$

Stromstärken durch parallel an die Spannung U angeschlossene Widerstände:

$$I_n = \frac{U}{R_n}$$

Heizleistungen der parallel an die Spannung U angeschlossenen Widerstände:

$$P_n = U \cdot I_n = \frac{U^2}{R_n}$$

Ersatzwiderstand für mehrere parallel verbundene Widerstände:

$$\frac{1}{R} = \frac{1}{R_1} + \frac{1}{R_2} + \ldots + \frac{1}{R_N}$$

Gesamtleistung mehrerer seriell verbundener Geräte:

$$P = U_1 \cdot I + U_2 \cdot I + \ldots + U_N \cdot I = U \cdot I$$

2. Kirchhoff'sches Gesetz für seriell an die Spannung U angeschlossene Geräte:

$$U = U_1 + U_2 + \ldots + U_N$$

Spannung an seriell von der Stromstärke I durchflossene Widerstände:

$$U_n = R_n \cdot I$$

Heizleistungen der seriell von der Stromstärke I durchflossenen Widerstände:

$$P_n = U_n \cdot I = R_n \cdot I^2$$

Ersatzwiderstand für mehrere seriell verbundene Widerstände:

$$R = R_1 + R_2 + \ldots + R_N$$

Coulomb'sches Gesetz für die Kraft zwischen zwei elektrisch geladenen Körpern:

$$F_E = k \cdot \frac{Q_1 \cdot Q_2}{r^2},\ k = 9.0 \cdot 10^9 \frac{\mathrm{N} \cdot \mathrm{m}^2}{\mathrm{C}^2}$$

Lorentz-Kraft auf einen geladenen Körper, der durch ein Magnetfeld fliegt:

$$F_L = Q \cdot v \cdot B \cdot \sin\alpha$$

Messung der Magnetfeldstärke aufgrund der Lorentz-Kraft:

$$B = \frac{F_L}{Q \cdot v \cdot \sin\alpha}$$

Bewegungsgleichung für eine gleichförmige Kreisbewegung aufgrund der Lorentz-Kraft:

$$Q \cdot v \cdot B = \frac{m \cdot v^2}{r}$$

Auf stromdurchflossene Drähte in einem Magnetfeld wirkt die Kraft:

$$F = I \cdot s \cdot B \cdot \sin\alpha$$

Lösungen zu den Aufgaben

1 Seite 15

Die meisten α-Teilchen, mit denen man im Rutherford'schen Streuversuch auf eine Goldfolie schiesst, fliegen fast unabgelenkt durch die Folie. Wenn Atome massive Kügelchen wären, die sich gegenseitig berühren, würden die meisten α-Teilchen von den Kügelchen zurückgeworfen.

2 Seite 37

Radioaktive Strahlung ist der Überbegriff für α-Strahlung (Helium-Kerne), β-Strahlung (Elektronen) und γ-Strahlung (energiereiches Licht).

3 Seite 67

A] Tumore sollen durch radioaktive Strahlung, die von einem Radiopharmakon ausgesandt wird, mit einer Kamera fotografiert werden. α-Strahlung hat eine extrem kleine Eindringtiefe, β-Strahlung hat eine kleine Eindringtiefe. Beide Arten von radioaktiver Strahlung bleiben praktisch am Ort des radioaktiven Zerfalls, also im Inneren des Körpers stecken und können somit nicht von aussen festgestellt werden.

B] Die Eindringtiefe von β-Strahlung ist klein genug, aber nicht zu klein, sodass die nähere Umgebung des Präparats bestrahlt wird.

4 Seite 103

Aus der Ladung $Q = I \cdot \Delta t$, die fliesst, und der Zeit $\Delta t = 2$ Jahre, während der ein elektrischer Strom aus der Batterie fliesst, kann die Stromstärke I berechnet werden:

$$I = Q / \Delta t = 36\ \text{C} / (2 \cdot 365 \cdot 24 \cdot 3600\ \text{s}) = 0.6 \cdot 10^{-6}\ \text{A} = 0.6\ \mu\text{A}$$

5 Seite 134

A] Die Spannung der Batterie ($U = 1.5$ V) und die insgesamt von der Batterie lieferbare Ladung ($Q = 3400$ mAh) werden mit den beiden Angaben beschrieben.

B] Die elektrische Energie der Batterie beträgt:

$$\Delta E = W = Q \cdot U = 1.5\ \text{V} \cdot 3.4\ \text{Ah} = 18\ \text{kJ} = 0.005\ \text{kWh}$$

C] Um eine Spannung von 3.0 V zu erzeugen, müssen zwei 1.5-V-Batterien seriell verbunden werden.

D] Die 0.0051 kWh kosten CHF 1.50. 1.0 kWh kostet somit:

$$K = \frac{\text{CHF } 1.50}{0.005} = \text{CHF } 300.–$$

Aus der Steckdose kostet dieselbe Menge elektrischer Energie etwa 10 Rappen.

6 Seite 163

Ein Körper wird elektrisch aufgeladen, indem ein Ungleichgewicht zwischen der Anzahl Elektronen und der Anzahl Protonen im Körper geschaffen wird. Da die Anzahl Protonen im Kern unveränderbar ist, muss die Anzahl Elektronen im Körper verändert werden. Dies geschieht, indem man Elektronen der Umgebung auf den Körper überträgt oder Elektronen vom Körper auf die Umgebung überträgt.

7 Seite 15

Rutherford'sches Atom-Modell: Das Atom besteht aus einem winzigen massiven Atomkern, der sich im Zentrum des Atoms befindet, und einer praktisch masselosen Atomhülle aus Elektronen, die den Atomkern umkreisen.

8 Seite 37

Wenn der Tochterkern, der beim radioaktiven Zerfall eines instabilen Kerns entsteht, immer noch instabil ist, zerfällt er über weitere radioaktive Zerfälle, bis ein stabiler Tochterkern entsteht. Man spricht dann von einer Zerfallskette, die je nach Ausgangskern kürzer oder länger sein kann.

9 Seite 67

Dadurch, dass die γ-Strahlung nur im Kreuzungspunkt der Strahlen aus den verschiedenen Richtungen tödlich ist, wird verhindert, dass gesundes Gewebe ebenfalls abgetötet wird.

10 Seite 103

Damit die zu messende Stromstärke durch das Messgerät nicht verändert wird, muss der elektrische Widerstand, den das Messgerät auf den elektrischen Strom ausübt, möglichst klein sein.

11 Seite 141

A] Die maximale Spannung an Haushaltssteckdosen beträgt:

$$U_{max} = \sqrt{2} \cdot U_{eff} = \sqrt{2} \cdot 230\,\text{V} = 325\,\text{V}$$

Die Periode der Wechselspannung beträgt:

$$T = 1 / f = 1 / 50\ \text{s} = 0.02\ \text{s} = 20\ \text{ms}$$

B] Das Spannungs-Zeit-Diagramm der Wechselspannung ist in Abb. 10.5 dargestellt.

C] Die Spannung variiert sinusförmig, wodurch die Polarität der Pole nach einer halben Periode wechselt.

12 Seite 163

A] Beim Körper handelt es sich offenbar um einen Leiter. Elektronen im Leiter sind frei beweglich. Die sich gegenseitig abstossenden Elektronen, die auf den Körper übertragen wurden, versuchen einen möglichst grossen Abstand zueinander zu halten. Da der Körper ein Leiter ist, verteilen sie sich auf seiner Oberfläche.

B] Beim Körper handelt es sich offenbar um einen Isolator. Elektronen im Isolator sind nicht frei beweglich und bleiben deshalb an der Stelle des Körpers, an der sie auf ihn übertragen wurden.

13 Seite 16

A] Die elektrische Kraft wird durch elektrische Ladungen verursacht. Die elektrische Kraft wirkt nur zwischen zwei elektrisch geladenen Körpern.

B] Zwei Körper ziehen sich gegenseitig an, wenn der eine positiv und der andere negativ geladen sind, und stossen sich ab, wenn sie beide negativ oder beide positiv geladen sind.

C] Ein kleiner Abstand zwischen geladenen Körpern bedeutet eine grosse elektrische Kraft.

14 Seite 45

A] Radioaktive Strahlung kann Atome ionisieren, hat also ionisierende Wirkung.

B] Eine Nebelkammer ist mit Luft und Alkoholnebel gefüllt. Durch radioaktive Strahlung entstehen entlang ihrer Flugbahn Ionen. Es entsteht so eine Ionenspur, an der Alkohol-Moleküle kondensieren. Kondensstreifen machen so das Vorhandensein von radioaktiver Strahlung sichtbar.

C] Ein Geiger-Müller-Zählrohr besteht aus einem elektrisch negativ geladenen Rohr, in dem sich ein positiv geladener Metalldraht befindet. Argon-Atome im Rohr werden von radioaktiver Strahlung ionisiert. Die entstehenden freien Elektronen werden vom positiv geladenen Metalldraht angezogen und so stark beschleunigt, dass sie weitere Argon-Atome ionisieren, deren frei werdende Elektronen wiederum beschleunigt werden. Es entseht so eine

Lawine von freien Elektronen, die einen messbaren elektrischen Strom bilden, dessen Stärke von der Stärke der radioaktiven Strahlung abhängt.

15 Seite 74

Der Zerfall eines Kerns durch α- oder β-Zerfall geschieht ohne äussere Einflüsse. Zur Spaltung eines Kerns muss dieser beschossen werden, z. B. mit einem Neutron.

16 Seite 105

Ohne freie Elektronen ist ein elektrischer Strom in einem Metalldraht nicht möglich. Leiter haben genug freie Elektronen, die einen Strom bilden können, Isolatoren haben zu wenig freie Elektronen für einen ordentlichen Strom.

17 Seite 141

A] Ist ein Stromkreis an eine Wechselspannung angeschlossen, so werden die freien Elektronen des Drahts abwechselnd in die eine Richtung und dann in die andere Richtung bewegt. Folge: Der Strom fliesst abwechselnd vor- und rückwärts, es kommt zu einem Wechselstrom.

B] Ein Toaster lässt sich mit dem elektrischen Widerstand R beschreiben. Für den Zusammenhang zwischen effektiver Stromstärke und effektiver Spannung gilt deshalb das Ohm'sche Gesetz:

$$U_{eff} = R \cdot I_{eff}$$

C] Durch den Toaster fliesst ein Strom mit effektiver Stromstärke:

$$I_{eff} = U_{eff} / R = 230\ \text{V} / 50\ \Omega = 4.6\ \text{V} / \Omega = 4.6\ \text{A}$$

Die effektive Heizleistung des Toasters beträgt:

$$P_{eff} = U_{eff} \cdot I_{eff} = U^2{}_{eff} / R = (230\ \text{V})^2 / 50\ \Omega = 1.1\ \text{kW}$$

18 Seite 168

A] Auf das Elektron wirkt eine anziehende Kraft vom Betrag:

$$F_E = k \cdot \frac{Q_{Kern} \cdot Q_{Elektron}}{r^2} = k \cdot \frac{(2 \cdot e) \cdot (-e)}{r^2} = -k \cdot \frac{2 \cdot e^2}{r^2}$$

$$F_E = -9.0 \cdot 10^9 \frac{\text{N} \cdot \text{m}^2}{\text{C}^2} \cdot \frac{2 \cdot (1.6 \cdot 10^{-19}\ \text{C})^2}{(5.0 \cdot 10^{-10}\ \text{m})^2} = -1.8 \cdot 10^{-9}\ \text{N}$$

Das negative Vorzeichen zeigt an, dass die Kraft anziehend ist.

B] Da die elektrische Kraft quadratisch mit zunehmendem Abstand abnimmt, ist sie in doppeltem Abstand noch ein Viertel so gross, also $F_E = -0.45 \cdot 10^{-9}$ N

19 Seite 16

A] Der Atomkern eines Atoms hat einen Durchmesser von etwa 10^{-14} m. Der Durchmesser eines Atoms beträgt etwa 10^{-10} m.

B] Beim Atom beträgt das Verhältnis von Atomdurchmesser zu Atomkerndurchmesser etwa 10 000:1.

20 Seite 45

A] Die Aktivität A gibt die Anzahl pro Sekunde zerfallender Atomkerne an und ist somit gleich der Anzahl pro Sekunde entstehender radioaktiver Strahlen. Die SI-Einheit der radioaktiven Strahlung ist s^{-1} und hat einen eigenen Namen: 1 s^{-1} = Becquerel = 1 Bq.

B] Die Energiedosis D ist ein Mass für die Energie E, die von der radioaktiven Strahlung auf ein bestimmtes Material mit der Masse m übertragen wurde: $D = E / m$. Die SI-Einheit der Energiedosis ist J / kg und hat einen eigenen Namen: 1 J / kg = 1 Gray = 1 Gy.

21 Seite 74

A] Da die Tochterkerne meist ein ungünstiges Neutronen-zu-Protonen-Verhältnis haben, sind sie instabil und es kommt zu weiteren Zerfällen.

B] Langsame und schnelle Neutronen können diese Kerne spalten, doch langsame Neutronen können eher vom Kern eingefangen werden und so die zur Spaltung notwendige Energie übertragen.

C] Bei der Kernspaltung entstehen zwei ähnlich grosse Tochterkerne.

D] Zu einer Kettenreaktion kommt es, wenn genügend der bei der Spaltung frei werdenden Neutronen einen weiteren Kern spalten.

22 Seite 105

A] In einem Metalldraht gibt es freie Elektronen, in einer Kunststoffleine nicht.

B] Die negativ geladenen freien Elektronen des Metalldrahts werden vom Minus-Pol der Batterie abgestossen und vom Plus-Pol angezogen und bewegen sich deshalb im Draht in Richtung Plus-Pol.

23 Seite 141

A] Die effektive Spannung muss $U_{eff} = 230$ V, die Frequenz der Spannung muss $f = 50$ Hz betragen. Die effektive Leistung, die das Gerät dann erbringt, beträgt $P_{eff} = 1300$ W.

B] Die effektive Stromstärke kann aus der effektiven Leistung und der effektiven Spannung berechnet werden, denn es gilt: $P_{eff} = U_{eff} \cdot I_{eff}$:

$$I_{eff} = P_{eff} / U_{eff} = 1300\ \text{W} / 230\ \text{V} = 5.7\ \text{A}$$

C] Da es sich bei der Leistung des Föhns grösstenteils um eine Heizleistung handelt, gilt:

$$P_{eff} = U_{eff}^2 / R$$

$$R = U_{eff}^2 / P_{eff} = (230\ \text{V})^2 / 1300\ \text{W} = 41\ \Omega$$

24 Seite 168

Wir setzen $r = 1$ m, $Q_1 = Q_2 = 1$ C in das Coulomb'sche Gesetz ein und sehen so, dass tatsächlich eine elektrische Kraft von $F_E = 9 \cdot 10^9$ N entsteht:

$$F_E = 9.0 \cdot 10^9 \frac{\text{N} \cdot \text{m}^2}{\text{C}^2} \cdot \frac{1\,\text{C} \cdot 1\,\text{C}}{(1\,\text{m})^2} = 9 \cdot 10^9\,\text{N}$$

25 Seite 22

Gemäss Bohr'schem Modell können die Elektronen den Kern nur in ganz bestimmten Abständen umkreisen.

26 Seite 46

A] Aus der Halbwertszeit $t_{1/2}$ lässt sich die Zerfallswahrscheinlichkeit λ direkt berechnen:

$$\lambda = \frac{\ln 2}{t_{1/2}} = \frac{0.693}{5.3 \cdot 365 \cdot 24 \cdot 3600\,\text{s}} = 4.1 \cdot 10^{-9}\,\text{s}^{-1}$$

B] Gemäss dem Zerfallsgesetz gilt:

$$N = N_0 \cdot e^{-\lambda \cdot t}$$

Das Verhältnis aus ursprünglich vorhandenen Atomkernen und nach 1 Jahr noch vorhandenen Atomkernen beträgt somit:

$$\frac{N}{N_0} = e^{-\lambda \cdot t} = e^{-4.1 \cdot 10^{-9} \mathrm{s}^{-1} \cdot 365 \cdot 24 \cdot 3600\,\mathrm{s}} = 0.88$$

Da das Verhältnis von nach 1 Jahr noch vorhandenen Kernen zu ursprünglich vorhandenen Kernen 0.88 beträgt, sind nach 1 Jahr 88 % der Atomkerne noch nicht zerfallen.

C] Gemäss dem Zerfallsgesetz gilt:

$$A = A_0 \cdot e^{-\lambda \cdot t}$$

Das Verhältnis aus ursprünglicher Aktivität und Aktivität nach 1 Jahr beträgt somit:

$$\frac{A}{A_0} = e^{-\lambda \cdot t} = e^{-4.1 \cdot 10^{-9} \mathrm{s}^{-1} \cdot 365 \cdot 24 \cdot 3600\,\mathrm{s}} = 0.88$$

Da das Verhältnis von Aktivität nach 1 Jahr zur ursprünglichen Aktivität 0.88 beträgt, hat die Aktivität nach 1 Jahr auf 88 % der ursprünglichen Aktivität abgenommen.

27 Seite 74

A] Aus dem Massendefekt lässt sich die Änderung der Bindungsenergie und somit die in Wärme umgewandelte Kernenergie berechnen. Der Massendefekt beträgt:

$$\Delta M = (235.04 \cdot u + 1.01 \cdot u) - (139.92 \cdot u + 93.93 \cdot u + 2 \cdot 1.01 \cdot u) = 0.18 \cdot u$$

$$\Delta M = 0.18 \cdot u = 3.0 \cdot 10^{-28}\ \mathrm{kg}$$

$$Q = \Delta M \cdot c^2 = 3.0 \cdot 10^{-28}\ \mathrm{kg} \cdot (3.0 \cdot 10^8\ \mathrm{m/s})^2 = 2.7 \cdot 10^{-11}\ \mathrm{J} = 170\ \mathrm{MeV}$$

B] Wir berechnen zuerst, aus wie vielen Atomen 1 kg des Uran-Nuklids $^{235}_{92}\mathrm{U}$ besteht:

$$N = 1\ \mathrm{kg} / (235.04 \cdot u) = 1\ \mathrm{kg} / (235.04 \cdot u) = 1\ \mathrm{kg} / (235.04 \cdot 1.6605 \cdot 10^{-27}\ \mathrm{kg})$$

$$N = 2.6 \cdot 10^{24}$$

Jedes dieser $2.6 \cdot 10^{24}$ gespaltenen $^{235}_{92}\mathrm{U}$-Atomkerne liefert die Wärme $Q = 2.7 \cdot 10^{-11}$ J. Somit liefert die Spaltung von 1 kg dieses Uran-Nuklids in Cäsium und Rubidium die Wärme:

$$Q = 2.6 \cdot 10^{24} \cdot 2.7 \cdot 10^{-11}\ \mathrm{J} = 7.0 \cdot 10^{13}\ \mathrm{J}$$

Das Kernkraftwerk Gösgen liefert diese Energie in 16 h, spaltet somit in 16 h 1 kg Uran.

C] Bei der Spaltung von 1 kg Uran entsteht $7.0 \cdot 10^{13}\ \mathrm{J} / 4.3 \cdot 10^7 \mathrm{J} = 1.6 \cdot 10^6$, also fast 2 millionenmal mehr Wärme als bei der Verbrennung von 1 kg Heizöl.

28 Seite 109

Der elektrische Widerstand hat zur Folge, dass der Strom einen Widerstand spürt (gestört wird) und der Draht wärmer wird.

29 Seite 141

A] Um die Verlustleistung berechnen zu können, müssen wir den Strom berechnen, der fliessen muss, um eine Leistung von P_{Nutzen} = 1 000 W im Haus zu erzeugen:

$$P_{Nutzen} = U_{Nutzen} \cdot I$$

$$I = \frac{P_{Nutzen}}{U_{Nutzen}} = \frac{1000\ \text{W}}{230\ \text{V}} = 4.4\ \text{A}$$

Der Ohm'sche Widerstand der Stromkabel zwischen Transformator und Haus bewirkt dann die Verlustleistung:

$$P_{Verlust} = R_{Kabel} \cdot I^2 = 10\,\Omega \cdot (4.4\,\text{A})^2 = 190\,\text{W}$$

Der Wirkungsgrad der Energieübertragung beim Betreiben eines Föhns beträgt:

$$\eta = \frac{P_{Nutzen}}{P_{Nutzen} + P_{Verlust}} = \frac{1000\ \text{W}}{1000\ \text{W} + 190\ \text{W}} = 0.84$$

Beim Betrieb des Föhns gehen folglich 16 % der elektrischen Energie, die der Transformator liefert, durch Ohm'sche Wärme unterwegs an die Umgebung verloren.

B] Um die Verluste beim Transport der elektrischen Energie durch Ohm'sche Wärme klein zu halten, muss die Stromstärke des Stroms beim Transport klein sein. Damit trotz kleiner Stromstärke eine grosse Leistung transportiert wird, muss die Spannung hoch sein. Da aber hohe Spannungen im Haushalt gefährlich sind, muss die hohe Spannung und kleine Stromstärke möglichst nahe beim Haus in eine niedrige Spannung und grosse Stromstärke transformiert werden. Dies ist nur bei Wechselspannung leicht möglich.

30 Seite 168

A] Wenn ein geladener Körper in der Nähe eines Isolators steht und es zu einer Ladungsasymmetrie im Isolator kommt, spricht man von Polarisation.

B] Wenn ein geladener Körper in der Nähe eines Leiters steht und es zu einer Ladungsasymmetrie im Leiter kommt, spricht man von Influenz.

31 Seite 22

A] Die Elektronen der Atomhülle besitzen kinetische und potenzielle Energie. Die kinetische Energie kommt durch die Kreisbewegung um den Kern, die potenzielle Energie durch die elektrische Anziehungskraft des Kerns zustande.

B] Die Energie der Elektronen der Atomhülle kann nur ganz bestimmte Werte annehmen, da die Elektronen den Kern nur in ganz bestimmten Abständen umkreisen können.

32 Seite 50

A] Die Bindungsenergie eines Kerns ist die Energie, die es braucht, um den Kern gegen die anziehende Kernkraft in einzelne Nukleonen zu zerlegen. Die Bindungsenergie ist deshalb auch die Energie, die abgegeben wird, wenn ein Kern aus einzelnen Nukleonen aufgebaut wird.

B] Zwischen dem Proton und dem Neutron wirkt die anziehende Kernkraft. Deshalb muss an den beiden Nukleonen Arbeit verrichtet werden, wenn sie getrennt werden sollen. Für diese Arbeit braucht es die Bindungsenergie!

C] Da ein $^2_1$H-Kern weniger Energie hat als ein freies Neutron und ein freies Proton, müssen die beiden Nukleonen beim Bau des $^2_1$H-Kerns Energie an die Umgebung abgeben. Dies tun sie durch Aussenden von Strahlung. Weil die beiden Nukleonen sehr viel Energie abgeben müssen, wird energiereiche γ-Strahlung ausgesandt.

33 Seite 80

A] Kernkraftwerke wandeln Kernenergie erst in Wärmeenergie und dann in elektrische Energie um.

B] Im Reaktorkern wird durch Kernspaltung Kernenergie in Wärme umgewandelt.

C] Mithilfe von Turbinen wird Wärme in Bewegungsenergie, mithilfe von Generatoren Bewegungsenergie in elektrische Energie umgewandelt.

34 Seite 109

Je grösser die Temperatur des Metalls, umso grösser ist der elektrische Widerstand, denn in einem warmen Metall ist die thermische Zitterbewegung der Ionen des Metalls schneller als in einem kalten. Die schnellere Bewegung der Ionen hat zur Folge, dass die freien Elektronen des Stroms während ihrer Vorwärtsbewegung häufiger mit den Ionen kollidieren.

35 Seite 147

A] Für den Ersatzwiderstand R der drei parallelen Widerstände $R_1 = 3.0\ \Omega$, $R_2 = 4.0\ \Omega$, $R_3 = 5.0\ \Omega$ gilt:

$$\frac{1}{R} = \frac{1}{R_1} + \frac{1}{R_2} + \frac{1}{R_3} = \frac{1}{3\,\Omega} + \frac{1}{4\,\Omega} + \frac{1}{5\,\Omega} = 0.78\,\Omega^{-1}$$

Der Ersatzwiderstand R beträgt folglich:

$$R = 1.3\ \Omega$$

Wie im Text schon erwähnt, ist der Ersatzwiderstand der drei parallelen Widerstände kleiner als der kleinste der drei Einzelwiderstände.

B] Bei parallel verbundenen Widerständen wirkt an allen Widerständen die gleiche Spannung, also $U = 12\ \text{V}$.

C] Die Stromstärken der Ströme durch die drei parallelen Widerstände berechnen wir mit dem Ohm'schen Gesetz:

$$I_1 = U / R_1 = 12\ \text{V} / 3.0\ \Omega = 4.0\ \text{A}$$

$$I_2 = U / R_2 = 12\ \text{V} / 4.0\ \Omega = 3.0\ \text{A}$$

$$I_3 = U / R_3 = 12\ \text{V} / 5.0\ \Omega = 2.4\ \text{A}$$

D] Gemäss dem 1. Kirchhoff'schen Gesetz muss die Batterie einen Strom von $4.0 + 3.0\ \text{A} + 2.4\ \text{A} = 9.4\ \text{A}$ liefern.

E] Für die Heizleistung eines Ohm'schen Widerstands gilt: $P = U \cdot I = U^2 / R$. Die Heizleistungen der drei parallelen Widerstände betragen folglich:

$$P_1 = U^2 \cdot I_1 = U^2 / R_1 = (12\ \text{V})^2 / 3\ \Omega = 48\ \text{W}$$

$$P_2 = U^2 \cdot I_2 = U^2 / R_2 = (12\ \text{V})^2 / 4\ \Omega = 36\ \text{W}$$

$$P_3 = U^2 \cdot I_3 = U^2 / R_3 = (12\ \text{V})^2 / 5\ \Omega = 29\ \text{W}$$

F] Diese Frage lässt sich entweder durch Zusammenzählen der drei Einzelleistungen oder unter Verwendung des Ersatzwiderstands R berechnen:

1. Weg (Zusammenzählen der drei Einzelleistungen):

$$P = P_1 + P_2 + P_3 = 48\ \text{W} + 36\ \text{W} + 29\ \text{W} = 0.11\ \text{kW}$$

2. Weg (Berechnung mit dem Ersatzwiderstand R):

$$P = U / R^2 = (12\ \text{V})^2 / 1.3\ \Omega = 0.11\ \text{kW}$$

36 Seite 172

A] Stabmagnete haben je einen magnetischen Nord- und Südpol.

B] Die gleichnamigen Pole von zwei Stabmagneten stossen sich ab, die ungleichnamigen Pole ziehen sich an.

37 Seite 22

A] Eine Zunahme der Energie bedeutet eine Zunahme des Bahnradius.

B] Durch Kollisionen zwischen zwei Atomen kann kinetische Energie der Atome in potenzielle Energie der Elektronen umgewandelt werden.

C] Wenn das Elektron Licht aussendet, so nimmt seine Energie ab und es wechselt auf eine Bahn mit kleinerem Bahnradius.

D] Wenn Licht mit der Wellenlänge λ ausgesandt wird, so ändert die Energie des Elektrons der Atomhülle um:

$$E_2 - E_1 = \frac{h \cdot c}{\lambda} = \frac{6.63 \cdot 10^{-34}\ \text{J} \cdot \text{s} \cdot 3.0 \cdot 10^{8}\ \frac{\text{m}}{\text{s}}}{121.5 \cdot 10^{-9}\ \text{m}} = 1.6 \cdot 10^{-18}\ \text{J}$$

38 Seite 50

A] Die Masse der einzelnen Nukleonen eines $^{12}_{6}$C-Kerns beträgt:

$$m_1 = 6 \cdot 1.0073 \cdot u + 6 \cdot 1.0087 \cdot u = 12.096 \cdot u$$

Da die Masse eines $^{12}_{6}$C-Kerns $12.000 \cdot u$ ist, beträgt der Massendefekt eines $^{12}_{6}$C-Kerns:

$$\Delta m = m_1 - m_2 = 12.096 \cdot u - 12.000 \cdot u = 0.096 \cdot u$$

$$\Delta m = 0.096 \cdot u = 0.096 \cdot 1.6605 \cdot 10^{-27}\ \text{kg} = 1.594 \cdot 10^{-28}\ \text{kg}$$

B] Aus dem Massendefekt eines Atomkerns lässt sich seine Bindungsenergie berechnen:

$$E_B = \Delta m \cdot c^2 = 1.594 \cdot 10^{-28}\ \text{kg} \cdot (3.0 \cdot 10^{8}\ \text{m/s})^2 = 1.4 \cdot 10^{-11}\ \text{J}$$

39 Seite 80

A] Der Brennstoff hat Kernenergie, die sich durch Kernspaltung in Wärme umwandeln lässt. Im Druckwasserreaktor ist der Brennstoff, also das spaltbare Material, ^{235}Uran.

B] Der Moderator verlangsamt die bei der Kernspaltung frei werdenden schnellen Neutronen, sodass sie effizient weitere Kerne spalten können und es zu einer Kettenreaktion kommt. Im Druckwasserreaktor ist der Moderator Wasser.

C] Die Steuerstäbe absorbieren Neutronen. Mit den Steuerstäben kann durch Absorbieren der langsamen Neutronen im Reaktorkern die Geschwindigkeit der Kettenreaktion reduziert werden. Mit den Steuerstäben kann durch Hereinschieben und Herausziehen somit die Wärmeproduktion im Reaktorkern gesteuert werden. Die Steuerstäbe bestehen in Druckwasserreaktoren aus Bor oder Kadmium.

D] Das Wärmetransportmittel bringt die Spaltungswärme vom Reaktorkern zur Turbine. In Druckwasserreaktoren wird als Transportmittel Wasser verwendet.

40	Seite 109	A] Unterhalb der kritischen Temperatur T_c hat ein Supraleiter keinen elektrischen Widerstand. B] Auch beim absoluten Nullpunkt kommt es zwischen freien Elektronen und den Ionen des Supraleiters zu Kollisionen. Also kann der elektrische Widerstand gemäss Kollisions-Modell nie null sein.
41	Seite 147	A] Ja, die Drähte eines Stromkabels sind parallel miteinander verbunden, denn in jedem Ende des Kabels (Starkstromkabel) laufen alle Drähte an einem Ort zusammen. B] Für den Ersatzwiderstand der 60 Drähte mit gleichem Widerstand $R_1 = 3\,\Omega$ gilt: $\frac{1}{R} = 60 \cdot \frac{1}{R_1} = 60 \cdot \frac{1}{3\,\Omega} = 20\,\Omega^{-1}$ $R = 0.05\,\Omega = 50\,\mu\Omega$
42	Seite 172	A] Der magnetische Nordpol einer Kompassnadel zeigt gemäss Definition nach Norden. B] Der magnetische Nordpol der Erde befindet sich in der Nähe des geografischen Südpols.
43	Seite 22	A] Bei der Spektralanalyse eines leuchtenden Gases fächert man sein Licht mit einem Prisma in die verschiedenen Farben auf. B] In der Astrophysik ist nur das Licht der Sterne zugänglich.
44	Seite 51	Die Energie der γ-Strahlung ist gleich der Differenz der beiden Bindungsenergien. Um die Bindungsenergie des Kerns zu berechnen, muss die Bindungsenergie pro Nukleon mit der Anzahl Nukleonen multipliziert werden: $E_{Photon} = 4 \cdot 7.1\text{ MeV} - 4 \cdot 2.8\text{ MeV} = 17.2\text{ MeV} = 2.8 \cdot 10^{-12}\text{ J}$ Dies ist mehrere millionenmal mehr Energie, als sichtbares Licht hat.
45	Seite 80	A] Unfallrisiko: Wenn es bei einem katastrophalen Unfall zu einer Zerstörung der Verpackung des Reaktorkerns kommt, treten stark radioaktive Spaltprodukte aus, die mit dem Wind grossräumig verteilt werden. B] Radioaktive Abfälle: Die im Reaktorkern entstehenden Spalt- und Zerfallsprodukte bilden den stark radioaktiven Abfall, dessen Lagerung riskant ist. Grund: Radioaktiver Abfall strahlt wegen der grossen Halbwertszeiten einiger entstehender Nuklide sehr lang und muss auf lange Zeit sicher gelagert werden.
46	Seite 119	A] Die Spannung einer Batterie beschreibt die Arbeit, die die Batterie an den Ladungen eines Stromkreises verrichten kann. B] Die Spannung der Batterie beträgt gemäss der Definition der Spannung: $W = Q \cdot U = 1.0\text{ C} \cdot 6.0\text{ V} = 6.0\text{ C} \cdot \text{V} = 6.0\text{ J}$ C] Die von der Batterie am Elektron verrichtete Arbeit beträgt: $W = Q \cdot U = 1.6 \cdot 10^{-19}\text{ C} \cdot 6\text{ V} = 9.6 \cdot 10^{-19}\text{ C} \cdot \text{V} = 9.6 \cdot 10^{-19}\text{ J}$

47 Seite 147

Da der elektrische Widerstand der Lampe grösser ist als derjenige des Vogels, fliesst der Strom vor allem durch den rechten Vogel. Der linke Vogel hat hingegen einen grösseren Widerstand als der Draht, auf dem er steht, sodass praktisch kein Strom durch ihn fliesst.

48 Seite 172

Magnetfeldlinien beschreiben, wie sich Kompassnadeln im Magnetfeld ausrichten.

49 Seite 30

A] Protonen und Neutronen kommen im Atomkern vor, Elektronen in der Atomhülle.

B] Proton und Neutron sind etwa gleich schwer, Elektronen sind fast 2 000-mal leichter.

C] Die elektrische Ladung von Proton und Elektron ist betragsmässig gleich gross, hat aber ein umgekehrtes Vorzeichen. Neutronen sind ungeladen, d. h. elektrisch neutral.

50 Seite 51

A] ${}^{2}_{1}$H-Kerne haben die kleinste Bindungsenergie pro Nukleon.

B] Die Bindungsenergie pro Nukleon ist ein Mass für die Stabilität eines Nuklids. Dem Kern mit der grösseren Bindungsenergie pro Nukleon muss mehr Energie zugeführt werden, um ihn in seine Bausteine zu zerlegen. Er ist somit der stabilere.

C] Die grösste Bindungsenergie pro Nukleon haben Kerne aus 56 Nukleonen, z. B. ${}^{56}_{26}$Fe-Kerne.

51 Seite 86

A] Die Kernenergie des fusionierten Kerns ist kleiner als die Summe der Kernenergien der beiden Ausgangskerne. Anders formuliert: Die Bindungsenergie des fusionierten Kerns ist grösser als die Summe der Bindungsenergien der beiden Ausgangskerne. Bei der Kernfusion wird folglich Energie an die Umgebung abgegeben. Dies geschieht über Aussenden von γ-Strahlung.

B] Die Energie der ausgesandten γ-Strahlung berechnet man aus dem Massendefekt bei der Kernfusion.

C] Damit zwei Kerne fusionieren, müssen sie so schnell aufeinander zurasen, dass die Kerne trotz der elektrischen Abstossungskraft wegen der anziehenden Kernkraft verschmelzen. Die notwendige Geschwindigkeit erhalten die Kerne aufgrund der thermischen Zitterbewegung. Bei Zimmertemperatur ist die thermische Zitterbewegung viel zu klein.

52 Seite 119

A] Um die Spannung an einem Verbraucher zu messen, muss das Voltmeter parallel zum Verbraucher angeschlossen werden.

B] Um die Spannung zwischen zwei Punkten eines Stromkreises bei der Messung nicht zu verändern, muss der Widerstand des Voltmeters so gross sein, dass nur ein vernachlässigbar kleiner Strom durch das Voltmeter fliesst.

53 Seite 151

A] Der Ersatzwiderstand R der drei seriellen Widerstände $R_1 = 3.0\ \Omega$, $R_2 = 4.0\ \Omega$, $R_3 = 5.0\ \Omega$ beträgt:

$$R = R_1 + R_2 + R_3 = 3\,\Omega + 4\,\Omega + 5\,\Omega = 12\,\Omega$$

B] Jetzt, da wir den Ersatzwiderstand R der drei seriellen Widerstände kennen, können wir den Strom durch die drei seriellen Widerstände mit dem Ohm'schen Gesetz berechnen:

$$I = U / R = 12\ \text{V} / 12\ \Omega = 1\ \text{A}$$

C] Für die Spannungen an den drei Widerständen gilt:

$$U_1 = R_1 \cdot I$$

$$U_2 = R_2 \cdot I$$

$$U_3 = R_3 \cdot I$$

Eine Stromstärke von $I = U / R = 12\ \text{V} / 12\ \Omega = 1.0\ \text{A}$ bedeutet die Spannungen:

$$U_1 = R_1 \cdot I = 3\,\Omega \cdot 1\,\text{A} = 3\,\text{V}$$

$$U_2 = R_2 \cdot I = 4\,\Omega \cdot 1\,\text{A} = 4\,\text{V}$$

$$U_3 = R_3 \cdot I = 5\,\Omega \cdot 1\,\text{A} = 5\,\text{V}$$

D] Für die einzelnen Heizleistungen der drei seriellen Widerstände gilt:

$$P_1 = U_1 \cdot I = R_1 \cdot I^2 = 3\,\Omega \cdot (1\,\text{A})^2 = 3\,\text{W}$$

$$P_2 = U_2 \cdot I = R_2 \cdot I^2 = 4\,\Omega \cdot (1\,\text{A})^2 = 4\,\text{W}$$

$$P_3 = U_3 \cdot I = R_3 \cdot I^2 = 5\,\Omega \cdot (1\,\text{A})^2 = 5\,\text{W}$$

E] Die gesamte Heizleistung der drei seriellen Widerstände können wir durch Zusammenzählen der einzelnen Heizleistungen oder mit dem Ersatzwiderstand berechnen:

1. Weg (Zusammenzählen der drei Einzelleistungen):

$$P = P_1 + P_2 = P_3 = 3\ \text{W} + 4\ \text{W} + 5\ \text{W} = 12\ \text{W}$$

2. Weg (Berechnung mit dem Ersatzwiderstand R):

$$P = U^2 / R = (12\ \text{V})^2 / 12\ \Omega = 12\ \text{W}$$

54 Seite 180

Die Ursache für Magnetismus sind elektrische Ströme, also bewegte elektrische Ladungen.

55 Seite 30

A] Da die Neutronenzahl keinen Einfluss auf die Chemie hat, verhalten sich solche Atome in chemischen Reaktionen gleich.

B] $^{13}_{6}\text{C}$

C] Isotope Nuklide haben die gleiche Protonenzahl, aber eine unterschiedliche Neutronenzahl.

D] Isotope Nuklide haben die gleiche Protonenzahl, aber eine unterschiedliche Masse, da sie eine unterschiedliche Neutronenzahl haben.

E] Die Nukleonenzahl beträgt $A = 202$, die Protonenzahl beträgt $Z = 80$. Die Neutronenzahl beträgt somit $N = A - Z = 202 - 80 = 122$.

56 Seite 57

Ein Massenspektrometer sortiert nach der Masse. Da Protonen und Neutronen fast gleich schwer sind, ist die Masse eines Ions durch die Anzahl Nukleonen bestimmt. Ein Massenspektrometer sortiert also nach der Nukleonenzahl. Da zwei verschiedene chemische Elemente die gleiche Nukleonenzahl haben können (z. B. $^{3}_{1}$H und $^{3}_{2}$He), stimmt die erste Aussage immer, die zweite Aussage ist nicht immer richtig.

57 Seite 86

Um das Gas auf eine Temperatur aufzuheizen, bei der es zu Fusionen kommt, braucht es viel Energie. Um einen Fusionsreaktor zu betreiben, muss deshalb erst Energie aufgewendet werden, um die Fusion in Gang zu bringen. Damit der Fusionsreaktor anschliessend bei den Fusionen mehr Energie abgibt, als vorher hineinsteckt wurde, muss es in der Folge zu vielen Fusionen kommen. Dazu muss die Dichte des Gases, in dem die Fusionen stattfinden, gross sein.

58 Seite 122

A] Das Ladegerät liefert eine konstante Spannung von 3.7 V. Wenn man das Mobiltelefon anschliesst, fliesst maximal ein Strom von 355 mA.

B] Aus der Spannung und der Stromstärke lässt sich die elektrische Leistung eines Geräts berechnen:

$$P = U \cdot I = 3.7\ \text{V} \cdot 0.355\ \text{A} = 1.3\ \text{W}$$

C] Die Energie, die das Ladegerät bei einer Leistung von $P = 1.3$ W in einer Stunde weitergibt, beträgt:

$$W = P \cdot \Delta t = 1.3\ \text{W} \cdot 3600\ \text{s} = 4.7\ \text{kJ} = 0.0013\ \text{kWh}$$

59 Seite 151

A] Der Gesamtleistung der 20 seriellen Lampen beträgt:

$$P = 20 \cdot P_1 = 20 \cdot 4\ \text{W} = 80\ \text{W}$$

B] Die Stromstärke, die fliessen muss, um bei einer Spannung von $U = 230$ V eine Leistung von $P = 80$ W zu bewirken, beträgt:

$$I = P\ /\ U = 80\ \text{W}\ /\ 230\ \text{V} = 0.35\ \text{A}$$

C] Der Widerstand einer 4-W-Lampe, durch die ein Strom von 0.35 A fliesst, beträgt:

$$R_1 = P_1\ /\ I^2 = 4\ \text{W}\ /\ (0.35\ \text{A})^2 = 33\ \Omega$$

D] Wenn durch eine Lampe mit Widerstand $R_1 = 33\ \Omega$ ein Strom von $I = 0.35$ A fliesst, so beträgt die Spannung an der Lampe:

$$U_1 = R_1 \cdot I = 33\ \Omega \cdot 0.35\ \text{A} = 11.6\ \text{V}$$

E] Wenn eine der seriell miteinander verbundenen Lampen kaputt ist, ist der Stromkreis unterbrochen, es kann kein Strom mehr durch die Lampen fliessen. Alle 60 Lampen gehen aus.

60 Seite 180

A] Ein gerader Strom bewirkt ein zylinderförmiges Magnetfeld wie in Abb. 13.7.

B] Ein kreisförmiger Strom bewirkt ein Dipolfeld (Abb. 13.9).

C] Eine stromdurchflossene lange Spule bewirkt im Inneren ein überall gleich starkes zur Spulenachse paralleles Magnetfeld und aussen ein Dipolfeld (Abb. 13.10).

61	Seite 30	A] Die Kernkraft wirkt zwischen Nukleonen und ist immer anziehend. Die Kernkraft ist dabei unabhängig von der Ladung der Nukleonen. Die Kernkraft zwischen zwei Nukleonen nimmt mit zunehmendem Abstand so schnell ab, dass sie nur bei sich berührenden Nukleonen von Bedeutung ist. B] Die gegenseitige elektrische Abstossung zwischen den positiv geladenen Protonen des Kerns würde diesen auseinander fliegen lassen. Ohne Kernkraft gäbe es keine zusammengesetzten Atomkerne. C] Wenn die beiden Protonen noch weit auseinander sind, ist nur die elektrische Abstossungskraft für die Bewegung wichtig. Wenn sich die Protonen nahe gekommen sind, wird auch die anziehende Kernkraft wichtig. Wenn sich die Protonen so nahe kommen, dass sie sich fast berühren, ist die anziehende Kernkraft stärker als die elektrische Abstossung.
62	Seite 57	A] Die elektrische Kraft im Massenspektrometer ist für alle Ionen gleich gross, da allen Atomen ein Elektron genommen wurde. Da die Beschleunigung der Ionen dann nur durch die Masse der Ionen bestimmt ist, gilt: Ionen mit kleiner Masse erhalten eine grosse Endgeschwindigkeit durch die elektrische Kraft. B] Da die magnetische Kraft auf die schnellen Ionen grösser ist als auf die langsamen, gilt: Auf schnelle Ionen wirkt eine starke ablenkende magnetische Kraft. Die schnellen Ionen sind aber gemäss A] auch die leichten Ionen, bei denen gemäss Kraftwirkungsgesetz die grosse magnetische Kraft auch eine grosse Beschleunigung (Ablenkung) bewirkt. Also gilt: Ionen mit kleiner Masse werden durch die magnetische Kraft stärker abgelenkt als Ionen mit grosser Masse.
63	Seite 86	Die Energie der Strahlung bzw. der kinetischen Energie der Fusionsprodukte kann man aus dem Massendefekt ΔM berechnen: $E = \Delta M \cdot c^2$ Um den Massendefekt ausrechnen zu können, muss man die Gesamtmasse vor und nach der Fusion kennen.
64	Seite 128	Aus der angeschlossenen Spannung und der resultierenden Stromstärke lässt sich der elektrische Widerstand berechnen: $R = U / I$ Aus allen Messpaaren erhält man praktisch denselben Wert für den elektrischen Widerstand: $R = U / I = 10\ \mathrm{V/A} = 10\ \Omega$
65	Seite 153	Die Gefährdung hängt von der Stromstärke und der Zeitdauer der Einwirkung ab. Zudem kommt es darauf an, durch welche Körperteile der Strom fliesst.
66	Seite 180	A] Wenn man ein Stück Eisen magnetisiert, richten sich die Dipolmagnetfelder der Atome aus. Durch die Überlagerung der vielen schwachen atomaren Dipolmagnetfelder kommt es zu einem starken, makroskopisch wahrnehmbaren Magnetfeld. B] Der Magnet magnetisiert das unmagnetische Eisen, d. h., er richtet dessen atomaren Dipolmagnetfelder aus, sodass auch das Eisen zu einem Magneten wird.

67 Seite 30

A] Wegen der Kernkraft haben die Nukleonen potenzielle Energie, wegen ihrer Bewegung kinetische Energie.

B] Wenn die Energie des Neutrons bei der Kollision abnimmt, nimmt die Energie des Atomkerns zu, man spricht von Stossanregung.

C] Wenn ein Atomkern energiereiche γ-Strahlung aussendet, nimmt die Energie des Atomkerns ab, man spricht von Strahlungsabregung.

D] Die Energie E der Atomkerne kann nur ganz bestimmte Werte annehmen und somit bei Strahlungsabregung auch nur um ganz bestimmte Werte abnehmen: $\Delta E = E_2 - E_1$. Die Wellenlänge λ der γ-Strahlung beträgt $\lambda = (h \cdot c) / E_{Photon}$ und kann somit auch nur ganz bestimmte Werte annehmen, sodass es zu einem Emissionslinienspektrum kommt.

68 Seite 61

Steine waren nie lebende Organismen, die mit der Erdatmosphäre durch Nahrungsaufnahme oder Atmung Kohlenstoff ausgetauscht haben. Die C-14-Methode funktioniert hier nicht.

69 Seite 89

A] In der Sonne laufen ständig Fusionsreaktionen ab, sodass die Energie der Atomkerne der Sonne ständig abnimmt. Die Abnahme der Energie hat einen Massendefekt zur Folge, sodass die Masse der Sonne ständig kleiner wird.

B] Aus der Energie E des jede Sekunde abgestrahlten Lichts kann direkt der jede Sekunde auftretende Massendefekt $\Delta M = E / c^2$ berechnet werden.

70 Seite 128

A] Der elektrische Widerstand des Geräts beträgt:

$$R = U / I = 4.5\ \text{V} / 0.35\ \text{A} = 13\ \Omega$$

B] Bei gleichem Widerstand von 13 Ω ist die Stromstärke nun doppelt so gross:

$$I = U / R = 9.0\ \text{V} / 13\ \Omega = 0.70\ \text{A}$$

C] Die Spannung der Batterie beträgt $U = R \cdot I = 9.0\ \Omega \cdot 0.650\ \text{A} = 5.9\ \text{V}$

71 Seite 153

Die gängigsten technischen Sicherheitsvorkehrungen bei elektrischem Strom sind Schmelzsicherungen, Erdung und Fehlerstromschalter.

72 Seite 188

Die Lorentz-Kraft, die auf das Proton wirkt, beträgt

A] für $\alpha = 90°$:

$$F_L = Q \cdot v \cdot B \cdot \sin\alpha = 1.6 \cdot 10^{-19}\,\text{C} \cdot 1.5 \cdot 10^8 \frac{\text{m}}{\text{s}} \cdot 2.0\,\text{T} \cdot \sin 90° = 4.8 \cdot 10^{-11}\,\text{N}$$

B] für $\alpha = 45°$:

$$F_L = Q \cdot v \cdot B \cdot \sin\alpha = 1.6 \cdot 10^{-19}\,\text{C} \cdot 1.5 \cdot 10^8 \frac{\text{m}}{\text{s}} \cdot 2.0\,\text{T} \cdot \sin 45° = 3.4 \cdot 10^{-11}\,\text{N}$$

C] für $\alpha = 0°$:

$$F_L = Q \cdot v \cdot B \cdot \sin\alpha = 1.6 \cdot 10^{-19}\,\text{C} \cdot 1.5 \cdot 10^8 \frac{\text{m}}{\text{s}} \cdot 2.0\,\text{T} \cdot \sin 0° = 0\,\text{N}$$

73 Seite 37

A] Die Neutronen- und Protonenzahl bestimmt, ob ein Nuklid stabil ist.

B] Die beiden Blei-Atomkerne haben eine unterschiedliche Neutronenzahl.

C] Gibt es zu wenig Neutronen im Atomkern, so überwiegt die abstossende elektrische Kraft zwischen allen Protonen des Kerns gegenüber der anziehenden Kernkraft zwischen sich berührenden Nukleonen. Neutronen sind der Kleber im Kern, gibt es zu wenig Kleber, so ist der Atomkern instabil.

D] Die Stabilität eines Atomkerns ist unabhängig von äusseren Bedingungen, also unabhängig von der Temperatur.

E] α- und β-Zerfälle machen einen Atomkern stabiler.

74 Seite 61

Aus Abb. 3.3 liest man ab, dass nach 8 000 Jahren das Verhältnis N_{14} / N_{12} $5.0 \cdot 10^{-13}$ beträgt.

75 Seite 96

Situationen, in denen Kochherd, Glühbirne, Elektromotor, Lautsprecher verwendet werden zeigen, dass elektrischer Strom Energie besitzt.

76 Seite 128

A] Das Bügeleisen erbringt eine Leistung (Heizleistung) von 1 500 W, wenn es an eine Steckdose mit einer Spannung von 230 V angeschlossen und auf maximaler Stufe betrieben wird.

B] Die Wärme, die das Bügeleisen in 15 min abgibt, beträgt:

$$Q = P \cdot \Delta t = 1500\ \text{W} \cdot 15 \cdot 60\ \text{s} = 1.4\ \text{MJ} = 1.5\ \text{kW} \cdot 0.25\ \text{h} = 0.38\ \text{kWh}$$

C] Wenn das Bügeleisen an eine Spannung von 230 V angeschlossen ist und auf maximaler Stufe betrieben wird, erbringt es die angegebene Leistung von $P = 1500$ W. Die Stromstärke beträgt dann:

$$I = P / U = 1500\ \text{W} / 230\ \text{V} = 6.5\ \text{W/V} = 6.5\ \text{A}$$

D] Bei einer Stromstärke von $I = 6.5$ A fliesst in der Zeit $\Delta t = 15$ min durch das Bügeleisen die Ladung:

$$Q = I \cdot \Delta t = 6.5\ \text{A} \cdot 15 \cdot 60\ \text{s} = 5.9\ \text{kC}$$

E] Den elektrischen Widerstand des Bügeleisens können wir aus der Spannung $U = 230$ V und der damit erzielten Leistung $P = 1500$ W mit dem Ohm'schen Gesetz ausrechnen:

$$R = U / I = U^2 / P = (230\ \text{V})^2 / 1500\ \text{W} = 35\ \Omega$$

F] Wenn man ein Bügeleisen mit diesem Widerstand nun an eine Spannung von $U = 115$ V anschliesst, so beträgt die Leistung P des Bügeleisens noch:

$$P = U \cdot I = U^2 / R = (115\ \text{V})^2 / 35.3\ \Omega = 375\ \text{W}$$

Die Leistung bei 115 V beträgt nur noch ein Viertel der Leistung bei 230 V. Die Rechnung zeigt: Die auf ein Gerät aufgedruckte Leistung wird nur dann vom Gerät erbracht, wenn es an die vorgesehene Spannung angeschlossen wird.

77 Seite 161

A] Das Zustandekommen der elektrischen Kraft zwischen Protonen und Elektronen wird mit der elektrischen Ladung von Proton und Elektron erklärt. Das Elektron ist elektrisch negativ geladen, das Proton ist elektrisch positiv geladen. Dabei gilt: Zwischen ungleichartig geladenen Körpern wirkt eine anziehende elektrische Kraft.

B] Gegenstände üben eine elektrische Kraft aufeinander aus, wenn sie elektrisch geladen sind.

C] Ein Körper ist elektrisch positiv geladen, wenn er weniger Elektronen als Protonen hat (Elektronenmangel). Er ist negativ geladen, wenn er mehr Elektronen als Protonen hat (Elektronenüberschuss).

78 Seite 188

Die Lorentz-Kraft, die auf das Elektron wirkt, beträgt

A] für $\alpha = 90°$:

$$B = \frac{F_L}{Q \cdot v \cdot \sin\alpha} = \frac{10^{-11}\,\text{N}}{1.6 \cdot 10^{-19}\,\text{C} \cdot 1.0 \cdot 10^{8}\,\frac{\text{m}}{\text{s}} \cdot \sin 90°} = 0.63\,\text{T}$$

B] für $\alpha = 45°$:

$$B = \frac{F_L}{Q \cdot v \cdot \sin\alpha} = \frac{10^{-11}\,\text{N}}{1.6 \cdot 10^{-19}\,\text{C} \cdot 1.0 \cdot 10^{8}\,\frac{\text{m}}{\text{s}} \cdot \sin 45°} = 0.88\,\text{T}$$

79 Seite 37

A] Beim α-Zerfall wird ein ${}^{4}_{2}$He-Kern ausgestossen. Dadurch nimmt die Protonenzahl und Neutronenzahl um zwei ab. Die Nukleonenzahl nimmt um vier ab. Ein ${}^{234}_{92}$U-Kern wird durch α-Zerfall somit zum Tochternuklid ${}^{230}_{90}$Th (Thorium-Kern).

B] Die Reaktionsgleichung des α-Zerfalls lautet:

$${}^{234}_{92}\text{U} \rightarrow {}^{230}_{90}\text{Th} + {}^{4}_{2}\text{He}$$

80 Seite 65

A] Radioaktive Strahlung kann Moleküle in einer Zelle in für den Organismus giftige Moleküle zerlegen. Wenn zu viele giftige Moleküle entstehen, stirbt die Zelle. Wenn zu viele Zellen eines Organs sterben, fällt das ganze Organ aus.

B] Radioaktive Strahlung kann zu Schäden an der Erbsubstanz führen. Wenn die Erbsubstanz von Keimzellen (Ei oder Samen) geschädigt wird, kann es zu Missbildungen kommen.

81 Seite 96

Elektrische Energie lässt sich in Kochherden zur Erzeugung von Wärme, in Glühbirnen zur Erzeugung von Licht und in Elektromotoren zur Verrichtung von Arbeit verwenden.

82 Seite 129

A] Der spezifische elektrische Widerstand ρ des Drahts beträgt:

$$\rho = \frac{R \cdot A}{L} = \frac{10\,\Omega \cdot 1.0 \cdot 10^{-6}\,\text{m}^2}{600\,\text{m}} = 1.7 \cdot 10^{-8}\,\Omega \cdot \text{m}$$

B] Gemäss Tabelle 9.2 könnte es sich um einen Kupferdraht handeln.

83 Seite 162

A] Die Ladungen von Proton und Elektron unterscheiden sich im Vorzeichen: Die Ladung des Elektrons hat ein negatives, die Ladung des Protons ein positives Vorzeichen.

B] Der Betrag der elektrischen Ladung ist bei Proton und Elektron gleich.

C] Ein Körper ist elektrisch ungeladen, wenn er aus gleich vielen Elektronen wie Protonen besteht.

84 Seite 188

A] Die kreisförmige Bahn kommt durch die Lorentz-Kraft zustande, die immer senkrecht zur momentanen Bewegungsrichtung und zur Magnetfeldlinie steht.

B] Die Magnetfeldstärke B des homogenen Magnetfelds, das durch die Lorentz-Kraft $F_L = Q \cdot v \cdot B$ für eine Kreisbewegung mit Zentripetalkraft $F = m \cdot v^2 / r$ verantwortlich ist, beträgt:

$$B = \frac{m \cdot v^2}{r \cdot Q \cdot v} = \frac{m \cdot v}{r \cdot Q} = \frac{9.1 \cdot 10^{-31}\ \text{kg} \cdot 2.0 \cdot 10^8\ \frac{\text{m}}{\text{s}}}{50\ \text{m} \cdot 1.6 \cdot 10^{-19}\ \text{C}} = 23\ \mu\text{T}$$

85 Seite 37

A] Beim β-Zerfall wandelt sich ein Neutron in ein Neutron und ein Elektron um, dadurch nimmt die Neutronenzahl um eins ab und die Protonenzahl um eins zu. Die Nukleonenzahl bleibt gleich. Ein $^{228}_{88}$Ra-Kern wird durch β-Zerfall somit zum Tochternuklid $^{228}_{89}$Ac.

B] Die Reaktionsgleichung des β-Zerfalls lautet:

$$^{228}_{88}\text{Ra} \rightarrow\ ^{228}_{89}\text{Ac} + \text{e}$$

86 Seite 66

A] Die SI-Einheit der Äquivalentdosis H ist das Sievert, abgekürzt Sv.

B] Die Energiedosis D und die Äquivalentdosis H sind durch den Bewertungsfaktor q verknüpft. Dieser ist für α-Strahlung am grössten ($q = 20$).

87 Seite 96

Vorteile der elektrischen Energie sind ihre leichte Transportierbarkeit vom Ort der Erzeugung zum Verbraucher und die vielseitige Einsetzbarkeit. Ein Nachteil ist die schlechte Speicherbarkeit der elektrischen Energie.

88 Seite 134

Wenn sich ein Zink-Atom von der Oberfläche des Zinks ablöst, bleiben 2 Elektronen des Zink-Atoms auf dem Zink zurück, sodass das Zink negativ aufgeladen wird. Wenn sich die Mn^{4+}-Ionen von der Oberfläche des Manganhydroxids ablösen, nehmen sie zusätzlich 2 Elektronen mit, sodass das Manganhydroxid positiv aufgeladen ist.

89 Seite 162

A] Die elektrische Ladung eines Ions aus 6 Protonen, 6 Neutronen und 7 Elektronen beträgt in Einheiten der Elementarladung:

$$Q = 6 \cdot Q_{Proton} + 7 \cdot Q_{Elektron}$$

$$Q = 6 \cdot (+e) + 7 \cdot (-e) = 6 \cdot e - 7 \cdot e = -e$$

B] Die elektrische Ladung eines Ions aus 6 Protonen, 6 Neutronen und 7 Elektronen in Einheiten von Coulomb beträgt:

$$Q = -e = -1.6 \cdot 10^{-19}\ \text{C}$$

90 Seite 188

A] Die Stromstärke im Draht beträgt:

$$I = \frac{F}{s \cdot B \cdot \sin\alpha} = \frac{0.10\,\text{N}}{0.20\,\text{m} \cdot 0.1\,\text{T} \cdot \sin\alpha} = 5.0\,\text{A}$$

B] Die Kraft steht senkrecht zum Draht und zu den Magnetfeldlinien.

91 Seite 37

Neutrinos entstehen beim β-Zerfall, also z. B. beim β-Zerfall von $^{228}_{88}$Ra.

92 Seite 66

A] Um eine Abschirmung gegen radioaktive Strahlung planen zu können, muss man wissen, gegen welche Art von radioaktiver Strahlung die Abschirmung schützen muss, denn die verschiedenen Arten der radioaktiven Strahlung haben unterschiedlich starke Eindringtiefen.

B] Mit einer Abschirmung kann γ-Strahlung absorbiert werden. Diejenige γ-Strahlung, die von der Abschirmung nicht absorbiert wurde, ist nach der Abschirmung gleich schädlich wie vor der Abschirmung.

C] α-Strahlung hat eine extrem kurze Reichweite. Radioaktives Material, das α-Strahlung aussendet, kann nur in direkter Nähe festgestellt werden. Eine ausgeschüttete radioaktive Flüssigkeit, die α-Strahlung aussendet, ist sehr schwer mit einem Geiger-Müller-Zählrohr zu orten.

93 Seite 103

A] Die elektrische Ladung, die in der Zeit aus dem Metalldraht herausgeflossen ist, beträgt:

$$Q = I \cdot \Delta t = 0.50\ \text{A} \cdot 60\ \text{s}$$

Die Anzahl N Elektronen, die in der Zeit Δt aus dem Metalldraht herausgeflossen sind, beträgt somit:

$$N = I \cdot \Delta t \,/\, e = 0.50\ \text{A} \cdot 60\ \text{s} \,/\, (1.6 \cdot 10^{-19}\ \text{C}) = 1.9 \cdot 10^{20}$$

B] Die Driftgeschwindigkeit v beschreibt die mittlere Geschwindigkeit, mit der sich die Elektronen entlang eines Metalldrahts bewegen, wenn ein elektrischer Strom fliesst.

C] Ein typischer Wert für die Driftgeschwindigkeit ist $v = 0.1\ \text{mm} \cdot \text{s}^{-1}$.

Stichwortverzeichnis

Numerisch

A

B

C

D

E

F

G

H

I

K

L

M

Naturwissenschaften bei Compendio

Naturwissenschaften bei Compendio heisst: Lernziele nach MAR, übersichtlicher Aufbau und lernfreundliche Sprache, Aufgaben mit Lösungen zur Selbstkontrolle, Kurztheorie und Glossar für den schnellen Überblick.

Physik 1
Lerntext, Aufgaben mit kommentierten Lösungen und Kurztheorie

Urs Mürset, Thomas Dumm

Aus dem Inhalt: Methoden: Ziele und Methoden der Physik; Messgrössen angeben; Mathematische Hilfsmittel. Kinematik: Die Bewegung des Massenpunkts; Bewegungen mit Orts-, Geschwindigkeits- und Beschleunigungsangaben beschreiben; Richtung von Bewegungen mit Vektoren beschreiben; Gleichförmige Kreisbewegungen. Dynamik: Beschreibung der Kraft; Kraft-Beispiele; Kraftwirkungsgesetz; Trägheitsgesetz; Wechselwirkungsgesetz; Kräfte bei geradlinigen und kreisförmigen Bewegungen. Gravitation: Von der Gewichtskraft zur Gravitationskraft; Das Gravitationsgesetz; Eigenschaften der Gravitationskraft; Kreisbewegungen um Zentralkörper; Schwerelosigkeit. Hydrostatik: Eigenschaften von Festkörpern, Flüssigkeiten und Gasen; Von der Kraft zum Druck; Von der Schwerkraft zum Schweredruck; Druck im Alltag; Auftrieb durch Schweredruck.

248 Seiten, A4, broschiert, 1. Auflage 2002, ISBN 3-7155-9041-6, CHF 55.00

Physik 2
Lerntext, Aufgaben mit kommentierten Lösungen und Kurztheorie

Hansruedi Schild, Thomas Dumm

Aus dem Inhalt: Energie: Worum geht es bei der Energie? Wie berechnet man Arbeit und Leistung? Wie berechnet man Energie? Energieumwandlungen: Was passiert bei Energieumwandlungen? Kann man Energie erzeugen oder vernichten? Begriffe und Modelle der Wärmelehre: Was sind die wichtigen Grössen der Wärmelehre? Welches Modell eignet sich in der Wärmelehre zur Beschreibung der Materie? Was bedeutet die Brown'sche Bewegung? Wie lassen sich Gase beschreiben? Wärmeprozesse: Wie reagiert Materie auf Wärme? Wie wird Wärme transportiert? Was sind technische Anwendungen der Wärmelehre? Strahlenoptik und ihre Grenzen: Wie breitet sich Licht aus? Wie reagiert Licht auf Hindernisse? Was sind die Abbildungseigenschaften von Linsen? Wo versagt die Strahlenoptik?

272 Seiten, A4, broschiert, 1. Auflage 2003, ISBN 3-7155-9088-2, CHF 55.00

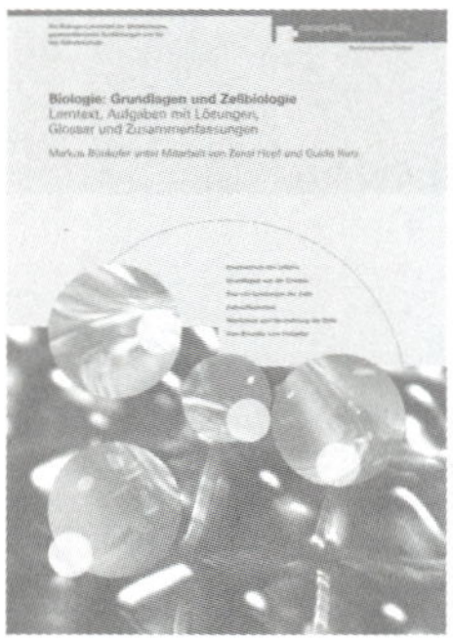

Biologie: Grundlagen und Zellbiologie
Lerntext, Aufgaben mit Lösungen, Glossar und Zusammenfassungen

Markus Bütikofer unter Mitarbeit von Zensi Hopf und Guido Rutz

Aus dem Inhalt: Was ist Biologie? Grundlagen aus der Chemie; Zellbiologie; Der Zellstoffwechsel: Vermehrung und Entwicklung der Zelle

268 Seiten, A4, broschiert, 1. Auflage 2003, ISBN 3-7155-9071-8, CHF 39.00

Biologie kompakt: Grundlagen und Zellbiologie
Kurztheorie und Glossar

Die Kompaktversion ist eine Zusammenfassung des Lehrbuchs. Sie enthält alle wichtigen Fakten und Abbildungen, aber keine selbststudiumstauglichen Erläuterungen. «Biologie kompakt» ist ideal geeignet für den kombinierten Einsatz mit dem Lehrbuch – das Lehrbuch als Klassensatz in der Schule, die Kompaktversion für die einzelnen Lernenden zur Repetition und als Skript.

72 Seiten, A4, broschiert oder gelocht/bandiert, 1. Auflage 2004, CHF 15.00, nur Direktbezug bei Compendio Bildungsmedien, kein Mengenrabatt

Bestellung

Alle hier aufgeführten Lehrmittel können Sie per Post, E-Mail, Fax oder Telefon direkt bei uns bestellen:

Compendio Bildungsmedien AG, Hotzestrasse 33, Postfach, 8042 Zürich
Telefon ++41 (0)1 368 21 14, Fax ++41 (0)1 368 21 70
E-Mail: bestellungen@compendio.ch, www.compendio.ch